Trio 6

Geschichte/Sozialkunde/Erdkunde

Hauptschule Bayern

Autoren:
Thomas Bauer, Möhrendorf
Walther Grosser, Wilhermsdorf
Evelyn Kuchler, Regensburg
Renata Libera, München
Astrid Senft, Altenschneeberg
Herbert Wagner, Amberg
Volkmar Weinhold, Neunkirchen

Schroedel®

Mit Beiträgen von

Norbert Autenrieth, Cadolzburg
Franz Kiefersauer, Wolfratshausen
Günter Reinhart, Wendelstein

Diese Seiten enthalten Texte und Bilder, die ein Thema vertiefen oder erweitern.

Auf diesen Seiten erhältst du Anregungen zu selbstständigem Arbeiten. Zudem werden hier fachspezifische Arbeitsweisen eingeführt.

Zum Abschluss der jeweiligen Kapitel findest du auf diesen Seiten Hilfen, um das Gelernte zu wiederholen, einzuüben, anzuwenden und zu vertiefen.

Diese Aufgaben mit erhöhtem Anforderungsniveau ermöglichen ein individuelles Lernen.

Druck A ^{3}/Jahr 2006

Alle Drucke der Serie A sind im Unterricht parallel verwendbar, da bis auf die Behebung von Druckfehlern untereinander unverändert. Die letzte Zahl bezeichnet das Jahr dieses Druckes.

Umschlag: Janssen Kahlert Design & Kommunikation, Hannover
Zeichnungen: B. Müller, Bartensleben
Karten, Grafiken: Freier Redaktionsdienst, Berlin; Heidolph, Kottgeisening
Satz: O & S Satz GmbH, Hildesheim
Druck und Bindung: westermann druck GmbH, Braunschweig

ISBN 978-3-507-**36051**-8
alt 3-507-**36051**-9

1 Umgang mit Konflikten in der demokratischen Gesellschaft

Interessengegensätze als Wesenselement der demokratischen Gesellschaft
Menschen haben vielfältige Interessen 8
Erscheinungsformen von Konflikten 10
Konfliktbewältigung
Wie lässt sich der Konflikt in der Klasse 6a lösen? 12
Wie lassen sich Konflikte friedlich lösen? 14
a Strategien zur Streitschlichtung 16
Gewalttätiges Verhalten als Fehlform
Erfahrungen mit Gewalttätigkeit 18
Einflussfaktoren und Zusammenhänge 20
Maßnahmen gegen Gewalt 21
Trio-Kompakt
w Umgang mit Konflikten in unserer Gesellschaft 22

2 Römische Antike

Das Römische Weltreich
Blütezeit der römischen Antike 26
Augustus – Herrscher des Römischen Reiches 27
Rom – Zentrum der Macht 28
a Auswerten von Geschichtskarten 30
Sicherung des Römischen Reiches durch das Militär 32
Zusammenhalt des Römischen Reiches 34
a Auswerten von Münzen 36
Spuren keltischen und römischen Lebens in Süddeutschland
Die Kelten vor der römischen Eroberung 38
Die Kelten in Süddeutschland 40
15 v. Chr.: Die Römer in Süddeutschland 42
Begegnungen zwischen Römern, Kelten und Germanen 44
Wandel und Untergang des Römischen Reiches
Ausbreitung des Christentums 46
Zerfall des Römischen Reiches 48
Trio-Kompakt
w Das Römische Reich 50
a Wir sammeln länderkundliche Informationen und werten sie aus 52

1 Umgang mit Konflikten in der demokratischen Gesellschaft

Das kann nicht gut gehen – oder?

Menschen haben vielfältige Interessen

8.1 Die Klasse 6a sammelt Vorschläge für den Wandertag

Vorstellungen zum Wandertag in der Klasse 6a

„Wie in jedem Jahr soll auch heuer zu Beginn des neuen Schuljahres ein allgemeiner Wandertag stattfinden", informierte der Klassenleiter, Herr Pleines, die Schüler der Klasse 6 a. „Weil dann der Termin wahrscheinlich sehr kurzfristig festgelegt wird, wollen wir diesen Tag rechtzeitig planen. Als freiwillige Hausaufgabe kann deshalb jeder von euch bis morgen auf ein DIN-A-5-Blatt stichpunktartig notieren, was er gerne am Wandertag unternehmen würde. Morgen, in der ersten Stunde, werden wir dann die ‚Hausaufgabe' besprechen und auswerten."

Am nächsten Tag war Herr Pleines angenehm überrascht, wie viele Schüler ihre Vorstellungen aufgeschrieben hatten. Nur sechs Schüler hatten nichts notiert. Herr Pleines heftete deshalb sechs leere weiße Blätter ungeordnet an die Mitteltafel. „Nun zu denen, die sich Gedanken über den Wandertag gemacht haben." Damit bekamen die Schüler die Möglichkeit, ihre Überlegungen zu präsentieren.
Als erste meldete sich Anja: „Ich würde gerne nach Nürnberg in den Zoo fahren." Und Anja platzierte in die Mitte der Tafel ihre Notiz „ZOO". Dann war Kevin an der Reihe: „Ich schlage vor, ins Erlebnisbad zu gehen." Auch er heftete seinen Zettel an die Tafel. Dann kam Sabrina dran: „Ich will, dass wir mit dem Bus wohin fahren und nicht ewig zu Fuß rumlaufen". Auf ihrem Zettel war ein Bus gemalt. Mit Leuchtstift hatte Stephan „Bolzplatz in Moos" auf sein Blatt geschrieben und an der Tafel ganz oben angebracht.

Bald hingen die Vorstellungen der einzelnen Schüler gesammelt an der Mitteltafel. Auf den 21 Zetteln standen die verschiedensten Sachen: Fußball spielen, Piratenspielplatz, Eis essen gehen, Freilandmuseum in Neusath-Perschen bei Nabburg besuchen ...
Die verschiedenen Vorstellungen lassen erkennen, dass die Schüler der Klasse 6 a vielerlei Interessen haben. „Interesse" kommt aus dem Lateinischen und heißt übersetzt „Bedeutung." Damit wird ersichtlich, dass jeder einzelne Schüler für sich und sein Leben ganz andere Dinge für bedeutsam hält.

AUFGABEN >>

1 *Erstelle eine Tabelle und ordne zu, was welcher Schüler der 6 a am Wandertag gerne unternehmen würde.*

Schüler	*Vorstellung*
Anja	*Zoo*

2 *Überlege mit deinem Nachbarn: Welches Interesse steht hinter dem Wunsch der einzelnen Schüler? Teilt eure Überlegungen der Klasse mit. Ergänzt dann die Tabelle um die Spalte „Interesse".*

3 *Stephan sagt: „Ich habe Interesse am Sport". Schließe daraus, was für ihn, d. h. für seine Person und sein Leben wichtig ist.*

4 *Stellt fest, welche Interessen einzelne Schüler in eurer Klasse haben. Jeder Schüler sollte dazu ähnlich wie Stephan den Satz vollenden: „Ich habe Interesse ..."*

Vorstellungen zum Thema „Wohnen" in unserer Gesellschaft

9.1 Menschen haben unterschiedliche Interessen

Verschiedene Interessen zu haben, ist normal

Die Beispiele der Abbildung 9.1 zeigen, dass es in einer demokratischen Gesellschaft genau so ist wie in der Klasse 6a. Die Menschen unterscheiden sich nicht nur von ihrem Äußerlichen her. Sie haben auch unterschiedliche Wünsche, Meinungen, Bedürfnisse, Vorstellungen, Ziele und Werte. Kurz gesagt: sie haben verschiedene Interessen.

Jeder einzelne Mensch hält für sich und sein Leben ganz andere Dinge für bedeutsam. Oftmals sind diese Interessen ähnlich und weichen nur wenig voneinander ab. Häufig liegen sie auch weiter auseinander und in vielen Fällen sind sie sogar genau entgegengesetzt (> Auftaktseiten 6/7). Diese Vielfalt an Interessen ist normal und gehört zu unserem Alltag.

AUFGABEN >>

1 *Welche Vorstellungen haben die einzelnen Personen zum Thema „Wohnen"? Erstellt eine Tabelle nach folgendem Muster:*

Person(en)	*Vorstellung*
Junge Frau	*Innenstadt*

2 *Welches Interesse steht hinter dem Wunsch und der Vorstellung der einzelnen Personen? Ergänzt die Tabelle um die Spalte „Interesse".*

3 *Schildert, wo und wie ihr gerne wohnen würdet. Erweitert die Tabelle mit euren Vorstellungen.*

Personen	*Vorstellung*	*Interesse*
Junge Frau	*Innenstadt*	*Abwechslung*

Erscheinungsformen von Konflikten

1. Die Standpunkte prallen aufeinander: Meinungsverschiedenheiten führen zunehmend zu Spannungen.

2. Gefühl der Überlegenheit und Unterlegenheit (Schwarz-Weiß-Denken): Reden hilft nichts mehr, Werbung um Anhänger.

3. Angriffe auf den Gegner, um ihn bloßzustellen: Der Gegner wird nicht mehr als gleichwertiger Mensch gesehen.

4. Totale Konfrontation: Gegner soll vernichtet werden. Die eigene „Selbstvernichtung" wird in Kauf genommen.

10.1 „Streitkultur": Ein Konflikt eskaliert

In der Klasse 6a prallen die Interessen zum Wandertag aufeinander

„Was wollen wir nun am Wandertag tatsächlich machen?" Matthias, der Klassensprecher, stellte diese Frage in der Pause. „Wir könnten nach Nürnberg fahren und dort den Zoo ... ". Jäh wurde Anja unterbrochen. „He, du hast gar nichts zu sagen", rief Thomas dazwischen. „Wir gehen nach Moos. Dort spielen wir am Bolzplatz Fußball." Lautstark bejubelte ein Großteil der Buben diesen Vorschlag. „Ihr mit eurem blöden Fußball!", entrüstete sich Heike. Dabei tippte sie sich mit dem Zeigefinger an die Stirn. Sofort schrie sie Oliver an: „Du spinnst vielleicht, aber nicht wir. Blöde Kuh!"
Als Stephan meinte, „wir sollten schon auf die Mädchen Rücksicht nehmen", nutzte Martin die Gelegenheit. Der ist seit langem eifersüchtig auf Stephan, weil dieser bei den Mädchen der Klasse so gut ankommt. Höhnisch grinste er: „Ach nee, bloß weil du verliebt bist in die Weiber." Die Buben schüttelten sich vor Lachen und begannen im Chor zu brüllen: „Der Stephan ist verliebt, der Stephan ist ein Weiberheld!"
Das war für einige Mädchen das Signal, die Buben mit einer Flut von Schimpfwörtern einzudecken. Solche Beleidigungen ließen sich wiederum die Jungs nicht gefallen. Lautstark warfen sie den Mädchen unflätige Ausdrücke an den Kopf. Immer mehr nahmen Gehässigkeiten zu. Die Stimmung war gereizt, es herrschte Chaos im Zimmer. Auf einmal drohten sich in einer Ecke Schüler und Schülerinnen gegenseitig Schläge an und begannen, sich anzurempeln und zu schubsen. Auf einmal flogen Federmäppchen und Malstifte durchs Zimmer ...
Gut, dass in diesem Moment zwei Neuntklässler auftauchten, die als Pausenaufsicht eingeteilt waren: „Was soll das, raus mit euch!"

AUFGABEN >>

1. *Konflikte zeigen sich z. B. in Form von Meinungsverschiedenheiten, Streit, Rivalität, Gewalt. Ordnet die einzelnen Formen den entsprechenden Bildern der Abb. 10.1 zu.*
2. *Belegt anhand des Textes, an welcher Stelle sich der Konflikt in welcher Form zeigt.*
3. *Welche Verhaltensweisen (Worte, Gesten) einzelner Schüler trugen dazu bei, dass der Konflikt immer mehr ausartete. Erklärt.*
4. *Zeichne am Modell einer Treppenstufe auf, wie ein Konflikt immer mehr eskaliert (ausartet). Erläutere, wann und wodurch es zu den unterschiedlichen „Eskalationsstufen" (Erscheinungsformen) kommt.*

Auch in unserer Gesellschaft prallen Interessen aufeinander

11.1 Unterschiedliche Meinungen im Miethaus

30-jähriger Krieg unter Nachbarn

Der Frieden nach 30 Jahren „Nachbarschaftskrieg" hielt nicht lange. Nach jahrelanger gegenseitiger Beleidigung, Bedrohung und Beschädigung hatte das Landgericht entschieden: Wer von den beiden Nachbarn den Frieden verletzt, muss pro Verstoß 1000 Euro zahlen. Dank einer Fangschaltung konnte nun einem 60-Jährigen nachgewiesen werden, dass er seinen Rivalen erneut mit Drohanrufen bombardierte. Dafür muss er nun 23 000 Euro Strafe zahlen, wie das Landgericht Bonn mitteilte.

11.2 Zeitungsbericht

Familienstreit mit tätlicher Auseinandersetzung

Im Verlauf eines Familienkonflikts kam es am Montag gegen 20.30 Uhr an der Regensburger Straße zu einer tätlichen Auseinandersetzung. Unterschiedliche Einkaufswünsche waren der Grund, warum es zwischen einem 49-jährigen Bauarbeiter, seiner 46-jährigen Ehefrau und seiner 13-jährigen Tochter zum Streit kam. Sowohl die Ehefrau als auch die Tochter erlitten bei der Auseinandersetzung leichtere Verletzungen.

11.3 Zeitungsbericht

Unterschiedliche Interessen führen zu Konflikten

Konflikte gibt es, seit es Menschen gibt. Das Wort Konflikt kommt aus dem Lateinischen und bedeutet „Zusammenstoß, Widerstreit". Treffen verschiedene Interessen aufeinander und es scheint nicht möglich, beide gleichzeitig zu verwirklichen, dann entsteht ein Konflikt. Zum Beispiel, wenn zwei Kinder eine Tafel Schokolade bekommen und beide die Tafel ganz für sich behalten wollen. Im menschlichen Zusammenleben kommt es tagtäglich zu unzähligen Konflikten: in der Familie, in der Schule, im Verein, im Betrieb, mit Nachbarn, mit Freunden, mit Bekannten, zwischen Völkern und Nationen.

Konflikte erscheinen in unterschiedlichen Formen. Sie lösen Meinungsverschiedenheiten aus, führen zu Streit, bewirken Rivalität und wachsen sich sogar zu Kleinkriegen aus. Die Beteiligten eines Konfliktes werden von Wut und Hass getrieben und bauen Feindbilder auf.

Waffengewalt und Mord sind die schlimmsten Folgen eines Konfliktes. Krieg zwischen Nationen und Völkern ist die schrecklichste Konfliktform, die Menschen kennen.

AUFGABEN >>

1 *Beschreibe mit eigenen Worten, was ein „Konflikt" ist und wie ein Konflikt zustande kommt.*

2 *Begründet, warum es zu Konflikten kommt und warum diese zu unserem Alltag gehören.*

3 *Untersucht und klärt bei den Konfliktbeispielen (Abb. 11.1–11.3): Wer ist beteiligt? Was ist der Konfliktgegenstand? Was wollen die betroffenen Personen? Wie reagieren sie?*

4 *Überlegt und besprecht in Kleingruppen: Wie wird der Familienstreit (Abb. 11.3) das weitere Zusammenleben der Beteiligten beeinflussen? Stellt Situationen in einem Rollenspiel dar.*

5 *Sucht aus Zeitungen oder Zeitschriften Beispiele für Konflikte. Klärt, welche Interessen aufeinander treffen und besprecht die Erscheinungsformen des Konflikts.*

6 *„Wie bei einem Eisberg liegen die Ursachen eines Konfliktes oft unter der Oberfläche verborgen." Besprecht, was mit diesem Bild ausgedrückt wird.*

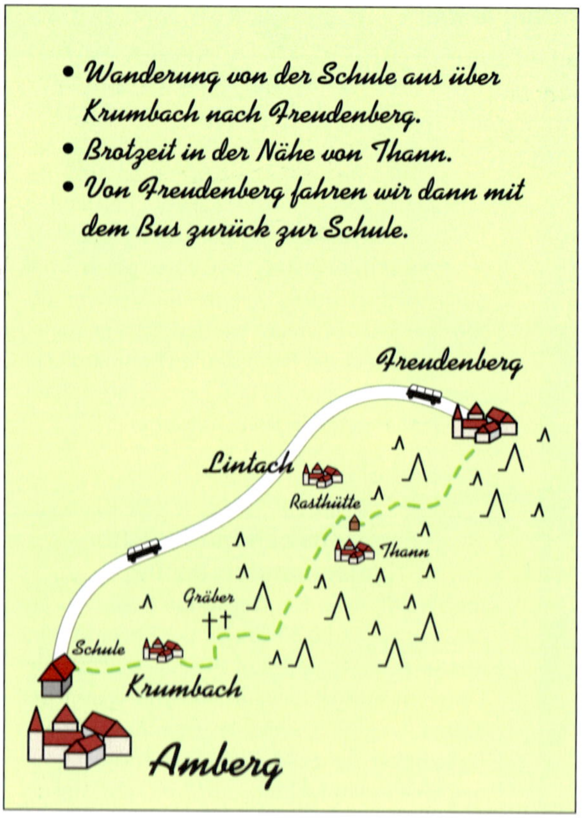

12.1 Skizze zur Gestaltung des Wandertages

Wie lässt sich der Konflikt in der Klasse 6a lösen?

Was ist, wenn der Lehrer bestimmt?

„Damit es in unserer Klasse zu keinen Streitigkeiten kommt, habe ich mir als Lehrer ausgedacht, dass wir am Wandertag Folgendes machen werden.“ Dabei zeigte Herr Pleines an die Tafel (Abb. 12.1).

In der Klasse war es mucksmäuschenstill. Neugierig betrachteten die Schüler die Tafelskizze. Doch zusehends verfinsterten sich ihre Mienen. „Ich finde nicht gut, dass der Lehrer den Wandertag vorschreibt! Eigentlich müssten die Schüler selbst bestimmen dürfen“, äußerte sich Matthias. Und fast alle Schüler stimmten ihrem Klassensprecher sofort zu.

„Ich bin da ganz und gar eurer Meinung“, pflichtete Herr Pleines den Schülern bei. „Die Frage ist nur: Schafft das eine Klasse, ohne dass es zu Feindseligkeiten kommt?“

Die Klasse 6a versucht gemeinsam, den Konflikt friedlich zu lösen

Um eine verträgliche Lösung zu suchen und zu finden, sollten geeignete Voraussetzungen geschaffen und müssen notwendige Regeln vereinbart werden. Deshalb überlegte sich die Klasse 6a:

Welche Rolle spielt die Sitzordnung?

Für ein klärendes Gespräch eignet sich am besten ein „runder Tisch“. Die Schüler stellten im Klassenzimmer die Tische und Stühle so um, dass sich alle Schüler ansehen konnten (Abb. 13.3).

Welche Rolle spielt die Sprache?

„Nicht nur Schläge, auch Worte können verletzen.“ Diese Erkenntnis war den Schülern wohl bekannt. Im Fach Deutsch hatten sie schon öfter an Beispielen die Wirkung von sprachlichen Äußerungen untersucht. Und bereits im letzten Jahr hatten sie Formulierungen erarbeitet und in Rollenspielen immer wieder eingeübt, wie ein Konflikt sprachlich bewältigt werden kann. Einzelne solcher Redewendungen wurden kurz wiederholt.

Welche Rolle spielen die Verhaltensweisen?

Für alle sichtbar wurde das Plakat mit den Klassenregeln an der Tafel angebracht. In der 5. Klasse hatten die Schüler diese Regeln gemeinsam ausgearbeitet. Sie sollen dafür sorgen, dass die „Würde des Schülers in der Klasse“ nicht verletzt wird (Abb. 13.1). Folgende Verhaltensweisen wurden dabei besonders herausgestellt:

- Jeder darf seine Meinung sagen, ohne unterbrochen zu werden.
- Jeder Schülerbeitrag wird gleich ernst genommen.
- Jeder zeigt sich bereit, auf den anderen einzugehen, dessen Interessen zu berücksichtigen.
- Jeder bringt nur sachliche Argumente vor, verzichtet auf Beleidigungen, gibt keine „dummen Kommentare“ ab.

Welche Rolle spielt der Gesprächsleiter?

Wichtig ist es, dafür zu sorgen, dass die Regeln auch eingehalten werden. Deshalb wurden als Gesprächsleiter die beiden Klassensprecher bestimmt.

Die Schüler waren mit Eifer bei der Sache. Jeder bemühte sich, einen Beitrag zu leisten. So wurde bald eine Lösung gefunden, mit der alle einverstanden waren.

AUFGABEN >>

1 *„Der Lehrer sollte in einer Klasse anordnen, was getan wird.“ Was sagst zu dieser Meinung? Begründe deine Meinung.*

2 *Beschreibe, wie die Klasse 6a vorging, um die Konfliktsituation „Gestaltung des Wandertages“ friedlich zu lösen.*

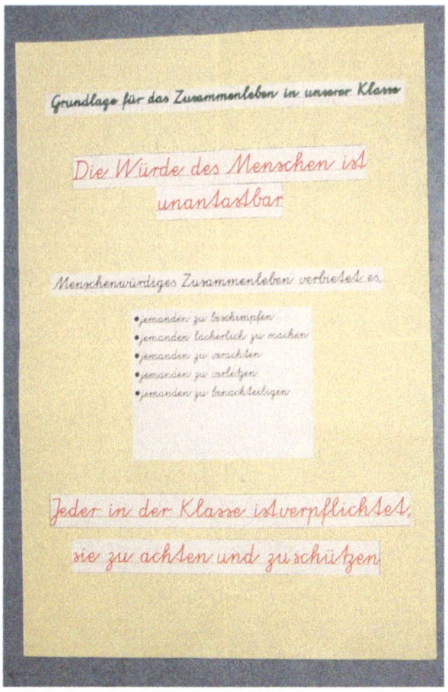

13.1 Grundlage für das Zusammenleben

13.2 Beiträge von Schülern zur Konfliktlösung

13.3 Die Klasse 6a am „Runden Tisch"

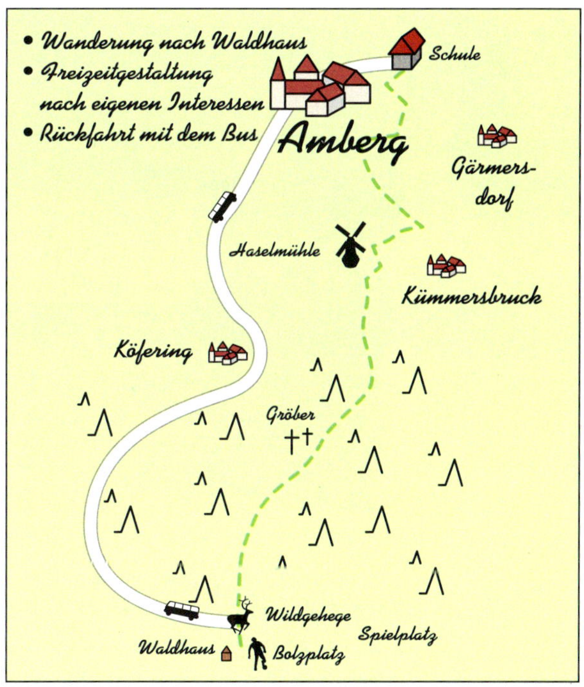

13.4 Ergebnis der friedlichen Konfliktlösung

3 *Untersucht die Äußerungen von Schülern (Abb. 13.2). Welche Formulierungen trugen dazu bei, dass es bei der Suche nach einer Lösung friedlich zuging? Welche Sachbeiträge trugen deiner Meinung nach entscheidend dazu bei, dass eine Lösung gefunden wurde, mit der alle einverstanden waren?*

4 *Berichtet von eigenen Erfahrungen, wo Konflikte in der Schule friedlich gelöst wurden.*

Eine Lösung bahnt sich an

Kreis von Freiwilligen für Schlüsseldienst am Bahnhof gesucht

Vor einigen Tagen wurde von der Deutschen Bahn der Gleisübergang am Bahnhof aus Sicherheitsgründen durch eine Kette versperrt. Behinderte fordern hingegen den Erhalt des Überweges.

Am Freitag trafen sich nun Körper- und Gehbehinderte zu einem Gespräch mit Politikern und Vertretern der Bahn, um nach einer Lösung zu suchen. Am Ende kam es tatsächlich zu einem Kompromiss.

„Wenn sich ein Kreis von Freiwilligen findet, der in Absprache mit dem Fahrdienstleiter das Zu- und Aufsperren am Bahnübergang übernimmt, so wäre das eine Lösung", meinte der Vertreter der Bahn.

(Zeitungsbericht)

Eigentlich herrscht von 22:00 – 6:00 Uhr Nachtruhe im Haus. Herr Brummer trifft jedoch mit den anderen Mietern eine Übereinkunft: Bei der Geburtstagsfeier am Samstag darf es im Haus bis 1:00 etwas lauter zugehen.

Zusätzliches Essensangebot für einige Wenige: In unserer Gesellschaft leben Muslime. Aus Glaubensgründen dürfen sie kein Schweinefleisch essen. Um Minderheiten zu schützen gibt es für sie spezielle Gerichte.

14.1 Möglichkeiten friedlicher Konfliktlösungen

Wie lassen sich Konflikte friedlich lösen?

Ein Konflikt lässt sich nicht so einfach aus dem Weg räumen oder abstellen. Er dauert so lange an, bis es eine Lösung gibt, mit der alle Beteiligten einverstanden sind. Deshalb nutzt es nicht viel, Konfliktgegnern zu befehlen: „Schluss mit dem Streit. Ab jetzt vertragt ihr euch wieder!" Vielmehr muss ein Konflikt bewusst aufgegriffen, angegangen und gezielt bearbeitet werden. Doch das ist leichter gesagt als getan. Denn mit Konflikten sinnvoll umzugehen, ist eine Fähigkeit, um die sich jeder Mensch täglich immer wieder neu bemühen muss.

Konfliktfähigkeit verlangt Toleranz

Wie Irina und ihre Mutter in punkto Kleiderfrage (Abb. 15.1) beurteilt jeder Mensch Sachverhalte so, wie er sie sieht. Oft glauben Menschen, ihre Sichtweise sei die einzig Richtige. Sie sind davon so überzeugt, dass sie andere Anschauungen nicht gelten lassen. Soll ein Konflikt verträglich gelöst werden, ist deshalb Toleranz notwendig. „Tolerare" ist lateinisch und heißt übersetzt „erdulden, ertragen". Ein toleranter Mensch ist demnach bereit, auch eine Anschauung gelten zu lassen, die nicht seinen Vorstellungen entspricht. Insbesondere in Fragen der religiösen oder politischen Überzeugung und in Fragen der Lebensführung fällt das vielen Menschen nicht leicht.

Konfliktfähigkeit verlangt Bereitschaft zum Kompromiss

Das Wort „Kompromiss" kommt aus dem Lateinischen und bedeutet „ausgleichen" oder „nachgeben". Allzu gerne möchten wir Menschen unsere eigenen Interessen durchzusetzen. Oft sind wir nicht bereit, einen Zentimeter nachzugeben. Eher wollen wir mit dem Kopf durch die Wand. Wie weit man mit dieser Einstellung kommt, zeigt die erste der Abb. 15.2.

Gleichzeitig macht die Bildergeschichte deutlich, wie ein Konflikt beendet werden kann: Die Beteiligten entwickeln gemeinsam einen Kompromiss (drittes Bild). Sie suchen nach einer Lösung, mit der alle Konfliktpartner einverstanden sind, weil jeder zu seinem Recht kommt (viertes und fünftes Bild). Das ist freilich eine oft sehr mühsame und zeitaufwändige Angelegenheit.

Konfliktfähigkeit gebraucht friedliche Lösungen

Einen Konflikt austragen heißt, gemeinsam nach einer für alle verträglichen Lösung zu suchen. Dazu eignen sich ganz bestimmte Maßnahmen, Wege und Formen. In der Abbildung 14.1 sind solche Instrumente der friedlichen Konfliktlösung dargestellt.

15.1 Unterschiedliche Ansichten

15.2 Bildergeschichte

AUFGABEN >>

1. *Welche Voraussetzungen sind notwendig, um Konflikte überhaupt lösen zu können? Nenne sie.*
2. *Erläutert, warum Toleranz bei der Austragung von Konflikten eine so wichtige Rolle spielt.*
3. *Erkläre mithilfe der Abb. 15.2, wie sich bei der Suche nach einer Lösung des Konflikts ein Kompromiss entwickelt und dadurch eine für beide Parteien verträgliche Lösung zustande kommt.*
4. *Welche Instrumente tragen zu einer friedlichen Konfliktlösung bei? Zählt auf und klärt, was durch die einzelnen Instrumente erreicht werden kann und soll (Abb. 14.1).*
5. *Erläutert an Beispielen aus eurer eigenen Erfahrungen, warum es wichtig ist, einen Konflikt „aufzuarbeiten".*
6. *„Wenn ihr nicht sofort aufhört, dann …". Mit dieser Drohung sollen Konfliktbeteiligte gezwungen werden, ihre Feindseligkeiten einzustellen. Vergleicht die Wirkung dieser „traditionellen" Methode mit dem Vorgehen „Konfliktbearbeitung".*
7. *Erläutert, warum der sinnvolle Umgang mit Konflikten für eine demokratische Gesellschaft wichtig ist.*
8. *Nennt Beispiele, die zeigen, wie Konflikte in der Gesellschaft demokratisch ausgetragen und friedlich gelöst wurden.*

TRIO-Arbeitsweise: Strategien zur Streitschlichtung

Es liegt in der Natur des Menschen, dass Konflikte immer wieder zu Streit, Rivalität und Feindseligkeiten führen. In der Schule können und sollen Schüler deshalb auch lernen, mit Streitigkeiten fertig zu werden.

16.1 Streitschlichtung

Streitschlichter in Aktion

1. Schritt: Schlichtung einleiten

Zunächst wird ein Tisch aufgestellt. An ihm nehmen die Beteiligten und der Schlichter oder die Schlichterin (erfahrener Schüler/Lehrer) Platz (Abb. 16.1). Das Ziel des Gesprächs wird verdeutlich: „Die Streitenden suchen nach einer Lösung, mit der beide einverstanden sind." Der Schlichter bietet hierzu seine Hilfe an. Er erklärt das Vorgehen und wichtige Regeln. Die beiden „Streithähne" sagen zu, sich an diese Regeln zu halten. Der Schlichter lost aus, wer von den beiden Kontrahenten mit dem Erzählen des Problems anfängt.

2. Schritt: Problem darstellen und Standpunkte vortragen

Die Beteiligten schildern nacheinander, was vorgefallen ist. Der Schlichter spricht auch Gründe und Gefühle an, z. B.: „Warum hast du ...? Was hast du gedacht, als ...? Wie war dir zumute, als ..."

Es ist wichtig, über eigene Anteile am Streit nachzudenken. Beispiel: „Was hast du zum Streit beigetragen?" (Worte, Mimik, Gestik, Körpersprache ...)

3. Schritt: Lösungen suchen, Verständigung anbahnen

Der Schlichter leitet den Übergang zu diesem Schritt ein, zum Beispiel mit den Worten: „Lasst uns überlegen, wie der Schaden wieder gut zu machen ist."

Nun werden Lösungen gesammelt, indem die Kontrahenten Vorschläge aufschreiben, z.B.: „Was wäre ich bereit zu tun?" „Was erwarte ich vom Anderen"? Die Vorschläge werden dann vorgestellt und bewertet. Jeder liest die eigenen Vorschläge vor, der Schlichter notiert sie auf Kärtchen. Lösungen werden gemeinsam bewertet. Ist der Vorschlag durchführbar, ausgewogen?

In Frage kommende Lösungen werden gesammelt und die Kontrahenten erklären, welche Vorschläge sie beide annehmen.

4. Schritt: Vereinbarungen aufschreiben

Die Lösungen werden ausformuliert. Es wird notiert, wer was wann wo in welcher Form tun will. Außerdem wird festgehalten, was passiert, wenn ein Kontrahent seine Pflicht nicht erfüllt. Durch ihre Unterschrift erkennen alle Beteiligten die Vereinbarungen an. Jeder erhält eine Kopie; das Original wird im Klassenordner abgelegt.

Ergebnisprotokoll einer Streitschlichtung

Beteiligte: ? ?

Schlichter: ? ?

Anlass und Ursache des Streites:

Meinungsverschiedenheit	Beschädigung
Wegnahme einer Sache	Beleidigung
körperlicher Angriff	Sonstiges

Vereinbarung:

? ? ?

? ? ?

Wir nehmen die Vereinbarung an und sind ehrlich bemüht, sie einzuhalten

Konfliktpartner A: ? ?

Konfliktpartner B: ? ?

Schlichter: ? ?

16.2 Protokoll

AUFGABEN >>

1 *Überlegt euch in Gruppenarbeit einen Konflikt aus eurem Erfahrungsbereich (Familie, Klasse, Schule ...). Anschließend stellt jede Gruppe „ihren" Konflikt szenisch dar. Wählt nun einen Konflikt aus und spielt eine Streitschlichtung durch. Einigt euch auf einen Streitschlichter. Die Klasse prüft, ob die vier Schritte eingehalten wurden und ob sie zum Erfolg führten.*

2 *Wendet diese Strategie der Streitschlichtung beim nächsten Streit in eurer Klasse an.*

3 *Ladet einen Streitschlichter als Experten in eure Klasse ein und fragt ihn nach seinen Erfahrungen. Überlegt euch vorher, was ihr wissen wollt und stellt einen Fragenkatalog zusammen.*

4 *Was meinst du: „Sollten bei einem Konflikt Schüler vermitteln oder die Lehrer?" Tauscht eure Meinungen aus und besprecht diese Frage gemeinsam in der Klasse.*

Wir „kämpfen“ um unser Gleichgewicht

„Der Klügere gibt nach“, so lautet ein altes Sprichwort. Doch Nachgeben ist für manche Schüler oft schwer. Viel eher möchten sie triumphieren, indem sie dem Anderen ihre Stärke beweisen. Das können sie bei diesem Kampf tun. Dabei ist der Kampf ums Gleichgewicht gar kein Kampf. Vielmehr hat das Spiel Ähnlichkeit mit einem Tanz. Zuschauer gewinnen den Eindruck, als würden zwei Partner versuchen, miteinander Figuren vorzuführen. Und genau das ist der Sinn des „Kampfspiels“. Durch die gemeinsamen Bewegungen bauen Spieler ihre Aggressionen ab und kommen wieder ins Gleichgewicht.

Ablauf und Regeln des Spiels:
Beide Partner stehen sich auf einer ebenen Fläche im Abstand von einer Armlänge gegenüber. Dabei müssen die Füße eng zusammen gestellt sein, die Handflächen sind offen und einander zugewendet. Jeder versucht nun, den Gegner aus dem Gleichgewicht zu bringen. Dabei darf er nur die Handflächen des Gegners berühren und muss die Finger gestreckt, die Hände also offen lassen.
Jetzt heißt es, den Anderen aus dem Gleichgewicht zu bringen. Dabei sind plötzliche, ruckartige Bewegungen nicht erlaubt. Natürlich ist „Antäuschen“ erlaubt. Wer seine Füße bewegt, verliert einen Punkt. Wer nach vorne fällt und seinen „Gegner“ umarmt, verliert ebenfalls einen Punkt. Geraten beide aus dem Gleichgewicht, bekommt niemand einen Punkt. Sieger ist, wer als erster drei oder fünf Punkte hat. Gewonnen freilich ist dann der „Kampf“, wenn beide versöhnt und vereint den Platz verlassen.
Probiert nun dieses Spiel aus. Besprecht, ob und in welchen Fällen es sich eignet, Streit zwischen zwei Konfliktpartnern zu beheben.

Tipps für besseres Streiten

Streit artet oftmals fürchterlich aus. Und nicht selten gehen deswegen Freundschaften in die Brüche. Wer beim Streiten überlegt vorgeht, kann so etwas vielleicht verhindern. Folgende vier Streitregeln helfen dabei:

Streitregel 1: Wer sich über den Anderen ärgert, sollte die Wut nicht verdrängen, sondern sie sofort rauslassen. Sonst wird der nächste Streit umso schlimmer
Streitregel 2: Beim Streiten Dinge ganz konkret nennen. Beispiel: „Ich möchte nicht, dass du während der Probearbeit meinen Zirkel benutzt.“ Verallgemeinerungen machen den Anderen meist wütend, weil er sich in seiner Persönlichkeit angegriffen fühlt. Beispiel: „Nie hast du deine Schulsachen dabei.“
Streitregel 3: Vorwürfe möglichst vermeiden. Wer den anderen verletzt, löst Gegenwehr aus. Argumente mit „Ich-Botschaften“ anstatt mit „Du-Botschaften“ beginnen. (> Fach Deutsch: Konflikte sprachlich lösen)
Streitregel 4: Bei einem Streit ist es günstig, das Problem des Anderen mit eigenen Worten zu wiederholen. Damit versetzt man sich in die Lage des Anderen. Der fühlt sich dadurch respektiert und ist nicht so schnell beleidigt.

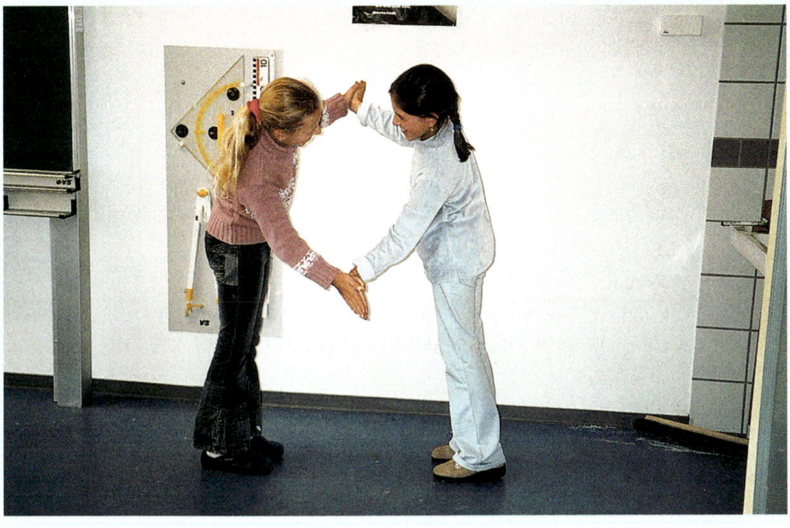

17.1 Schüler „kämpfen“ ums Gleichgewicht

Erfahrungen mit Gewalttätigkeit

18.1 Beim Kickerspiel

Ein „alltäglicher" Fall aus der Schule

Der neue Fußballkicker an der Sophie-Scholl-Hauptschule ist in den Pausen immer dicht umlagert. Eine festgelegte Spielordnung hilft, Streitigkeiten zu vermeiden. Jürgen hat mit Oktay, dem „Kickerkönig" der Nachbarklasse, ein Spiel ausgemacht. Gemäß der Spielordnung hat er sich mit seinem Namen auf der Stecktafel eingetragen. Gleich nach Unterrichtsschluss um 13:00 Uhr beginnt das Match. Soeben legt sich Jürgen den Ball für einen Torschuss zurecht. Da wird er von hinten angerempelt und zur Seite gestoßen. Jürgen will protestieren. Er dreht sich um ... und erkennt Sven. Der geht in die 8. Klasse, gilt als aggressiv und schlägt sofort zu, wenn ihm was nicht passt. „Mach die Fliege, Kleiner ... mal schaun, was der Meisterkicker drauf hat". Und schon nimmt Sven die Drehgriffe in Besitz. Jürgen ist zunächst vor Schreck wie gelähmt. Angst mischt sich mit Wut. Tausend Gedanken gehen ihm durch den Kopf. Was soll er tun? Protestieren? Sich wehren? Sven hat Mitschüler schon öfter verprügelt. In diesem Moment sieht Jürgen einen Lehrer vorbeigehen.

Am nächsten Tag stürmen drei Mädchen aufgeregt ins Schulhaus: „Der Jürgen aus der 6. Klasse liegt am Boden, dort hinten bei den Sträuchern. Den haben bestimmt die aus der 8a zusammengeschlagen". Die Klassenlehrerin kümmert sich sofort um Jürgen. Er muss zum Arzt gebracht werden. Dieser stellt eine Platzwunde an der linken Augenbraue sowie Prellungen und Blutergüsse am ganzen Körper fest.

Der Schulleiter geht der Sache nach. Und wirklich: Sven und seine Kumpanen Mirko und Olli aus der 8a hatten Jürgen mit Schlägen traktiert. Der Rektor will genau wissen, was sich zugetragen hat. Sven meint, „die Sache mit dem Kicker sei nur Spaß gewesen, der Kleine hätte sich doch wehren können." Für Mirko ist klar: „Jürgen, diese miese Ratte hat gestern meinen Freund beim Lehrer verpfiffen, dafür musste er einen Denkzettel bekommen." Olli gab an, er habe halt mitgemacht, einfach so. Die Aussagen hält der Rektor schriftlich fest. Dann teilt er den Dreien mit: „Ich informiere eure Eltern über euer Tun. Außerdem werde ich die Sache an die Polizei weiter geben."

Nach diesem Vorfall steht für den Schulleiter fest: Wir müssen die Entwicklung der Gewaltbereitschaft ernst nehmen. In einer eigens angesetzten Lehrerkonferenz und auch im Schulforum soll deshalb der „Umgang mit Gewalt an unserer Schule" besprochen und erörtert werden.

2 Jürgen wurde niedergeschlagen

AUFGABEN >>

1 *Schildere den Vorfall mit eigenen Worten.*

2 *Beschreibe Jürgens Gefühle bei folgenden Momenten: beim Kickerspiel – als er angerempelt wird – als er Sven erkennt – als Sven spielt.*
Was mag Sven in diesen Momenten gefühlt haben?

3 *Beurteilt das Verhalten von Jürgen, von Sven sowie von Olli und Mirko.*

4 *In der Überschrift ist von einem „alltäglichen Fall" die Rede. Welche Erfahrungen habt ihr selber schon mit „gewalttätigem Verhalten" gemacht? Schildert eigene Erlebnisse.*

5 *Das Thema „Gewalt" soll in der Lehrerkonferenz besprochen werden. Welchen Standpunkt würdest du vertreten, wie gegen gewalttätiges Verhalten vorgegangen werden soll. Erläutere deine Meinung vor der Klasse.*

Gewalttätiges Verhalten?

1. Sergej droht einem Mitschüler Schläge an, wenn er ihm nicht sein Mathematikheft zum Abschreiben der Hausaufgabe gibt.

2. Alwin spielt in der Pause mit einem Springmesser.

3. Kevin gähnt und rülpst immer wieder laut während des Unterrichts.

4. Franziska wirft bei einem Handballspiel der gegnerischen Torhüterin den Ball voll ins Gesicht.

5. Stephan rempelt bei jeder Gelegenheit die Mädchen aus seiner Klasse an.

6. Immer wenn Caroline ins Zimmer kommt, halten sich die Mitschüler die Nase zu.

7. Nicki schreibt auf einen Zettel „Ramona möchte dich küssen" und steckt ihn ins Mäppchen von Michael.

8. Franzi ritzt mit der Zirkelspitze „LOVE" auf ihren Stuhl.

9. Ronald hält Dennis im Schwitzkasten fest. Als Dennis keucht, „du hast gewonnen", lässt ihn Ronald sofort los.

10. Als Laura im Bikini in die Schwimmhalle kommt, kommentiert Tom: „Wozu brauchst du ein Oberteil?".

11. Auf einem kombinierten Fußgänger- und Radweg stößt Hans einen Drittklässler zur Seite, als dieser unvorsichtigerweise auf die Radspur kommt.

12. Dardan kritzelt auf einen Papierfetzen „nach Schulschluss" und zeichnet eine Faust dazu. Das klein zusammengefaltete Papier beschriftet er mit „Weitergeben an Andreas".

19.1 Verhaltensweisen von Schülern

Gewalttätigkeit hat viele Gesichter

Zwölf Situationen aus der Schule – zwölf mal gewalttätiges Verhalten? Oft wird eine Situation, wird eine Verhaltensweise von den Beteiligten sehr unterschiedlich bewertet.

Bei gewalttätigem Verhalten denken wir zunächst einmal an Gewalt gegen Personen. Verletzt jemand bewusst einen Anderen körperlich, dann tut er ihm physische Gewalt an. Psychische Gewalt liegt vor, wenn jemand durch Worte, Blicke, Bloßstellung oder Nichtbeachtung seelisch verletzt wird. Wird diese Art gezielt und dauerhaft eingesetzt, spricht man von Mobbing.

Gewalttätiges Verhalten richtet sich oft auch gegen Sachen, zum Beispiel, wenn jemand das Wartehäuschen an der Bushaltestelle beschädigt. In schweren Fällen spricht man von Vandalismus.

Gewalttätiges Verhalten gibt es auch in versteckter Form. So kann jemand bei seinem Gegenüber Angst auslösen, wenn er mit einem Butterflymesser herumspielt.

AUFGABEN >>

1 *Testet mithilfe der Abb. 19.1 „Verhaltensweisen von Schülern" euer Gewaltempfinden. Ordnet dazu jedes Verhalten in eine sechsstufige „Gewaltskala" ein. Vergleicht dann in Kleingruppen eure Einschätzungen miteinander. Wo seid ihr einer Meinung? Wo nicht? Tauscht eure Meinungen im Klassengespräch aus.*
0 — 1 — 2 — 3 — 4 — 5 — 6
keine Gewalt — schwere Gewalt

2 *„Gewalttätiges Verhalten" – was versteht ihr darunter? Notiert eure Gedanken und formuliert sie auf einem Plakat „Gewalttätiges Verhalten ist, wenn ..."*

3 *Denke anhand der Abb. 19.1 darüber nach, welche Formen von Gewalt du selbst schon ausgeübt oder erlitten hast.*

4 *Stellt in einer Übersichtstabelle unterschiedliche Arten von gewalttätigem Verhalten zusammen. Nehmt dabei die Aussagen im Text zu Hilfe.*

Einfluss-faktoren und Zusammen-hänge

Gewalttätiges Verhalten hat vielschichtige Hintergründe

Woran liegt es, dass Jugendliche gewalttätig werden? Wissenschaftler sind sich einig, dass Gewalttätigkeit nicht auf eine Ursache allein zurückzuführen ist. Viele Faktoren spielen eine Rolle. Je mehr solcher Bedingungen zusammenkommen, desto größer ist das Risiko für die Entfaltung gewalttätigen Verhaltens.
Risikofaktoren sind vor allem:

- Ungünstige Familienverhältnisse
- Eingebundensein in Jugendclique
- Leistungsversagen in Schule und Beruf
- Ungünstige bauliche Beschaffenheit und Ausstattung des sozialen Umfeldes
- Ungünstiges Klassen- und Schulklima der Kinder
- Entfremdung von schulischen Normen und Werten

20.1 Ein Alptraum?

Welche Rolle spielt übertriebenes Leistungsdenken?

Viele Eltern wünschen sich, dass aus ihren Kinder einmal etwas wird. Deshalb erwarten und erhoffen sie gute Noten von ihrem Kind. Die Abb. 20.1 zeigt die Situation eines Schülers, der leistungsmäßig überfordert ist, bei dem die Ängste überhand nehmen, der seine Situation als ausweglos empfindet. Oft reicht dann ein kleiner Anlass und der Gefühlsstau entlädt sich mit Gewalt.

20.2 Beim Fernsehen

Welche Rolle spielt das Fernsehen?

Viele Kinder verbringen heute mehr Zeit vorm Fernseher als in der Schule. Untersuchungen belegen, dass bei der Hälfte aller Fernsehsendungen eine gewalttätige Szene zu sehen ist. So werden täglich rund 80 Morde dargestellt. Es ist zwar nicht eindeutig bewiesen, wie sich die ständige Berieselung mit Gewalt auf die Zuschauer auswirkt. Zweifellos besteht die Gefahr, dass Kinder gewalttätiges Verhalten für selbstverständlich halten und in ihrem Empfinden abstumpfen. „Bei einem Drittel der Kapitalverbrechen durch Jugendliche sind Horror- und Gewaltvideos direkte Vorbilder", berichtet der Kinderpsychologe Freisleder.
Eine zweite Auswirkung des Fernsehens ist die verbreitete ängstliche Lebenseinstellung. Was im Fernsehen zu sehen ist, wird auf das wirkliche Leben übertragen: Die Welt wird für so grausam gehalten wie das Fernsehen sie zeigt.
Einig freilich sind sich die Fachleute: Das Fernsehen allein ist es nicht, das diese negativen Auswirkungen verursacht.

AUFGABEN >>

1 *Nenne Faktoren, die „gewalttätiges Verhalten" beeinflussen können.*
2 *Erläutere, inwiefern Leistungsüberforderung für gewalttätiges Verhalten mitverantwortlich sein kann.*
3 *Abb. 20.2 zeigt unterschiedliche Reaktionen auf Gewaltszenen im Fernsehen. Benenne und beschreibe solche Reaktionen. Erläutere den möglichen Zusammenhang zwischen Fernsehen und gewalttätigem Verhalten.*
4 *Besorgt euch für ein Projekt Informationen zum Thema „Gewalt". Arbeitet dazu mit dem Internet.*

Maßnahmen gegen Gewalt

Gemeinsam gegen gewalttätiges Verhalten

Je früher – desto besser

ELTERN

- Arbeitskreise
- Elternabende unter Mitwirkung der Polizei

SCHULE

- Schulhausordnung
- Projekttage
- Stärkung der SMV
- Einüben von Konfliktlösungsstrategien

Übereinstimmung in Erziehungsfragen zwischen Eltern und Schule

Einbinden von Schülern in die Verantwortung

GEWALTPRÄVENTION

verbale Gewalt – Körperverletzung – Vandalismus

- Zusammenarbeit mit Vereinen
- Jugendbetreuung, Jugendhaus
- Sozialarbeiter
- Ganztagsbetreuung

FREIZEIT

21.1 Herausforderung Gewalt – eine Aufgabe, die alle angeht

„David, time-out!" Mit dieser Maßnahme unterbindet die Lehrerin, Frau Hammer, Davids Gewalttätigkeiten. Sie hatte beobachtet, wie dieser nach der Sportstunde voller Wut seine Turnschuhe in die Garderobe schleuderte, mit dem Fuß gegen den Papierkorb trat und Mitschüler anrempelte. Welches Problem David hat, weiß Frau Hammer nicht. Doch sie weiß, dass Unterricht mit ihm in diesem Zustand nicht möglich ist. Ruhig geht sie auf David zu, legt ihm die Hand auf die Schulter und begleitet ihn in den Auszeit- und Ruheraum der Schule. „Time-out" ist so etwas wie eine „Erste Hilfe im Gewaltfall". Schüler können die Möglichkeit nutzen, mit der Auszeitlehrkraft über ihre eigene Befindlichkeiten zu sprechen und nachzudenken, wie es weitergehen kann.

Gewaltintervention (so heißt der Fachbegriff für eingreifende Maßnahmen) ist wichtig im Kampf gegen Gewalt, denn „Wegsehen" fördert Gewalttätigkeit.

Noch wichtiger und bedeutsamer im Kampf gegen Gewalt ist die *Prävention*. Sie hat das Ziel, die Voraussetzungen dafür zu schaffen, dass es nicht zu gewalttätigem Verhalten kommt. Eine Aufgabe, die in unserer Gesellschaft von allen angegangen werden muss: von der Politik, den Eltern und Erziehern, der Polizei, den Kindern und Jugendlichen, der Schule ...

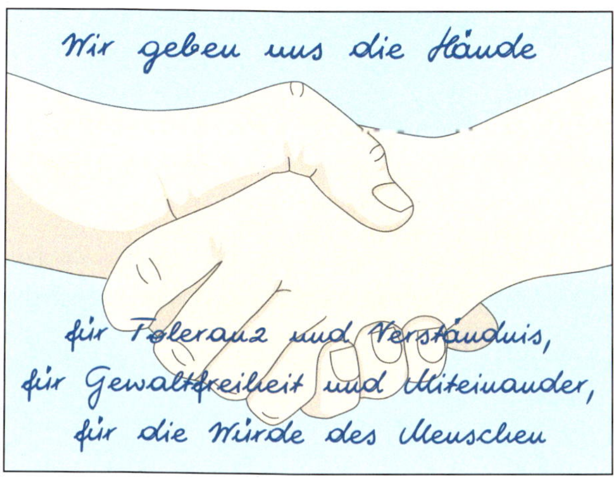

21.2 Logo einer Anti-Gewalt-Aktion

AUFGABEN >>

1. *Beschreibe die beiden Ansätze, mit denen gewalttätigem Verhalten entgegengewirkt werden soll. Kläre dabei auch die Fachbegriffe.*
2. *„Herausforderung Gewalt". Was soll durch diesen Titel einer Broschüre der Polizei zum Ausdruck kommen? Erkläre mithilfe der Abb. 21.1.*
3. *Erkundigt euch und besprecht, welche der in Abb. 21.1 genannten Möglichkeiten an eurer Schule durchgeführt und in eurem Umfeld umgesetzt werden.*
4. *„PIT" – ist die Abkürzung für „Prävention im Team". Diese Handreichung gibt es an jeder Schule. Sie enthält Vorschläge, wie gewaltfreie Verhaltensweisen gefördert werden können. Besorgt sie euch und führt solche Maßnahmen gemeinsam durch.*

2 Römische Antike

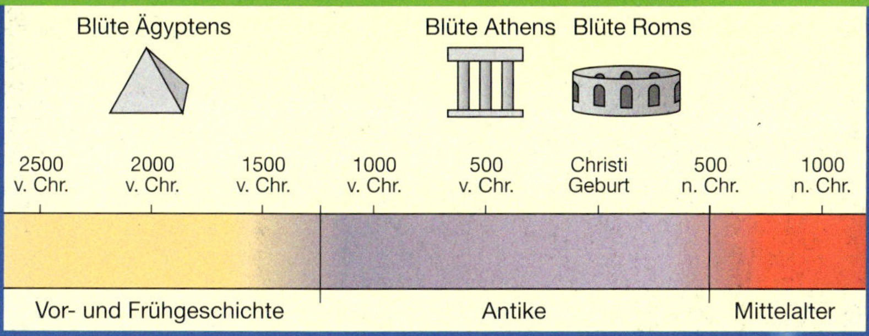

Collosseum in Rom

Blütezeit der römischen Antike

26.1 Triumphbogen

Römische Antike

In der fünften Klasse hast du viel über die Ägypter und Griechen gelernt. Sie siedelten an Orten, die gute Lebensgrundlagen boten, z. B. an Flüssen oder in Küstengebieten. Sie entwickelten bereits vor Jahrtausenden großartige Hochkulturen. Der große Teil Europas war hingegen noch von Urwäldern bedeckt. Erst allmählich erschlossen sich die Menschen diese lebensfeindlichen Räume.

In diesem Kapitel wirst du die Römer kennen lernen. Von einer Stadt in Italien aus haben sie einen großen Teil Europas erobert und geprägt. Sie waren es, die neue Regionen bewohnbar machten. Sie waren es, die Neuerungen in alle Teile Europas trugen. Reste von Bauwerken zeugen noch heute davon (> S. 24/25). Aber auch auf dem Gebiet der Rechtsprechung, der Schrift und des Handels waren die Römer führend. Bis heute wirken ihre Leistungen nach. Wir verwenden ganz selbstverständlich Dinge, die von den Römern entwickelt und verbreitet wurden.

Geschichtsforscher bezeichnen die Epoche der Griechen und Römer von etwa 1100 v. Chr. bis 500 n. Chr. als Antike (von lateinisch antiquus: alt).

Zeitliche Ausdehnung des Römischen Reiches

Forscher gehen davon aus, dass an der Stelle, wo heute die Stadt Rom steht, bereits um 800 v. Chr. Menschen siedelten. Erst allmählich entstand hier eine Stadt. Deren Herrschaftsbereich dehnte sich aus und schließlich entwickelte sich ein großes Reich. Es zeigte sich, dass dieses Reich schwer zu regieren war. Viele Männer stritten sich um die Herrschaft, dabei kam es zu erbitterten Bürgerkriegen. Erst unter der Herrschaft des Kaisers Augustus, der um Christ Geburt regierte, wurde wieder ein friedliches Leben im Römischen Reich möglich.

AUFGABEN >>

1 *Wiederhole mithilfe der Zeitleiste (S. 24/25), was du im letzten Jahr über die Steinzeit, Ägypten und Griechenland gelernt hast.*

2 *Ihr habt in der fünften Klasse gelernt, wie man eine Zeitleiste erstellt. Informiert euch mithilfe der Abb. 30.2 und S. 146/147 darüber, über welchen Zeitraum sich eine Zeitleiste dieses Jahr erstrecken muss. Erstellt nun eine Zeitleiste für euer Klassenzimmer. (Jeder von euch kann aber auch auf der letzten Seite seines Heftes eine eigene Zeitleiste anlegen. Sie kann dann über das gesamte Schuljahr mitwachsen.)*

3 *Am Beispiel Ägypten hast du gelernt, was eine Hochkultur ist. Du solltest am Ende dieses Kapitels klären, ob auch die Römer eine Hochkultur bildeten. Dabei können dir folgende Stichwörter helfen: Staat, Verwaltung, Berufe, Arbeitsteilung, technische Erfindungen, Schrift, künstlerische Leistungen, religiöse Vorstellungen.*

Augustus – Herrscher des Römischen Reiches

Wer aber war Kaiser Augustus, der so mächtig war, dass er Frieden im Reich schaffen konnte?
Kaiser Augustus hieß eigentlich Octavian. Er wurde 63 v. Chr. geboren und starb 14 n. Chr. Er war von Caesar adoptiert und zu seinem Nachfolger bestimmt worden. Nach dessen Tod musste Octavian sich mit Waffengewalt gegen zahlreiche Mitbewerber um den Thron durchsetzen. Dabei zeigte er großes Geschick in der Kriegskunst und Soldatenführung. Es gelang ihm, als Sieger aus diesem Bürgerkrieg hervorzugehen. Doch die Menschen hatten viel unter diesen Kriegen gelitten. Sein Ziel war es nun, dem Reich Sicherheit und Frieden zu bringen. Als Zeichen dafür ließ er einen Tempel errichten. Dessen Pforten sollten immer dann geschlossen bleiben, wenn im Reich Frieden herrschte. Es gelang ihm dieses Tor lange Jahre geschlossen zu halten.
27 v. Chr. ernannte ihn der römische Senat zum alleinigen Herrscher des Römischen Reiches. Jetzt verlieh man ihm den Ehrentitel Augustus, was „der Erhabene" bedeutet.
Er galt als sehr fleißiger Herrscher. Er kümmerte sich um alle Regierungsgeschäfte selbst. Seine Reden verfasste er ohne fremde Mithilfe. Stets war er durch Boten informiert, was in seinem Reich geschah. Sich selbst nannte er nicht Kaiser (von Caesar), sondern Princeps, der Erste. In dieser Stellung vereinte er alle wichtigen Ämter des Römischen Reiches auf sich. Er war Verwalter des Reiches (Tribun). Er hatte den Oberbefehl über das Heer (Imperator). Er erließ alle neuen Gesetze und verfügte über den größten Teil der Gelder des Staates. Außerdem war er der oberste Priester (Pontifex Maximus).

27.1 In Rom wurden über 80 Statuen zu Ehren Augustus' errichtet. Auf dem Brustpanzer sind seine Heldentaten dargestellt. Die Höhe der Statue beträgt 2,04 m. Ursprünglich war die Statue farbig.

Der römische Schriftsteller Sueton (70–140 n. Chr.) beschreibt Augustus so:
„Im Alter sah er auf dem linken Auge weniger gut. Seine Zähne standen weit auseinander und waren klein und unsauber. Die Nase war oben hervorspringend und unten gebogen ... Seine Figur war klein, doch gibt (man) sie immerhin mit ein Meter siebzig an. Sein Körper war, wie berichtet wird, voller Flecken und Muttermale ... Hüftgelenk, Ober- und Unterschenkel auf der linken Seite waren etwas schwach, so dass er oft hinken musste ... Auch fühlte er bisweilen im Zeigefinger der rechten Hand eine solche Schwäche, dass er das starre und wie erfrorene Glied selbst mit Hilfe eines Ringes kaum gebrauchen konnte ... Durch große Vorsicht konnte er seinen schlechten Gesundheitszustand etwas verbessern ... Auf Reiten und Waffenübungen verzichtete er."
(Aus: Sueton, Leben der Caesaren. Dtv, Artemis, Zürich 1955, 103–105)

27.2

AUFGABEN >>

1. *Beschreibe die Person, den Werdegang und die Herrschaft des Kaisers Augustus.*
2. *Nenne die Ämter, die ihn mächtig machten.*
3. *Vergleiche die Statue von Augustus (Abb. 27.1) und die Beschreibung Suetons über ihn (Abb. 27.2). Erkläre die Unterschiede und überlege, warum sich der Kaiser als jungen Mann darstellen ließ.*
4. *Erkläre die Bedeutung des Kaisers Augustus für das Römische Reich.*

Rom – Zentrum der Macht

Rom war die Hauptstadt des Römischen Reiches. Sie lag verkehrsgünstig am Fluss Tiber. Viele Straßen führten nach Rom. „Alle Wege führen nach Rom", hieß es seinerzeit in einem Sprichwort. Zur Zeit des Kaisers Augustus hatte die Stadt über eine Million Einwohner. Rom war Sitz des Kaisers und Mittelpunkt der Macht. Augustus schmückte sich deshalb seine Hauptstadt prächtig aus. Er baute neue Paläste, Tempel und Straßen (Abb. 29.1 und Quellentext). Auf dem Marktplatz, dem Forum Romanum, trafen sich Menschen aller Sprachen und Rassen. Hier wurde die Politik des Weltreiches gemacht, hier wurden Geldgeschäfte erledigt, Handelsverträge geschlossen und Gerichtsprozesse abgehalten. Rom bot in Theatern und im Zirkus viele einmalige Vergnügungen. Der Kaiser sorgte durch Getreidespenden für das Wohl der Stadtbewohner.

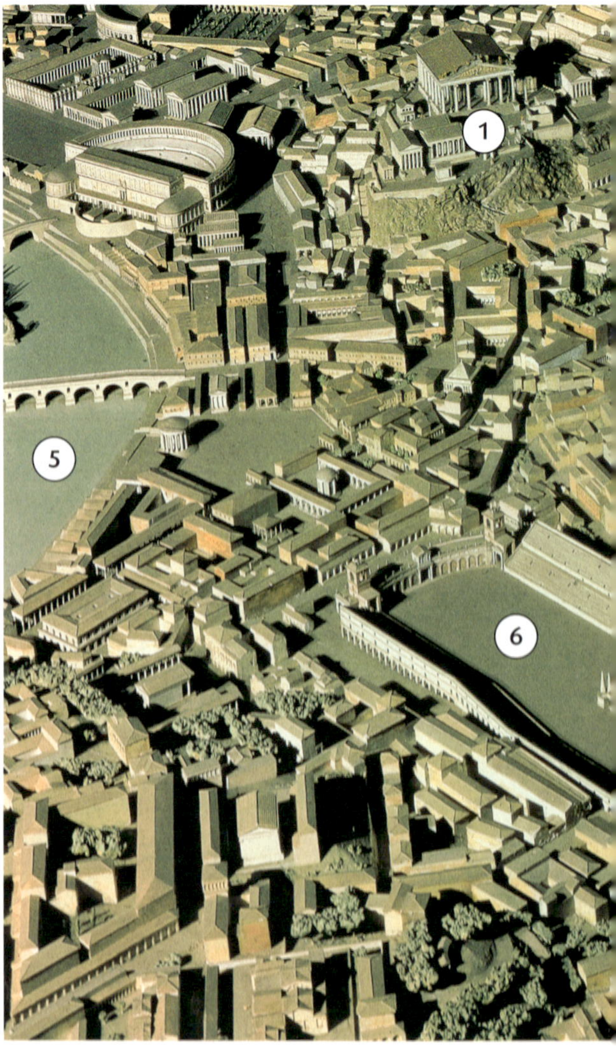

AUFGABEN >>

1. *Kaiser Augustus tat sehr viel für die Stadt Rom. Beschreibe. Ordne dazu die Ziffern der Textquelle dem Modell (Abb. 29.1) zu.*
2. *Überlege, warum Augustus seine Hauptstadt so ausschmückte.*
3. *Rom war gleichzeitig militärische Zentrale, kulturelles Zentrum und Machtzentrum. Erkläre.*

28.1 Die Wölfin mit Romulus und Remus

Der Sage nach wurde Rom von den Zwillingen Romulus und Remus gegründet. Sie waren die Söhne einer Priesterin und des Kriegsgottes Mars. Der König ließ die Mutter hinrichten und setzte die Zwillinge in einem Weidenkorb am Tiber aus, denn er hatte Angst um seine Herrschaft.
Eine Wölfin fand jedoch die Kinder und säugte sie, bis sie von einem Hirten und seiner Frau aufgezogen wurden. Als Romulus und Remus groß waren, rächten sie sich an dem König und beschlossen, ihre eigene Stadt zu gründen. Diese nannte Romulus nach seinem Vornamen Rom. Remus aber verspottete seinen Bruder und machte sich über die Stadtbefestigung lustig, indem er einfach darüber sprang. Aus Zorn erschlug Romulus seinen Bruder Remus und war nun Alleinherrscher der neuen Stadt.

29.1 Rom zur Kaiserzeit (Modell)

Augustus, aus dem Tatenbericht, vor 14 n. Chr.

Der Bevölkerung in Rom habe ich pro Kopf dreihundert Sesterzen (römische Münze) auf Grund des Testaments meines Vaters und zwölf Getreidespenden zuweisen lassen, wobei das Getreide mit meinen eigenen Mitteln gekauft worden war ... den kapitolischen Tempel (1) und das Theater des Pompeius, beide Bauwerke ließ ich mit großem Aufwand wiederherstellen, ohne dass irgendeine Inschrift mit meinen Namen angebracht wurde.

Die Wasserleitungen (2), die bereits Altersschäden aufwiesen, habe ich wiederherstellen lassen ... Das Forum Julium (3) und die zwischen den Tempeln des Castor und Saturn gelegene Basilika (4) habe ich fertiggestellt ... 82 Heiligtümer der verschiedensten Gottheiten habe ich in der Stadt durch den Senat wiederherstellen lassen ... ich ließ die Via Flaminia von der Stadt Rom bis hin nach Ariminium erneuern, sowie sämtliche Brücken (5) ...

Dreimal habe ich in meinem eigenen Namen Gladiatorenspiele veranstaltet ... Zweimal bot ich dem Volk ein Schauspiel mit von überall hergeholten Athleten, ... Tierhetzen mit afrikanischen Raubtieren habe ich in meinem Namen im Zirkus (6) oder auf dem Forum oder im Amphitheater (7) für das Volk 26mal durchführen lassen, wobei ungefähr 3 500 Tiere erlegt wurden. Das Schauspiel einer Seeschlacht veranstaltete ich für das Volk jenseits des Tibers ... Bei dieser Gelegenheit fuhren dreißig mit Rammspornen versehene Schiffe, Drei- oder Zweiruderer, und noch eine größere Anzahl kleinerer Schiffe gegeneinander los; auf diesen Flotten kämpften ungefähr 3000 Mann, abgesehen von den Ruderknechten.

(Aus: Augustus, Meine Taten, herausgegeben von Ekkehard Weber, München, 1975, S.23 ff.)

a TRIO-Arbeitsweise: Auswerten von Geschichtskarten

30.1 Die Entwicklung des Römischen Reiches: vom Stadtstaat zum Weltreich

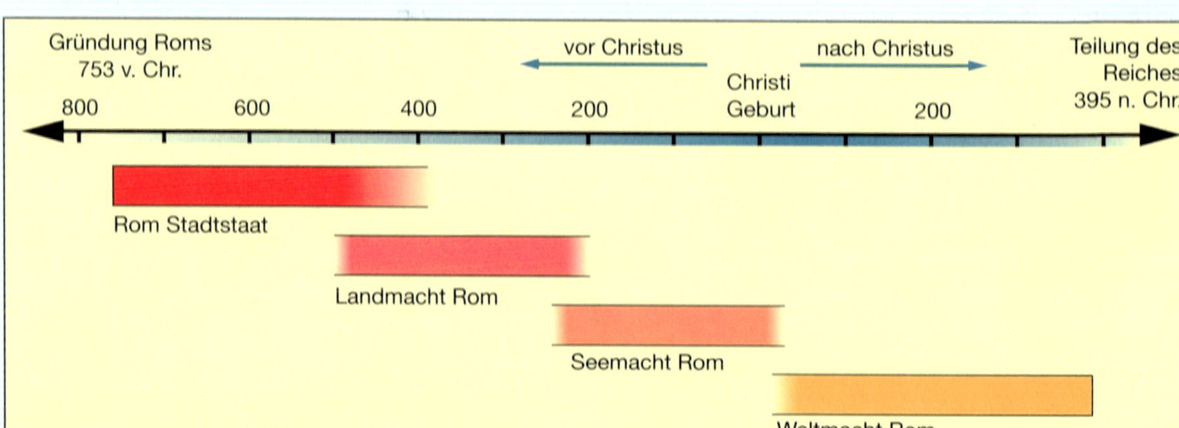

30.2 Zeitleiste zur Entwicklung des Römischen Reiches

Geschichtskarten gehören zu den thematischen Karten. Sie unterscheiden sich von denen, die du aus dem Erdkundeunterricht (> S. 70/71) kennst. So wird auf der Karte 30.1 die Ausdehnung des Römischen Reiches über einen Zeitraum von über 600 Jahren dargestellt.
Die Abb. 31.1–4 zeigen das gleiche Thema. Hier wird jedoch die Entwicklung des Römischen Reiches in vier einzelne Karten zerlegt.

Beim Auswerten von Karten kannst du in zwei Schritten vorgehen. Den ersten Schritt solltest du grundsätzlich bei allen Karten vornehmen. Der zweite Schritt ist hingegen stärker vom Thema der Karte abhängig. Zusätzliches Arbeitsmaterial (z. B. Bilder, Texte oder Tabellen wie Tab. 30.2) hilft dir, den dargestellten Sachverhalt noch besser zu verstehen.

1. Schritt: Orientierung auf der Karte und Klären der Kartensymbole

a) Ermittle den Kartenmaßstab.
b) Stelle anhand des Atlas fest, welchen Ausschnitt der Erde die Karten behandeln.
c) Stelle in der Legende fest, welche Bedeutung die Farben und Zeichen der Karte haben.

2. Schritt: Erfassen des Inhalts

a) Abb. 31.1 zeigt dir die Lage der Stadt Rom. Du erfährst, wann und von welchem Ort aus sich das Römische Reich entwickelte.
Suche auf Abb. 30.1 den Stadtstaat Rom. Ordne Abb. 31.1 dem Zeitabschnitt der Zeitleiste zu.
b) Abb. 31.2 zeigt die Entwicklung des Reiches innerhalb Italiens. Du erfährst, wie und wann sich Rom zur Landmacht entwickelte.
Suche wiederum mithilfe der Legende, wie diese Entwicklung auf Abb. 30.1 dargestellt ist. Ordne die Karte 31.2 der Zeitleiste richtig zu.
c) Abb. 31.3 und 4 zeigen die Eroberungen Roms im Mittelmeerraum und in der damals bekannten Welt.
Du erfährst auch mithilfe von Abb. 30.1, wann welche Länder von Rom erobert wurden und wie sich Rom zur Weltmacht entwickelte. Stelle fest, wie weit der Machtbereich Roms zur Zeit von Kaiser Augustus (14 n. Chr.) reichte.

Vergleiche zum Schluss die Karten 30.1 und 31.2–4. Welche Vorteile, welche Nachteile erkennst du?

Du kannst auch eine Karte für deine Zeitleiste im Klassenzimmer erstellen.

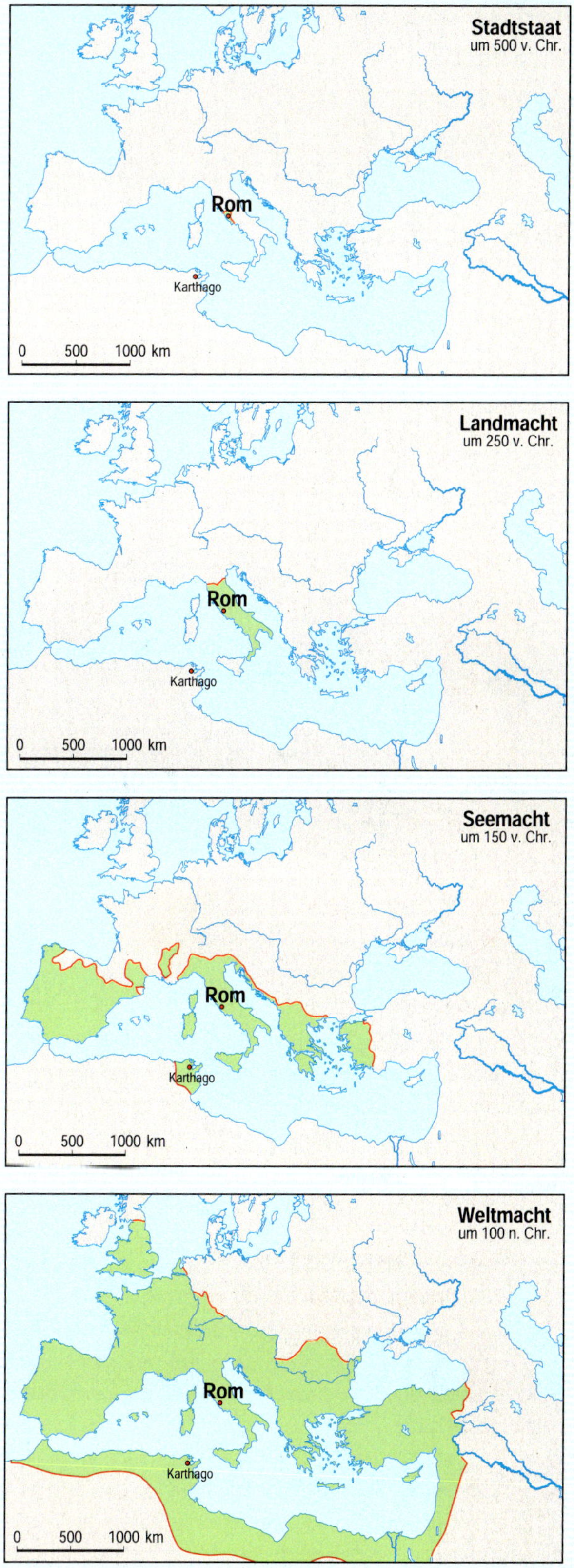

31.1–4 Vom Stadtstaat zur Weltmacht

Sicherung des Römischen Reiches durch das Militär

32.1 Römische Soldaten

Soldaten sorgen für Schutz und Sicherheit

In seinen Anfängen war Rom nur ein kleiner Bauernstaat. Das Heer war ein Bürgerheer. Jeder Römer, der eigenes Land besaß, konnte vom 17. bis zum 46. Lebensjahr zum Kriegsdienst verpflichtet werden. Für ihre Ausrüstung mussten die Soldaten selbst aufkommen. Bürger mit Vermögen kämpften deshalb in der Reiterei und bei den Schwerbewaffneten. Ärmere Kleinbauern dienten als Leichtbewaffnete und bei der Marine. Offiziersstellen wurden in der Regel von Adligen besetzt.

Als das Reich immer größer wurde, mussten die Römer ihr Heer erweitern. Die Feldherren begannen, Freiwillige als Berufssoldaten mit einer Dienstzeit von 20 Jahren anzuwerben. Sie wurden gut verköstigt und erhielten regelmäßig Sold. (So ein Heer bezeichnet man als Söldnerheer.) Nach Ablauf ihrer Dienstzeit bekamen die Soldaten schließlich ein kleines Landgut zum Lebensunterhalt.

Auch Nichtrömer konnten Soldaten werden und sich so das römische Bürgerrecht erwerben. Infolgedessen wuchs die Stärke der Truppen ständig an, sodass allmählich auf Wehrpflichtige verzichtet werden konnte. Rund 300 000 Berufssoldaten waren jederzeit einsatzbereit.

Diese große Heer verlangte eine besonders gute Organisation: Unter Augustus bestand eine Legion aus etwa 6100 Mann Fußvolk und 700 Reitern sowie leicht bewaffneten Truppen. Die ganze römische Armee umfasste 25 Legionen. An der Spitze einer Legion stand der Legat, der die Befehlsgewalt vom Kaiser erhalten hatte. Er war für die Verwaltung des Legionslagers und des Heeres zuständig. Je erfahrener und tüchtiger ein Legat war, desto schwierigere Aufgaben wurden ihm erteilt, z. B. ein Einsatz in umkämpften Gebieten oder in neu erworbenen Provinzen fernab von Rom. Dafür wurde er vom Kaiser besonders gut entlohnt.

Aufbau, Ausrüstung und Stationierung des Heeres

Die Soldaten waren einheitlich gekleidet und mit Wurfspeeren und Schwertern ausgerüstet. Als Schutz trugen sie Panzer, Helm und Beinschienen. Die Legionäre konnten zu Fuß etwa 25 km am Tag zurücklegen. Dabei schleppten sie 40 kg mit sich: Rüstung, Waffen und Verpflegung.

Wurfmaschinen und Rammböcke gehörten ebenfalls zur Ausstattung des Heeres. Mit ihrer Ausrüstung und Disziplin waren die römischen Truppen ihren Gegnern meistens überlegen (Abb. 33.1).

Um ihre Macht zu sichern, bauten die Römer an den Grenzen und in den Provinzen Kastelle (Abb. 33.2) und Verbindungsstraßen. In den Kastellen waren die Soldaten einer ganzen Legion stationiert, um im Kriegsfall sofort einsatzbereit zu sein. In Friedenszeiten wurden die Soldaten als Bauarbeiter an wichtigen Baustellen eingesetzt: Brücken, Straßen, Wasserleitungen, Amtsgebäuden.

Das Heer spielte in Rom eine wichtige Rolle: Es eroberte ein riesiges Reich und sorgte dann für Sicherheit und Zusammenhalt der Provinzen.

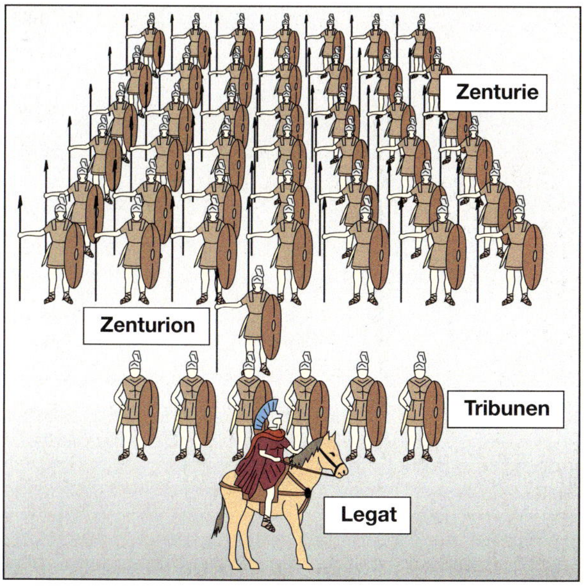

33.1 Aufbau des römischen Heeres: eine Zenturie

Das römische Heer gründete sich auf die Legion. Eine Legion bestand aus 10 Kohorten, die in 6 Zenturien zu je 80 Mann unterteilt waren.
Je eine Gruppe von 8 Legionären teilte sich ein Zelt. Ein Zenturion bildete die Soldaten aus und sorgte für Disziplin. Er erhielt seine Anweisungen vom Tribun. Die Legion wurde von einem Legaten angeführt.

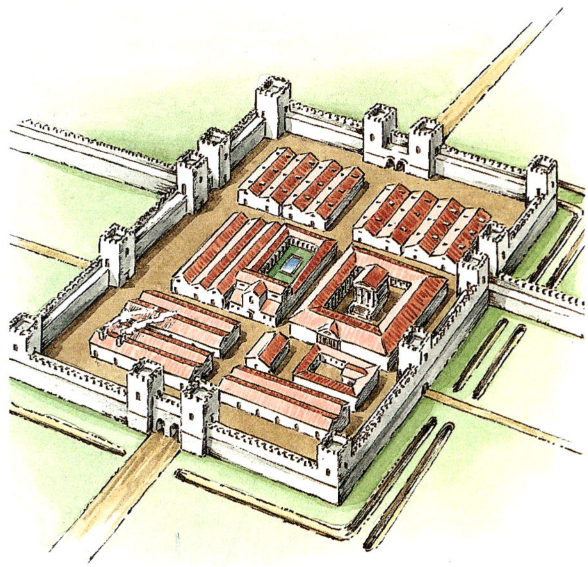

33.2 Römisches Kastell

Ein Kastell ist ein befestigtes Heerlager. Ihre Grundform ist ein durch Mauern gesichertes Rechteck, das von zwei sich kreuzenden Straßen durchschnitten wird. An der Kreuzung liegen Wirtschaftsgebäude, das Bad und das Lazarett. Das größte Gebäude ist der Sitz des Kommandanten. Daneben befindet sich das Fahnenheiligtum. Tore und Lagerecken werden meist durch Türme zusätzlich gesichert.

AUFGABEN >>

1 *Arbeite aus dem Text den Weg des römischen Heers vom Bürger- zum Berufsheer heraus.*

2 *Erkläre den Vorteil des Berufsheeres.*

3 *Beschreibe Aufbau, Ausrüstung und Stationierung des römischen Heeres. Erkläre, warum dies die Säulen des Erfolgs des römischen Heeres waren.*

4 *Suche zum Thema „römisches Militär" aus Sachbüchern weitere Informationen.*

5 *Begründe, warum die Römer anderen Volksstämmen gegenüber militärisch überlegen waren.*

6 *Überlege, warum es für den Kaiser so wichtig war, Oberbefehlshaber des Heeres zu sein.*

33.3 Kriegsschiff der römischen Flotte

Den Bau ihrer Schiffe hatten die Römer ihren Feinden abgeschaut. Mit ihrer Flotte gewannen sie die Herrschaft übers Mittelmeer. Die Schiffe besaßen einen Rammsporn am Bug und eine bewegliche Enterbrücke. So konnten sie die feindlichen Schiffe erstürmen. An Bord der Schiffe, der Galeeren, waren 120 Soldaten und 300 Ruderer. Diese unmenschliche Arbeit wurde als Strafe verhängt und musste von Sklaven verrichtet werden.

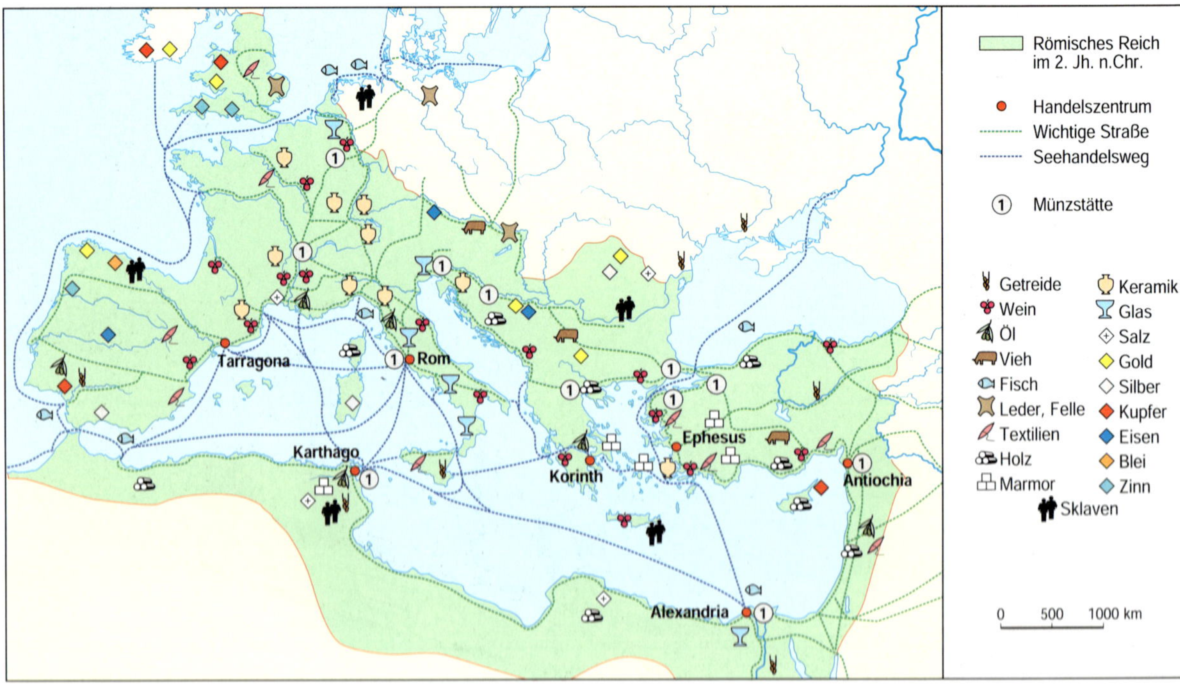

34.1 Handel und Verkehr im Römischen Reich

Zusammenhalt des Römischen Reiches

Handel ermöglichte eine gute Versorgung der Menschen

Das Römische Reich besaß in seiner Blütezeit unter Kaiser Augustus etwa 45 Provinzen. Bald entstand zwischen diesen ein reger Warenaustausch: Die Soldaten wollten auf ihre gewohnten Gegenstände und Nahrungsmittel nicht verzichten und ließen diese in die Legionslager liefern. Aber auch begehrte Waren aus den Provinzen gelangten nach Rom. Ein gut angelegtes Straßennetz und regelmäßige Schifffahrtslinien unterstützten diesen Austausch der Händler.

34.2 Römische Postkutsche

Verwaltung regelt das Zusammenleben im Reich

Durch sein Heer sicherte sich das Reich militärisch ab. Wie aber konnte es zu einer Einheit zusammenwachsen? Augustus verwaltete das Reich von Rom aus. Die Gebiete in der Nähe Roms fügte er in das Staatsgebiet ein. Damit erhielten die Bewohner das römische Bürgerrecht. „Provinz" hießen alle Herrschaftsbereiche außerhalb Italiens. Dort regierten Beamte, die Legaten. Um als „Statthalter" den Kaiser zu vertreten, waren sie mit allen Vollmachten ausgestattet. Sie hatten den Oberbefehl über die stationierten Legionen inne. Außerdem waren sie oberste Verwalter. Sie sorgten für Ordnung, Recht und Sicherheit. Dabei halfen ihnen Präfekten, die für die Rechtssprechung zuständig waren. Das römische Rechtswesen war einzigartig in dieser Zeit. Es erlaubte jedem Bürger, sein Recht vor Gericht zu erstreiten. Der Rechtsgrundsatz „In dubio pro reo" (im Zweifel für den Angeklagten) gilt bis heute. Die Kommandanten (Prätoren) standen den Legionen vor. Tribunen hatten die Aufgabe, Steuern einzutreiben. Diese Steuern (Tribute) mussten sie nach Rom abliefern. Boten zu Fuß, zu Pferd und auf Schiffen übermittelten die Nachrichten von Provinz zu Provinz und zur Hauptstadt. Die Menschen der besetzten Gebiete waren Untertanen Roms. Sie mussten Steuern und Abgaben zahlen. Mit der Zahl der Provinzen stiegen die Einnahmen und damit wuchsen der Reichtum und die Macht des Reiches.

35.1 Im Hafen wird ein Lastenschiff entladen

Kultur prägt den Lebensstil im ganzen Reich

Die Menschen im römischen Weltreich hatten aber nicht nur Steuerpflichten zu leisten. Sie genossen auch manche Neuerung, welche die Römer brachten.

Mit der Verwaltung kam die Schrift. Die lateinische Schrift hatte gegenüber den anderen bekannten Schriften der Zeit, zum Beispiel den Hieroglyphen, einen großen Vorteil: Das Alphabet bestand aus lediglich 27 Zeichen. Die Schrift war einfach und klar, jeder konnte sie lernen. Wir verwenden sie noch heute.

Die Bewohner des Reiches schätzten es außerdem sehr, überall mit gleicher Münze bezahlen zu können. So konnten Händler stets überall Waren kaufen und verkaufen sowie die Preise vergleichen.

Die Römer waren auch hervorragende Baumeister. Mit einfachsten Werkzeugen errichteten die Legionäre in Friedenszeiten Brücken, gepflasterte Straßen, Aquädukte (Wasserleitungen), Kastelle und Grenzmauern. Benutzen durfte die öffentlichen Gebäude jedermann.

Zwischen den einzelnen Provinzen herrschte ein lebhafter Austausch. Die Römer verbreiteten ihre Kultur und Errungenschaften in ihrem ganzen Reich. Sie griffen die Erfindungen und das Wissen eroberter Länder auf und nutzen dieses. Ebenso handelten die Bewohner der Provinzen. Sie griffen die Sprache, die Sitten, das Rechtssystem, die Kunst und Kultur auf. Man bezeichnet diesen Prozess auch als Romanisierung.

AUFGABEN >>

1. *Beschreibe, wie Kaiser Augustus sein Reich verwaltete.*
2. *Nenne die Ämter, die er dazu schuf und beschreibe deren Aufgaben.*
3. *Nenne Neuerungen, die die Römer in ihre Provinzen brachten. Erläutere am Beispiel des Geldes, welchen Vorteil die Menschen daraus zogen.*
4. *Erkläre den Begriff der Romanisierung.*
5. *Du hast auf der Seite 31 gelernt, wie man eine Geschichtskarte auswertet. Erstelle nun mithilfe der Karte 34.1 eine Tabelle über den Handelsaustausch. Welche Güter wurden gehandelt? Woher stammten sie? Wie wurden sie nach Rom geliefert?*

gehandeltes Gut	Herkunftsort	Handelsweg
Kupfer	Südspanien	Schiffstransport ...

6. *Der Kaiser wusste, dass eine gute Versorgung und Verwaltung seine Macht sicherte. Erkläre.*

TRIO-Arbeitsweise: Auswerten von Münzen

Im März 1989 fanden zwei Bauarbeiter bei Reparaturen an einer Regensburger Gasleitung etwas, was heute den Namen „römischer Schatz von Kumpfmühl" trägt. Sie informierten das Landesamt für Denkmalpflege, und der Schatz kam zur Reinigung ins Museum.
Das Wort Münze stammt von dem lateinischen Wort moneta ab (> Abb.45.1).
Der Wert einer Münze wird durch den Aufdruck garantiert. Münzen sind meistens rund, scheibenförmig und auf beiden Seiten geprägt. Die Vorderseite (der so genannte Avers) zeigt das staatliche Hoheitszeichen, zum Beispiel ein Wappen oder ein Herrscherporträt. Das soll dazu dienen, dass man die Herkunft der Münze erkennt. Die Rückseite (der so genannte Revers) gibt den Wert der Münze an.

36.1 Römischer Schatz von Kumpfmühl

Im Römischen Reich gab es folgende Münzen:
- Aureus (Gold)
- Denar (Silber)
- Sesterzen und Dupondien (Bronze)
- Asse (Kupfermischung)

Die wichtigste Münze im täglichen Umgang war das As. Ein As bestand aus einer Mischung aus Bronze und Blei und wog etwa 327,5 Gramm. Diese Grundeinheit wird in Zwölftel geteilt, und daraus ergeben sich wieder neue Münzwerte.
- 12/12 = As
- 1/12 As = unica
- 1/6 As = sextans
- 1/4 As = quadrans
- 1/3 As = triens
- 1/2 As = semis

Du erkennst aus diesen Münzwerten: Die Menschen im alten Rom mussten, damit sie beim Bezahlen nicht übers Ohr gehauen wurden, gut Bruchrechnen können.
Jeder Bruchteil konnte in Zwölftel umgewandelt und durch geschicktes Umwechseln gewonnen werden.

Beispiel:
5/12 = 4/12 + 1/12 = 1/3 + 1/12
eine „triens" plus eine „unica"

Versucht einmal wie die Römer zu rechnen! Stellt euch dazu gegenseitig ähnliche Umwandelaufgaben!

36.2 Wertverhältnis römischer Münzen

Jeder Kaiser ließ während seiner Herrschaft Münzen prägen. Dazu ließ er sein Porträt oder das seiner Gattin auf der Münze abbilden. So können wir aus der Herrschaftszeit eines Kaisers das Alter einer Münze bestimmen. Aber selbstverständlich behielten die Münzen der vorherigen Kaiser ihren Wert. Man kann also nur sagen in welchem Jahr die Münze frühestens geprägt worden sein kann. Außerdem gab es nur bestimmte Orte, an denen Münzen geprägt werden durften. (> Karte S. 34).
Die Forscher im Stadtmuseum in Regensburg gingen im Prinzip mit vier Fragen an die Auswertung des Schatzfundes heran. (Abb. 37.2) Wenn du jetzt im Museum eine Münze betrachtest, kannst du zu ihrer Bestimmung die gleichen vier Fragen stellen.

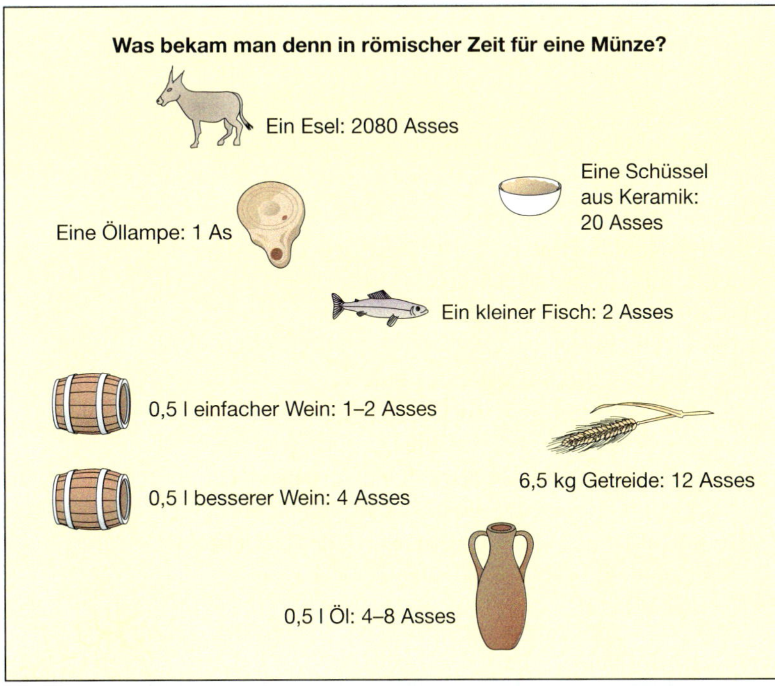

37.1 Kaufpreise in Rom

Aus welchem Material ist die Münze?
Aus Gold/Silber/Bronze/Kupfer?
Jetzt weiß man etwas über den Wert. (Abb. 36.2) Die hier abgebildete Münze ist aus Gold. Man nennt sie daher einen ??

Welcher Münzwert ist auf dem Revers aufgedruckt?
Jetzt weiß man etwas über den Wert und die Kaufkraft. (Abb. 36.2 und Abb. 37.1) Die hier abgebildete Münze hat eine Kaufkraft von etwa ??

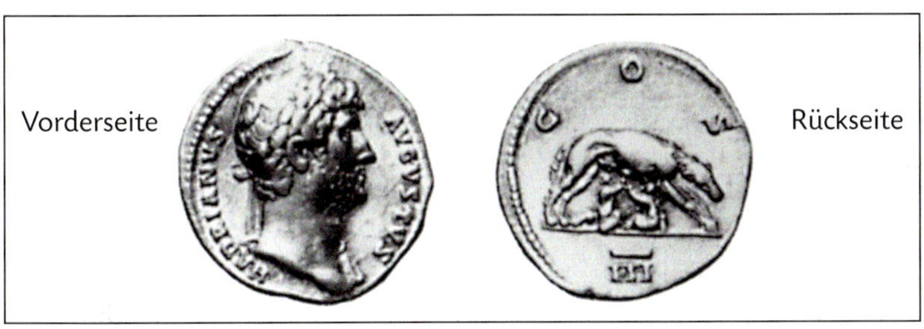

Welcher Kaiser oder welche Kaisersgattin ist auf dem Avers abgebildet?
So weiß man, wann die Münze geprägt worden ist, denn man muss nur nachsehen, wann der Kaiser gelebt hat.
Die hier abgebildete Münze zeigt den Kaiser ?? Dieser lebte von ? bis ?? Die Münze muss daher in dieser Zeit geprägt worden sein.

Wo wurde sie gefunden?
Die „jüngste" Münze im Fund sagt etwas darüber, wann in etwa der Schatz vergraben worden ist. Daraus können die Forscher schließen, dass es zu diesem Zeitpunkt an der Fundstelle Handelsbeziehungen zu den Römer gegeben haben musste.

37.2 Wie Münzen ausgewertet werden können

Die Kelten vor der römischen Eroberung

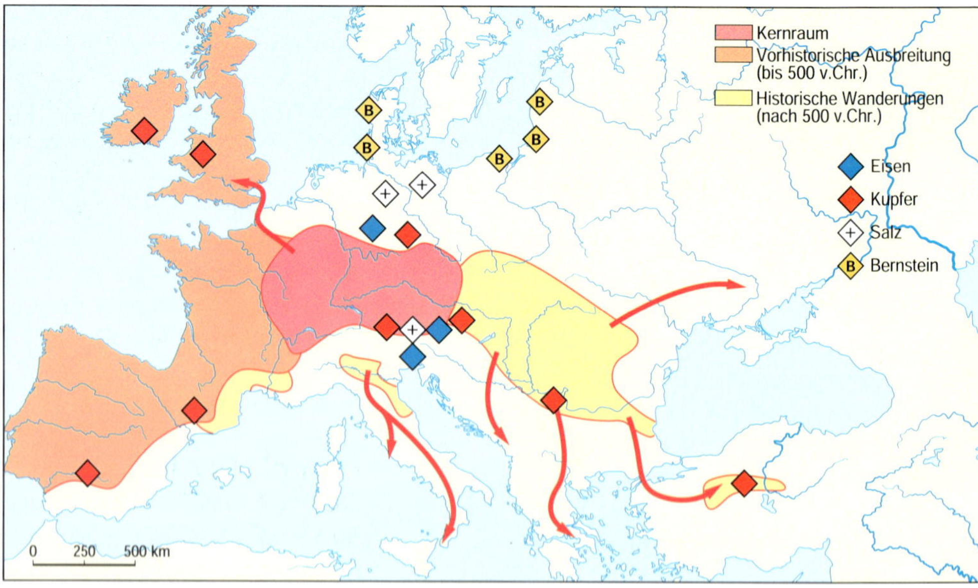

38.1 Siedlungsgebiet der Kelten

Lebensraum der Kelten

Lange bevor die Römer in den Raum nördlich der Alpen vorstießen, lebten dort bereits die Kelten. Die Völker der Kelten bewohnten ein riesiges Gebiet. Es reichte von Spanien bis in den Balkan. Ihre Blütezeit erlebten die keltischen Völker zwischen 500 v. Chr. bis ca. 100 n. Chr. Die Selbstständigkeit der meisten keltischen Völker endete mit der Eroberung durch die Römer.

38.2 Rekonstruktion eines Keltenhauses

Anfangs lebten die Kelten in verstreut stehenden Gehöften. Erst später errichteten Häuptlinge auf Hügeln mächtige Burgen (> Abb. 40.1). Die Kelten hatten kein einheitliches Reich wie die Römer aufgebaut, sie lebten in viele Stämme zergliedert, hatten aber dennoch Gemeinsamkeiten: Sprache, Sitten, Kunst und Religion. Die Kelten kannten allerdings keine Schrift. Deshalb können wir heute nur mithilfe von Funden und römischen Berichten beschreiben, wie sie lebten.

Die Kelten beherrschten die Kunst der Metallverarbeitung (> S. 41) und pflegten umfangreiche Handelsbeziehungen. Dadurch wurden sie reich und mächtig. Sie nutzten bereits die Bernsteinroute, die von der Ostsee bis nach Italien führte. (Bernstein ist das Harz abgestorbener Nadelbäume. Es wurde als Schmuck verwendet.) Salz war eines der wichtigsten Handelsgüter der Zeit. Die Kelten erschlossen Salzvorkommen in den Alpen. Darauf deuten die Ortsnamen Salzburg, Hallein, Hallstadt hin. (Das keltische Wort Hall bedeutet Salz.)

Funde von griechischen Vasen bezeugen, dass die Kelten auch Handel mit den Griechen betrieben. Vermutlich kamen die Kelten auf dem Seeweg nach Griechenland.

AUFGABEN >>

1 *Wie du mit Geschichtskarten umgehst, hast du auf Seite 30/31 gelernt. Anhand der Geschichtskarte 38.1 kannst du nun folgende Fragen beantworten:*
a) Nenne Länder, die keltisch besiedelt waren.
b) Nenne ihre wichtigsten Siedlungszentren.

2 *Erstelle eine Karte für deine Zeitleiste im Klassenzimmer (> S. 26, Aufgabe 2).*

Die Lebensweise der Kelten

39.1 Keltisches Adelspaar

Cäsar über eine Schlacht mit den Kelten:
„Aber auch jetzt in der äußersten Gefahr zeigten sich die Feinde (die Kelten) so tapfer, dass, als die ersten Glieder niedergehauen waren, die Nächstfolgenden sich auf die Erschlagenen stellten und von den Leichen herab kämpften. Als auch sie niedergehauen waren und sich die Leichen türmten, warfen die Überlebenden wie von einem Hügel herab ihre Lanzen auf uns und schleuderten aufgefangene Wurfspieße zurück …“
(Aus: Cäsar, Gallischer Krieg, 2,27–28)

Über die Kleidung der Kelten:
„Sehr auffallend ist die Kleidung. Sie tragen bunte Röcke mit allerlei Farben geblümt und lange Hosen, welche sie Brachen heißen. Darüber schnallen sie gestreifte, mit zahlreichen Würfeln besäte Mäntel, im Winter dickere, im Sommer leichtere.“
(Aus: Diodorus Siculus, 5.30, S. 64)

Über das Aussehen der Kelten:
„Die Gallier haben einen hohen Wuchs, einen saftvollen Körper und eine weiße Haut. Ihre Haare sind nicht bloß von Natur gelb, sondern sie suchen diese eigentümliche Farbe durch künstliche Mittel noch zu erhöhen. Sie salben nämlich das Haar beständig mit Kalkwasser und streichen es von der Stirn zurück. Denn durch diese Behandlung wird das Haar so dick, dass es völlig einer Rossmähne gleicht. Den Bart scheren einige ab, andere lassen ihn ein wenig wachsen.“
(Aus: Diodorus Siculus, 5.28, S. 64)

„Eine Eigenheit sei auch diese, dass sie bestreben, nicht fett und dickbäuchig zu werden, und welcher Jüngling das Gürtelmaß überschreitet, der werde bestraft.“
(Aus: Strabon, Erdbeschreibung, 4.4.6, S. 64)

Über das Leben der Kelten:
„Es gibt unter ihnen Liederdichter, die man Barden heißt. Diese begleiten ihren Gesang, worin sie einige lobpreisen, andere schmähen, mit einem einer Leier ähnlichen Werkzeug.“
(Aus: Diodorus Siculus, 5.31)

AUFGABEN >>

1. *Beschreibe an Hand des Bildes und der Quellentexte Kleidung, Wohnung und Lebensgewohnheiten der Kelten.*
2. *Wir erfahren nur aus römischer Sicht etwas über die Kelten. Überlege, wie sich dies auf die Beschreibung auswirken kann.*
3. *Heutige Forscher beziehen ihr Wissen über die Kelten vor allem aus Ausgrabungen. Erkläre die Bedeutung, die diesen Ausgrabungsstätten daher zukommt.*

Die Kelten in Süddeutschland

40.1 Rekonstruktion einer Mauer des Oppidums in Kelheim

40.2 Der Erdwall wurde mit Holzrahmen gestützt und mit Steinen verkleidet. Waagrechte Balken im Damm verhinderten, dass die Mauer unter dem Gewicht wegbrach.

40.3 Keltische Viereckschanze

Siedlungen der Kelten

Forscher fanden vor einigen Jahren auf dem Michelsberg bei Kelheim Reste einer Siedlung. Diese war strategisch äußerst geschickt angelegt. Von der Anhöhe aus hat man einen guten Überblick über zwei Flüsse: Dort mündet die Altmühl in die Donau. Die Forscher fanden heraus, dass die Siedlung von Kelten angelegt worden war. Solch eine mächtige geschlossene Wohnanlage bezeichnet man auch als Oppidum. Die Oppida waren planmäßig angelegt: Sie waren Sitz der Stammesregierung und der Häuptlinge. Dort wurden Münzen geprägt und Handel getrieben. Ein großer, künstlich angelegter Wall (Abb. 40.2) schützte vor Angriffen. Innerhalb dieser Anlage siedelten auch die Familien mit ihrem Vieh.

In Süddeutschland finden wir noch zahlreiche Viereckschanzen (Abb. 40.3). Durch Ausgrabungen wissen wir, dass in diesen meist quadratischen Wallanlagen die Kelten religiöse Feste begingen. Ihre Toten bestatteten sie mit großem Aufwand und wertvoller Grabausstattung.

AUFGABE>>

Beschreibe die Siedlungsform der Kelten und erkläre die Funktion ihrer Siedlungen.

41.1 Im Bergwerk

41.2 Rennofen

Die Kelten waren Meister der Metallverarbeitung

Die Handwerkskunst der Kelten war bis in den Mittelmeerraum bekannt. Vor allem durch die Herstellung und Verarbeitung von Eisen machten sie sich einen Namen.

Das Eisenerz wurde in Bergwerken gewonnen. Um das Erz zu fördern, trieben Bergmänner Stollen in die Erde. Das Gestein wurde durch Feuer erhitzt und dann durch Wasser abgekühlt. Auf diese Weise sprengten sie das Gestein. Im Rennofen wurde dann das Erz aus dem Gestein herausgeschmolzen. Dazu wurde der Ofen schichtweise mit Eisenerz und Holzkohle gefüllt. Mit einem Blasebalg wurde Luft eingeblasen. Dadurch entwickelten sich sehr hohe Temperaturen. Das Erz schmolz und wurde in einer Rinne aufgefangen (Rennofen). Die Kelten legten diese Öfen immer wieder dort an, wo noch genügend Holz vorhanden war.

Schmiede verarbeiteten das Metall nun zu Waffen, Rüstungen und Arbeitswerkzeugen. Das Eisen wurde erhitzt und gehämmert. Aufgrund ihrer Handwerkskunst genossen die Schmiede hohes Ansehen. Es gibt Waffen, die aus verschiedenen Metallmischungen hergestellt wurden. Ein 1987 in England gefundenes Schwert besteht aus über 70 Einzelteilen, ist mit Gold, Kupfer, Email und Glas verziert und insgesamt etwa 697 mm lang.

Handwerksgüter wie Goldschmuck, Eisen, Glas und Keramik verzierten sie durch Pflanzendarstellungen, Ornamente und geometrische Figuren. Diese Waren wurden in der ganzen damals bekannten Welt gehandelt.

AUFGABEN >>

1. *Nenne Gegenstände, die die Kelten aus Eisen herstellten.*
2. *Beschreibe die Gewinnung des Eisenerzes im Bergwerk und die Eisenschmelze im Rennofen.*
3. *Die Kelten waren Künstler der Metallverarbeitung. Belege anhand der Abb. 41.3 und des Textes.*
4. *Vergleiche die Werkzeuge der Kelten mit denen der Steinzeitmenschen hinsichtlich Material, Dauerhaftigkeit, Wiederverwertung und Herstellung. Welche Unterschiede kannst du feststellen? Überlege, welche Bedeutung diese Erfindung der Eisenverarbeitung für die Kelten hatte.*

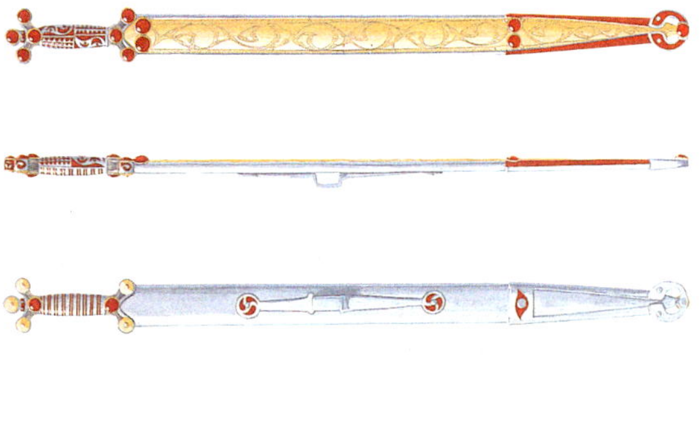

41.3 Keltisches Schwert (von drei Seiten gesehen)

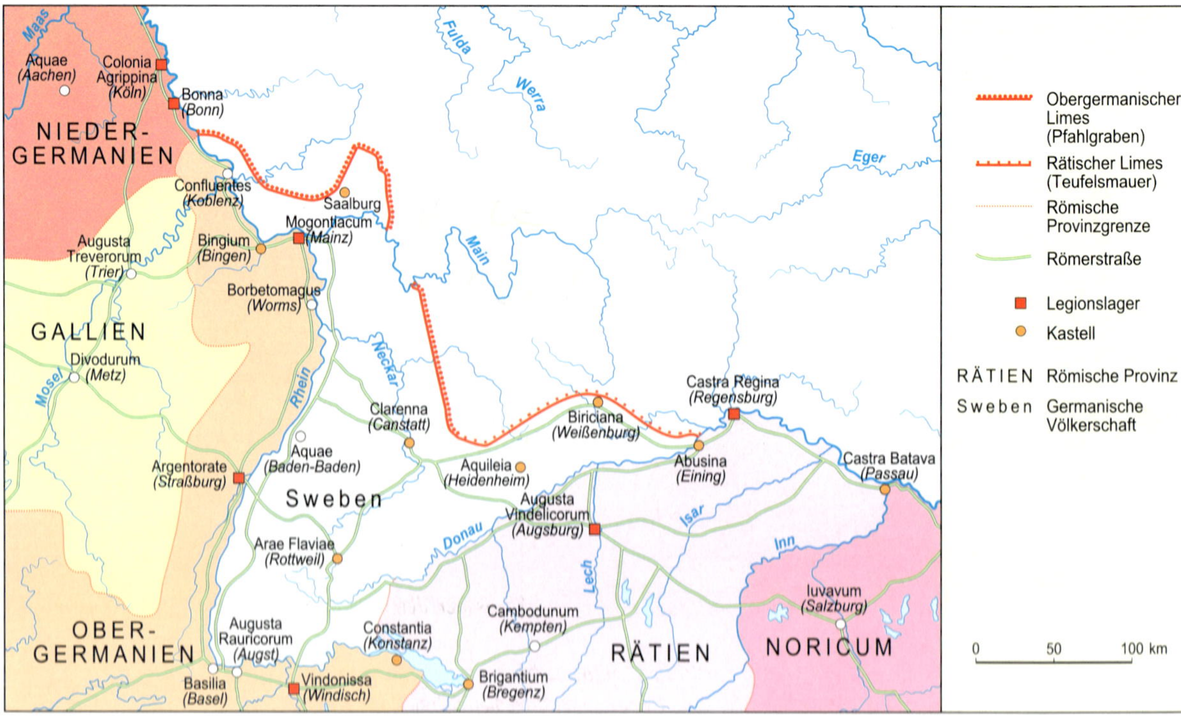

42.1 Verlauf des Limes

15 v. Chr.: Die Römer in Süddeutschland

Die Römer dehnen ihr Gebiet aus

In die römisch besetzten Gebiete Galliens (Frankreich) fielen immer wieder Germanen und Kelten ein. So entschlossen sich die Römer, bis zum Rhein und zur Donau vorzudringen. Die beiden Flüsse sollten eine natürliche Grenze zu den Stämmen im Norden des Reiches bilden. Außerdem sollten so die Alpenpässe nach Gallien und Süddeutschland gesichert werden. Die weitgehend ungepanzerten Kelten waren den Wurfspießen und Pfeilen der Römer meist schutzlos ausgeliefert. Außerdem waren die Kelten der straffen Heeresordnung der Römer unterlegen. Die Kelten konnten deshalb ihren Vorteil, den Einzelkampf, nicht nutzen.

15 v. Chr. wurden unter Kaiser Augustus die keltischen Stämme zwischen Alpen und Donau von den Römern besiegt und ihr Gebiet zu den römischen Provinzen Rätien und Noricum (Karte 42.1) ernannt.

Die Römer sichern ihre Eroberungen

Das neu eroberte Gebiet musste nun vom römischen Heer geschützt werden. Zuerst galt es, das Teilstück zwischen Donau und Rhein abzusichern. Dazu errichteten die Römer einen Grenzwall, den Limes. Er war rund 550 km lang. Im Abstand von 300–1000 m erhob sich jeweils ein Beobachtungsturm. Dieser konnte nur über eine Leiter und eine Falltür erreicht werden. Oben hielten 4–6 Soldaten Wache. Bei Gefahr zündeten sie Fackeln an, um die Besatzung der anderen Türme zu warnen oder Verstärkung aus dem nächsten Kastell anzufordern. Der obergermanische Limes (Abb. 43.1) wurde als Holzpalisade mit Wall und Graben errichtet, der rätische Limes (Abb. 43.2) war eine etwa 3 m hohe Steinmauer

An Limes, Rhein und Donau entstanden viele Legionslager, die Kastelle (> S. 33). Dort waren Legionäre und Hilfstruppen stationiert. Die Legionskommandeure waren auch gleichzeitig Verwalter ihrer Region. Zahlreiche Orte, wie Augsburg, Manching, Regensburg, Straubing, wurden damals von den Römern als Legionslager gegründet.

Entlang wichtiger Straßen entstanden Straßenposten. Sie waren meist einfache Holzbauten. Handwerker versorgten das Militär mit allem Notwendigen. Die Straßen dienten der Versorgung und dem Handel zwischen den Provinzen und Rom.

43.1 und 2 Der obergermanische und der rätische Limes

AUFGABEN >>

1 *Zeige anhand der Karte 42.1 den Grenzverlauf zwischen dem Römischen Reich und dem germanischen Gebiet.*
2 *Nenne Gründe, warum die Römer Süddeutschland eroberten.*
3 *Erkläre die Überlegenheit der Römer gegenüber den Kelten in Militär und Verwaltung.*
4 *Nenne Maßnahmen, mit denen die Römer neu erworbene Gebiete sicherten und verwalteten.*
5 *Beschreibe den Limes. Erkläre, warum sein Bau nötig war.*
6 *Ein kleiner Keltenjunge kommt zum ersten Mal an den Limes. Beschreibe seinen Eindruck und seine Gedanken.*

43.3 und 4 Reste und ein Modell der Porta Praetoria in Regensburg. Die Porta Praetoria war das Ausfallstor des Legionslagers Richtung Norden. Ihre Türme erreichten eine Höhen von 23 Metern. Es gab zwei Tordurchfahrten. Die Bauzeit betrug etwa 5 Jahre.

44.1 Bau eines steinernen Aqäduktes

44.2 Werkzeuge zur Holzbearbeitung

Begegnungen zwischen Römern, Kelten und Germanen

AUFGABEN >>

1 *Der Austausch zwischen Römern und Kelten fand auf den Gebieten der Baukunst, des Handwerks sowie in der Landwirtschaft statt. Beschreibe, wie dieser Austausch stattgefunden hat. Verwende dazu auch die Abbildungen auf den Seiten 34/35 und 41.*

2 *Die Folgen dieses Austausches zeigen sich bis heute an der Sprache. Erstelle eine Tabelle und ordne den lateinischen Wörtern in Abb. 45.1 die entsprechenden deutschen Begriffe zu.*

3 *Erkläre, wie es zu diesen Lehnwörtern kam.*

4 *Auch heute gibt es viele neue Lehnwörter in unserer Sprache vor allem aus dem Englischen. Nenne einige Lehnwörter.*

5 *Römer und Kelten profitierten voneinander. Erkläre.*

45.1 Lateinische Wörter als Ursprung für deutsche Wörter

Alltag in den römischen Provinzen Rätien und Noricum

Um die Legionslager herum ließen sich bald römische und keltische Familien nieder. So entwickelten sich dort mit der Zeit größere Orte. Im Schutz des Limes herrschte Ruhe für den Warenaustausch zwischen den Römern und ihren Nachbarn.

Die Römer waren großartige Bauherrn. In Friedenszeiten errichteten die Legionäre Brücken, Straßen und andere öffentliche Gebäude. Ihre Handwerkskunst in der Holzbearbeitung (Abb. 44.2) und im Steinhandwerk (Abb. 44.1) war der Kunst der Einheimischen weit überlegen. Aber bald lernten die Kelten von ihnen und arbeiteten für die Römer.

Über die Straßen und Brücken der Römer gelangten bald zahlreiche Waren aus dem ganzen Römischen Reich in die neuen Provinzen. Römische Händler brachten Luxusgüter, die den Menschen in Rätien bis dahin fremd waren, zum Beispiel Wein, Gewürze, Parfüm, Olivenöl und vieles mehr.

Die Einheimischen verkauften vor allem Naturprodukte an die Römer. Aber auch ihre Eisenwaren (> S. 41) und ihre Kunstfertigkeit in der Wagenherstellung waren bei den Römern beliebt.

Die einheimischen Bauern merkten bald, dass das Vieh und einige Pflanzensorten der Römer ihren alten Sorten weit überlegen waren. So lernten sie von ihnen ihre Anbaumethoden zu verbessern und neue Pflanzen wie Wein anzubauen. Auch in der Viehzucht bezogen sie viel Wissen von den Römern.

Lateinische Wörter in unserer Sprache

Die einheimischen Kelten und Germanen übernahmen viele Gegenstände und Techniken von den Römern. Da sie in ihrer eigenen Sprache dafür keine Bezeichnungen hatten, benutzten sie die lateinischen Begriffe der Römer. Sie entliehen also diese Wörter („Lehnwörter").

Im Laufe der Jahrhunderte wurden diese Wörter an die Muttersprache angepasst und natürlich verändert. Trotzdem ist bei zahlreichen Begriffen der lateinische Ursprung immer noch zu erkennen. Auch heute noch hat das Lateinische seine Bedeutung. Der Fachwortschatz zum Beispiel für Ärzte, Apotheker oder Biologen wurde in Latein festgelegt.

Ausbreitung des Christentums

46.1 Christus – dargestellt als guter Hirte

46.2 Himmelfahrt Christi. Elfenbeinschnitzerei um 400

Fast eine Milliarde Menschen bekennt sich heute zum Christentum. Diese Weltreligion entstand vor etwa 2000 Jahren im Römischen Reich. Zur Zeit des Kaisers Augustus wurde in der römischen Provinz Judäa, in Bethlehem, Jesus Christus geboren. Als junger Mann lehrte er: „Es gibt einen allmächtigen Gott, der die Menschen wie ein guter Vater liebt." Von Pontius Pilatus, dem Statthalter Jerusalems, wurde Jesus zum Tod am Kreuz verurteilt.
Seine Anhänger verbreiteten das Evangelium überall im Römischen Reich: Einer der Wortführer war der Apostel Paulus. Die christliche Lehre wurde auch schriftlich festgehalten. Menschen im gesamten Römischen Reich konnten diese in griechisch verfasste Schrift lesen. Somit blieb die christliche Religion nicht auf ein Volk begrenzt. Sie wurde von Menschen verschiedener Sprache und unterschiedlicher Kultur angenommen.
Wer sich zum neuen Glauben bekennen wollte, wurde getauft. Die Getauften lebten miteinander in einer Gemeinschaft wie Brüder und Schwestern. Alle waren gleich geachtet: Arme wie Reiche, Schwache wie Starke, Frauen wie Männer. Auch Sklaven wurden in die Gemeinde aufgenommen. Die Mitglieder der Gemeinde fühlten sich füreinander verantwortlich und verwirklichten das Gebot der Nächstenliebe.
Sie lebten auch anders als ihre Mitbürger. Sie aßen und tranken maßvoll, verabscheuten die grausamen Schauspiele, opferten keine Tiere und betrachteten das Töten von Menschen als Verbrechen. Der Sonntag war ihnen heilig. Am Tag des Herrn trafen sie sich, um Auszüge aus der „Heiligen Schrift" zu hören und gemeinsam das Abendmahl zu feiern. Ein Priester führte dabei den Vorsitz.

Christen werden verfolgt

Mit ihrem Glauben an den einen Gott nahmen die Christen im Römischen Reich eine Sonderstellung ein. Wegen ihres Andersseins misstrauten viele Mitbürger den Christen. Beim Ausbruch von Seuchen, bei Kriegen oder bei Überschwemmungen gab man ihnen die Schuld. Viele römische Bürger waren überzeugt, dass die römischen Götter Not und Krieg deshalb nicht mehr vom Reich abwendeten, weil ein Teil der Bevölkerung sich weigerte, ihnen zu opfern. Als im Jahre 64 in Rom ein Brand ausbrach, ließ Kaiser Nero öffentlich verkünden, die Christen hätten das Feuer gelegt (Text 47.1). Hartnäckig weigerten sie sich, den Kaiser als einen Gott zu verehren. Deshalb wurden sie verfolgt und zur Abschreckung öffentlich gefoltert, ans Kreuz geschlagen, verbrannt und wilden Tieren zum Fraß vorgeworfen.
Diese Märtyrer (Glaubenszeugen) dienten den anderen Christen als Vorbild, treu an ihrer Überzeugung festzuhalten. Heimlich trafen sie sich an verborgenen Orten. In Rom zum Beispiel feierten sie in den Katakomben, in unterirdischen Begräbnisanlagen (Abb. 47.3), ihre Gottesdienste.

Das Christentum setzt sich durch

Zunehmend bedrohten fremde Völker von außen das Reich. Politische Machtkämpfe sorgten zusätzlich für Unruhen. Die Kaiser änderten deshalb ihre Politik. Sie erkannten, dass die Christen keine Staatsfeinde sein wollten. Im Jahre 313 verfügte schließlich Kaiser Konstantin, dass „künftig jeder, der sich entschieden hat, zur Religion der Christen zu bekennen, dies frei und ohne irgendeine Belästigung tun kann."
Nach diesem Toleranzedikt wurde die Kirche in Bezirke eingeteilt, an deren Spitze Bischöfe standen. Der jeweilige Bischof von Rom war als Papst das Oberhaupt der Gesamtkirche. Auch der Staat förderte das Christentum: Die Kreuzigung der Menschen wurde abgeschafft, der Sonntag zum Ruhetag erklärt, die Verehrung aller anderen Götter verboten. Aus den verfolgten Christengemeinden war die Staatskirche geworden.

AUFGABEN >>

1. *Wiederholt und fasst zusammen, was ihr über Jesus, über sein Leben und Wirken wisst.*
2. *Erläutere die Ausbreitung des Christentums. Durch welche Phasen ist sie gekennzeichnet?*
3. *Beschreibe die besondere Lebensweise der Christen.*
4. *Zeigt an Beispielen auf, warum römische Mitbürger den Christen misstrauten.*

„Alle, die sich offen zum Christentum bekannten, wurden zuerst ergriffen, dann auf deren Aussagen hin eine weitere große Menge. Da man sie nicht der Brandstiftung überführen konnte, verurteilte man sie wegen allgemeinen Menschenhasses. Mit ihnen trieb man grausames Spiel. Sie wurden in Tierfelle eingenäht und den Hunden vorgeworfen. Wenn der Tag sich neigte, dienten sie als Fackeln. Nero gab für dieses Schauspiel seinen Park frei."
(nach: Geschichtliche Quellenhefte. Heft 2. Frankfurt 1972)

47.1 Der Schriftsteller Tacitus über Christenverfolgungen

47.2 Zum Erfrieren verurteilte Christen

47.3 Katakomben

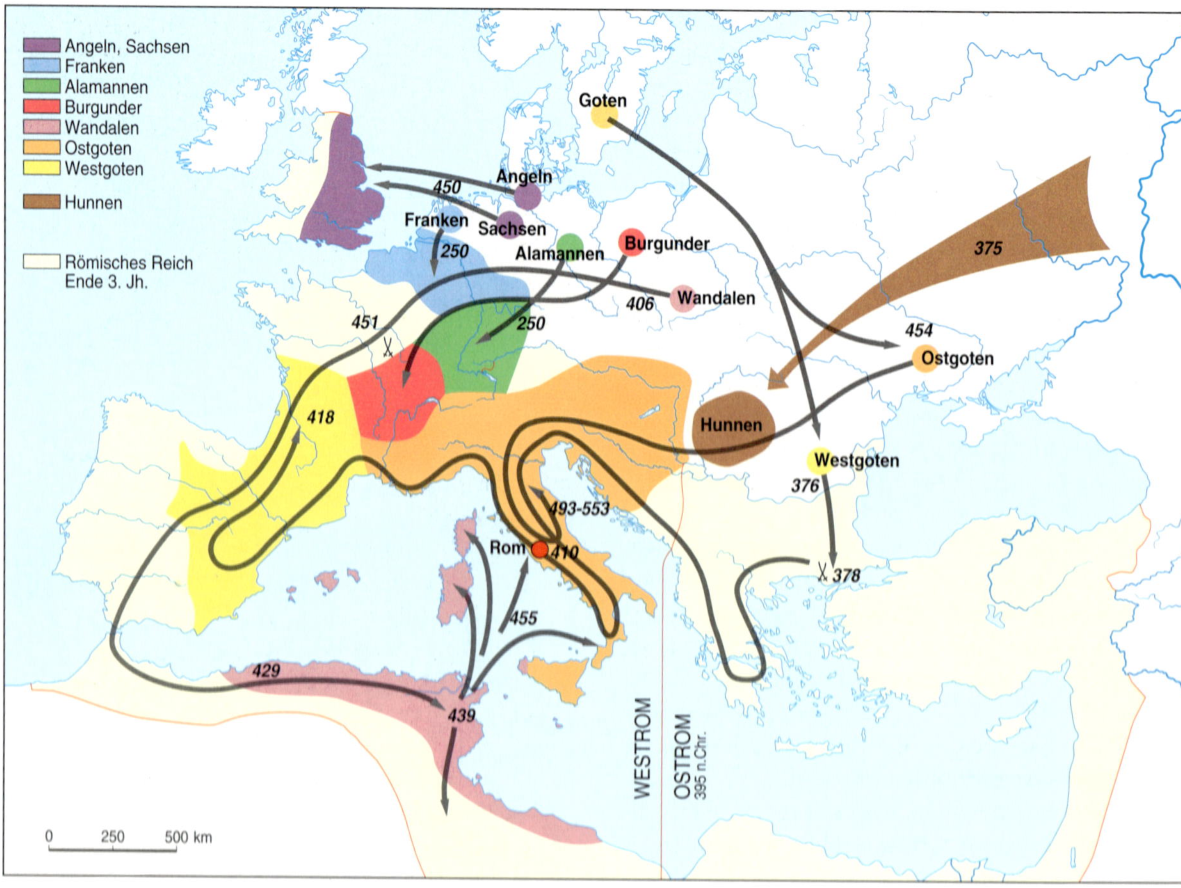

48.1 Wanderungen germanischer Völker und germanische Reichsgründungen

Zerfall des Römischen Reiches

Mehr und mehr ließ das Söldnerheer der Römer die Disziplin vermissen. Auf Dauer konnte deshalb das Römische Reich den Angriffen seiner Feinde nicht standhalten. Die im Grenzgebiet als Hilfskräfte angesiedelten Germanenstämme erhoben sich. In großen Scharen zogen sie plündernd und mordend über das Land. Oft überschritten sie fast ungehindert die schlecht gesicherten Grenzen.

Um 375 n. Chr. stießen aus der Mongolei die Hunnen, ein Reitervolk, weit nach Westen vor. Sie lebten als Halbnomaden von der Viehhaltung. Von den Chinesen waren sie aus ihrer Heimat verdrängt worden. Ihr Ansturm gegen die germanischen Stämme und die Grenzen des Römischen Reiches löste in den folgenden Jahrzehnten die Völkerwanderung aus.

Germanische Reiche entstehen

Viele germanische Stämme drangen in das Gebiet des Römerreiches ein und errichteten dort eigene Herrschaftsgebiete. Darüber berichtet ein römischer Geschichtsschreiber:

„Zahllose Völkerschaften, und zwar solche von äußerster Wildheit, haben ganz Gallien in Besitz genommen! Die Franken durchstreifen Gallien; die Alemannen kommen sogar bis nach Italien herüber. Die Goten überschwemmen Griechenland.
Alles Land zwischen den Alpen und den Pyrenäen, zwischen dem Ozean und dem Rhein haben diese Völker verwüstet. Mainz, die einst hoch berühmte Stadt, ist erobert und zerstört. Die mächtigen Städte Reims, Speyer und Straßburg sind Teile Germaniens…“

(Aus: Lautemann/Schlenke (Hrsg.), Geschichte in Quellen, Altertum. München 1978, S. 790)

Die neuen Reiche hielten jedoch nicht lange. Sehr schnell vermischten sich die germanischen Eroberer mit der einheimischen Bevölkerung.

Byzanz, das zweite Rom

Immer schwieriger wurde es, das gesamte Großreich von Rom aus zu kontrollieren. Der Osten des Reiches war dicht bevölkert. Dort sprachen die Menschen auch anders als in Rom, nämlich griechisch. Deshalb gründete Kaiser Konstantin dort eine neue Hauptstadt: Neu-Rom. Bald wurde sie nach ihrem Gründer in „Konstantinopel" umbenannt. Später erhielt sie den alten griechischen Namen „Byzanz".

Die beiden Teile des Römischen Reiches lebten sich schnell auseinander. Im Jahre 397 kam es zur endgültigen Aufteilung in ein Westreich und ein Ostreich. Schon wenige Jahre danach zerfiel das Weströmische Reich unter dem Ansturm der Germanen. Ostrom hingegen konnte sich behaupten. Im Reich von Byzanz lebte der östliche Teil des Römerreiches fort.

Unter Kaiser Justinian (527–565 n. Chr.) erlebte das Byzantinische Reich seine höchste Blüte. Er ließ die Hauptstadt prächtig ausstatten. Die Hagia Sophia (Abb. 49.1) gilt als bedeutendes Bauwerk byzantinischer Kunst.
Justinian setzte alle Kraft daran, das Römische Reich wieder in seinen alten Grenzen herzustellen. Doch er konnte sein Ziel nur teilweise erreichen: Seine Soldaten zerschlugen die Herrschaft der Wandalen, besetzten Sizilien, nahmen Rom ein und eroberten die Gebiete der Ostgoten.

Unter Justinian zeichneten Juristen (Rechtsgelehrte) alle damals gültigen Gesetze auf und stellten ein Gesetzbuch zusammen. Dieses galt im ganzen Reich Byzanz. Bis heute hat dieses so genannte „Römische Recht" noch seine Bedeutung.
Die mit der Teilung des Römischen Reiches verbundene kirchliche Trennung dauert bis heute an: Die römisch-katholische Kirche im Westen spricht lateinisch. Ihr Oberhaupt ist der Papst. Die Ostkirche nennt sich orthodox (griechisch: rechtgläubig) und spricht griechisch.

AUFGABEN >>

1. *Beschreibe den Zerfall des Römischen Reiches. Nenne Gründe dafür.*
2. *Werte die Karte 48.1 aus. Erstelle dazu eine Übersichtstabelle mit folgenden Merkmalen: Name des Volksstammes, ursprünglicher Lebensraum, Beschreibung des Wanderungsweges, neues Herrschaftsgebiet.*
3. *Suche auf der Karte das Oströmische Reich. Vollziehe seine Entwicklung noch einmal nach. Beschreibe Ziele und Verdienste Justinians.*
4. *Stelle Gründe zusammen, warum es zur Völkerwanderung kam. Informiert euch über Völkerwanderungen heute auf der Welt.*

49.1 Hagia Sophia: Im Jahre 326 wurde die unter Kaiser Konstantin gebaute Kirche zu Ehren der Heiligen Weisheit (Hagia Sophia) geweiht. Nach einem Brand ließ sie Kaiser Justinian noch prächtiger wiederaufbauen. Mit der Eroberung der Stadt durch die Türken (1453) wurde sie in eine Moschee umgewandelt. Heute ist die Hagia Sophia ein Museum.

TRIO-Kompakt: Das Römische Reich

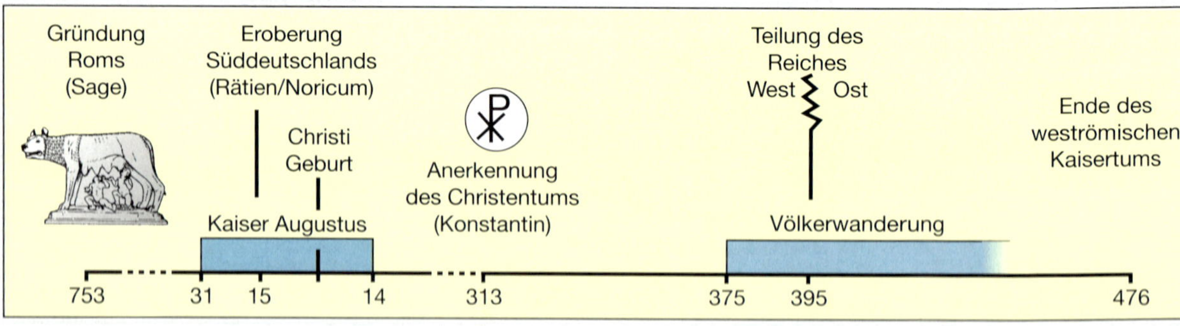

50.1 Zeitleiste

Das Römische Reich

Die Entwicklung des Reiches
Eroberungen: Stadtstaat/Landmacht/Seemacht
Ausdehnung: umliegende Städte/Italien/damalige Welt
Rom: Hauptstadt/Mittelpunkt/Kaiserstadt
Zusammenhalt des Reiches
Militär: Schutz und Sicherheit
Verwaltung: Zentrale Regierungsstelle
Wirtschaft: Handel und Güteraustausch
Kultur: Ausbreitung römischer Lebensart

Die Römer in Süddeutschland

Das Volk der Kelten
Siedlungsgebiete: Nordspanien bis Balkan
Religion: viele Götter/Leben nach dem Tod
Begegnung mit den Römern
Eroberung: 15 v. Chr./Roms militärische Überlegenheit
Sicherung des Landes: Limes/Kastelle
Ortsgründungen: z. B. Regensburg/Augsburg
Romanisierung
Warenaustausch: Naturprodukte/Luxusgüter
Neuerungen: Architektur/Anbaupflanzen
Vorbildrolle: Lebensart/Sprache

Zerfall des Römischen Reiches

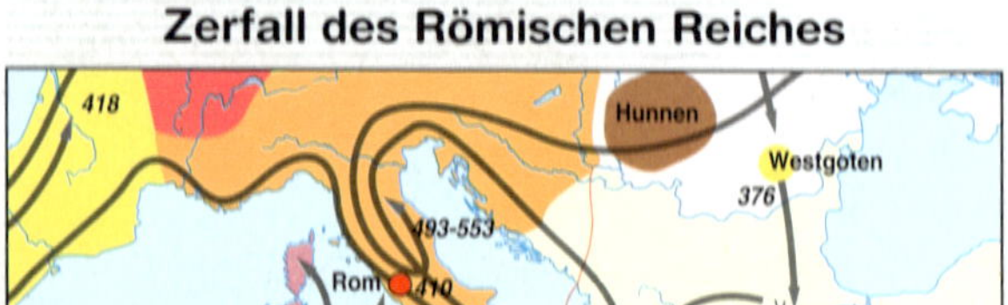

Das Christentum
Verfolgung: Leben in den Christengemeinden
Anerkennung: Toleranzedikt/Staatsreligion
Völkerwanderung um 400 n. Chr.
Grenzüberschreitungen: Germanische Reiche
Reichsteilung: Westrom/Byzantinisches Reich

AUFGABE>>

Arbeite mithilfe der Gliederung und der Stichworte einzelne Kapitel zum Thema „Begegnung zwischen Römern, Kelten und Germanen" zu einem Referat aus. Du kannst z. B. so formulieren: Aus einer kleinen Bauernsiedlung am Tiber entstand ein riesiges Weltreich, das Imperium Romanum. Die Römer gliederten zuerst die umliegenden Orte in den Stadtstaat ein, unterwarfen dann Italien und …

AUFGABE>>

Stelle dir vor, du wärest einen Tag in einer Straßenstation an einer Römerstraße. Menschen kommen und gehen. Du beobachtest das Geschehen und kannst sicher am Ende des Tages viele Fragen beantworten:

51.1 Römische Soldaten beim Straßenbau

Wer hat den Bau der Straße in Auftrag gegeben? →

Wer hat die Straße gebaut? Wie ist das geschehen? →

Welche Bauwerke wurden beim Straßenbau noch benötigt? →

Wer hat die Straße benützt? →

Welche Bedeutung hatten die Straßen für das Römische Reich?

Auf Seite 26, Aufgabe 3 hast du die Merkmale einer Hochkultur aufgelistet. Lies sie nochmals nach.
a) Erkläre nun mithilfe dieser Abbildungen, ob auch das Römische Reich eine Hochkultur darstellt.
b) Welche der Errungenschaften Roms wirken bis in unsere Zeit nach, d. h. welche würdest du als Erbe Roms in unserer Zeit bezeichnen?

Römisches Erbe

TRIO-Arbeitsweise: Wir sammeln länderkundliche Informationen und werten sie aus

Kaum zu glauben, wie viel es über Italien zu erfahren gibt!

In der 5. Klasse habt ihr schon am Beispiel von Ägypten und Griechenland mit dem länderkundlichen Schema gearbeitet. Um auch über Italien mehr zu erfahren, solltet ihr nun Informationsquellen auf den Seiten 52/53 nutzen und wieder systematisch nach dem folgenden Schema vorgehen:

Länderkundliches Schema:

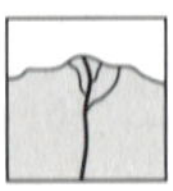
1. Topografische Daten des Raumes
z. B. Lage, Entfernungen, Größe, Landschaften und politische Gebiete, Gewässer, wichtige Städte, Gebirge

2. Bevölkerung/Einwohner
z. B. Einwohnerzahl, -dichte, -verteilung

3. Klima und Vegetation
z. B. Temperaturen und Niederschläge; Klimazonen, Vegetationszonen (Pflanzenwuchs)

4. Wirtschaft und Verkehr
z. B. Landwirtschaft, Rohstoffe, Industrie, Dienstleistungen (z.B. Tourismus), Verkehrsnetz

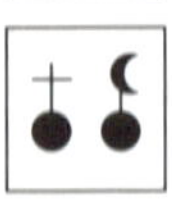
5. Kultur
z. B. Volksgruppen, Sprachen, Religionen, Bildungsstand/Analphabetentum

6. Geschichtliche/politische Entwicklung
z. B. wichtige gesellschaftliche, kulturelle, technische, politische Entwicklungen

Auch diesmal solltet ihr diese Einzeldaten über Italien zunächst mit denen von Deutschland vergleichen. Dabei könnt ihr Gemeinsamkeiten, aber auch viele Unterschiede feststellen. Achtet vor allem auf solche Informationen, die das ganz Besondere von Italien und Deutschland kennzeichnen.

Oft reicht es nicht, Einzelinformationen zu einem Land zu sammeln. Wenn ihr Italien mit seiner Natur und den darin lebenden Menschen verstehen wollt, dann solltet ihr Daten aus den sechs Bereichen des länderkundlichen Schemas vergleichen. Daraus ergeben sich wichtige Fragen (> Aufgabe 4).

52.1 Länderkundliche Informationen zu Italien

52.2 Informationen aus Deutschland zum Vergleich

AUFGABEN >>

1. *Entnehmt als erstes den angebotenen Informationsquellen 52.1 Daten zu Italien. Ordnet sie nach den sechs Bereichen des länderkundlichen Schemas.*
2. *Ergänzt diese Informationen zu Italien durch euer Vorwissen und mithilfe weiterer Informationsquellen (z. B. Reiseführer, Lexika, Atlanten, Internet).*

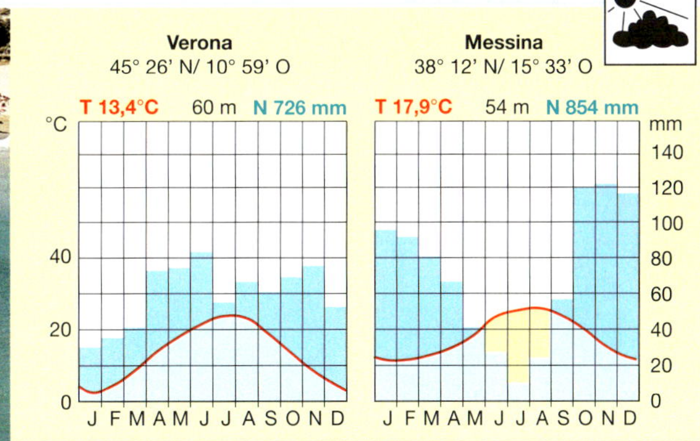

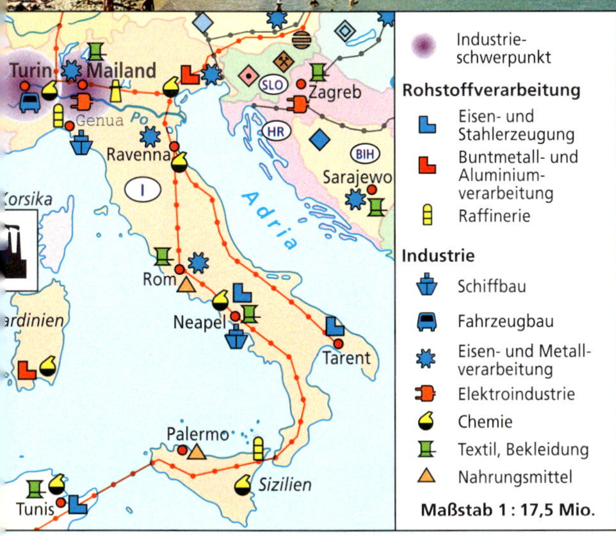

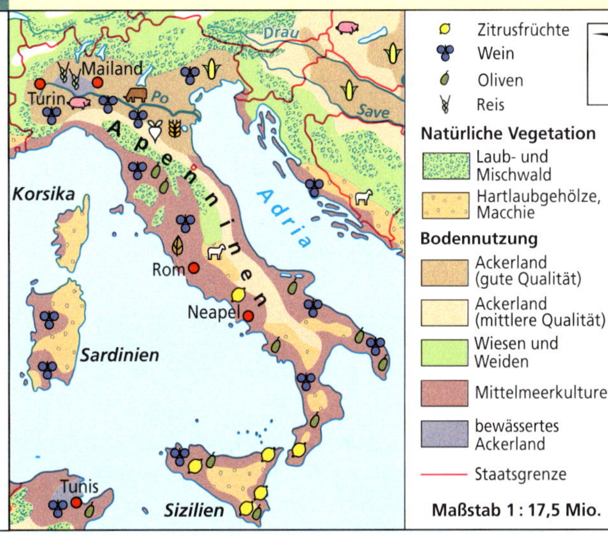

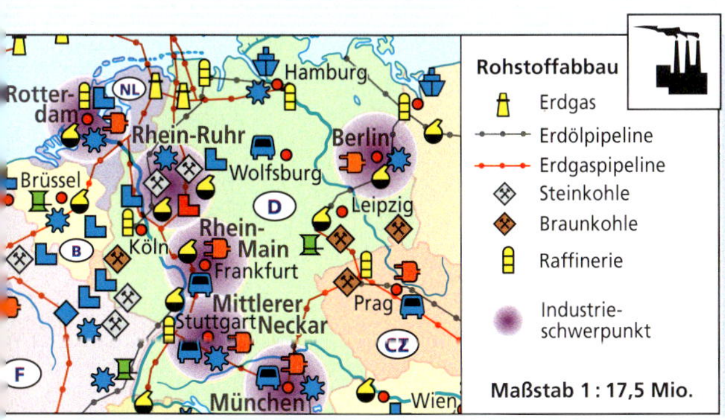

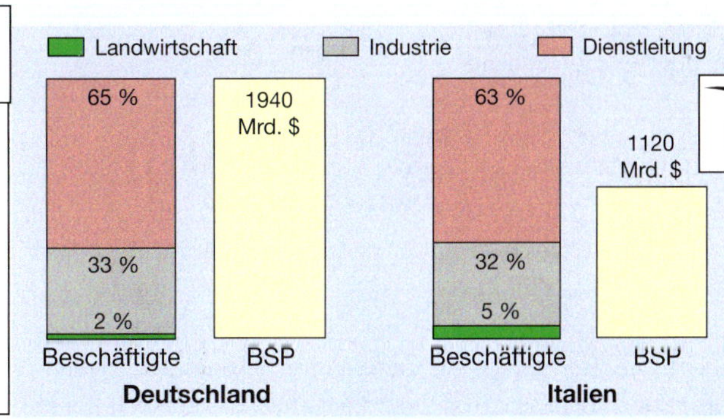

3 *Vergleicht nun die Informationen zu Italien mit denen von Deutschland (Abb. 52.2). Nutzt auch hier weitere Quellen. Vergleicht z.B. die Größe der Länder, die Einwohnerzahlen, die geografische Lage, die Küstenanteile, das Klima, die Vegetation und die Wirtschaft.*

4 *Vergleicht dann Daten aus den verschiedenen Informationsbereichen von Italien. Daraus könnten sich z. B. solche Fragen ergeben:*

a) *Warum machen so viele Menschen in Italien einen Badeurlaub?*

b) *Welche Abhängigkeiten bestehen in Italien zwischen dem Klima und den landwirtschaftlichen Anbauprodukten?*

c) *Welche Bedeutung haben die Industrie und die Landwirtschaft für Italien? Vergleiche und erkläre. Unterscheide dabei auch zwischen Norditalien und Süditalien.*

3 Bayern

Unterfranken
Oberfranken
Oberpfalz
Mittelfranken
Schwaben
Niederbayern
Oberbayern

ICE – hergestellt in Nürnberg

Weinbau in Franken

Tourismus in Oberstdorf

56.1 Die Verwaltungsgliederung Bayerns

Die politische Gliederung Bayerns

Bayern ist das südlichste Bundesland und mit einer Fläche von etwa 70 000 km² der größte Flächenstaat in der Bundesrepublik Deutschland. Mehr als 12 Millionen Menschen leben derzeit in Bayern.

Regiert wird Bayern von der Landeshauptstadt München aus. Hier befinden sich der Sitz des Landtags und der bayerischen Staatsregierung.

Die sieben Regierungsbezirke, die 71 Landkreise sowie die 25 kreisfreien Städte haben für ihr Gebiet eigene Aufgaben (> S. 57).

56.2

Abb. 56.2 zeigt das bayerische Hoheitszeichen. In ihm tauchen Symbole der sieben Regierungsbezirke auf: Zwei Löwen halten einen Schild. In ihm erkennt man einen goldenen Löwen, der für die Oberpfalz steht. Der rot-weiße „Fränkische Rechen" vertritt Ober-, Mittel- und Unterfranken. Auf Ober- und Niederbayern weist der blaue Panther hin, während die drei „hohenstaufischen Löwen" für Schwaben stehen. Die weißblauen Rauten in der Mitte stehen für Bayern in seiner Gesamtheit.

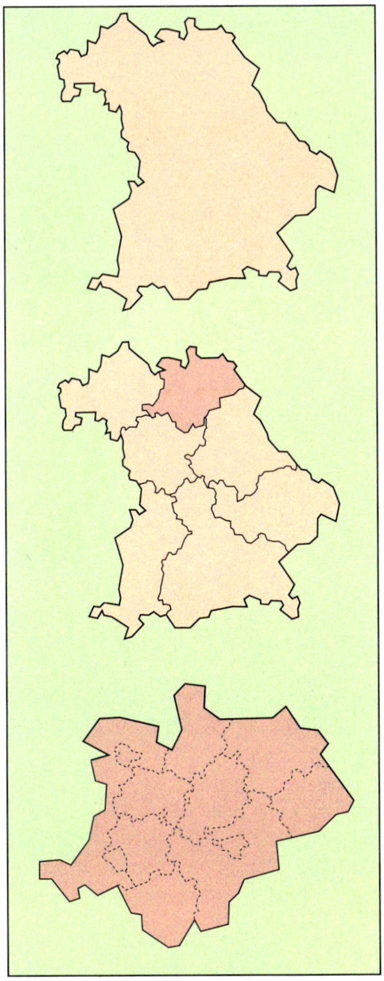

57.1–3 Gliederung Bayerns

Bayern hat verschiedene Grenzen

Bayern hat Außengrenzen zu Nachbarstaaten (Staatsgrenzen) und zu anderen Bundesländern (Landesgrenzen).
Bayern ist politisch in sieben Regierungsbezirke mit ihren jeweiligen Bezirksregierungen untergliedert. Du erkennst die Bezirke in der Karte 56.1 an den unterschiedlichen Farben. Die Grenzziehung folgt nicht natürlichen Gegebenheiten wie Flüssen oder Höhenzügen. Es ist deshalb gar nicht so einfach sich diese räumliche Einteilung zu merken.

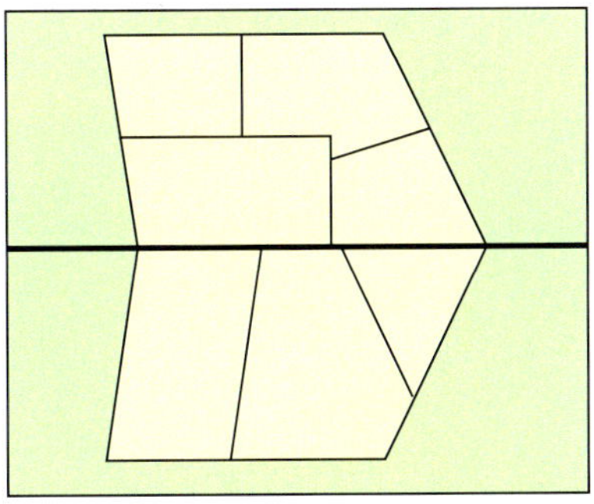

57.4 Faustskizze

Die Faustskizze Abb. 57.4 kann dir dabei helfen, sich die Regierungsbezirke in ihrer Lage zueinander einzuprägen.
Ganz grob wird Bayern in dieser Faustskizze in zwei Vierecke aufgeteilt. Zwischen diesen lässt sich eine waagrechte Mittellinie einzeichnen. Vier Bezirke befinden sich nördlich, drei südlich von dieser gedachten Mittellinie.

Nun schauen wir in einen Regierungsbezirk hinein: Jeder der sieben Regierungsbezirke unterteilt sich nochmals in Landkreise und kreisfreie Städte.
Die thematische Karte zur politischen Gliederung Bayerns setzt sich also aus drei Ebenen zusammen:
Die erste Ebene wird von den Außengrenzen Bayerns gebildet. Auf der zweiten Ebene sind die Grenzen der sieben Regierungsbezirke abgebildet. In der dritten und untersten Ebene taucht endlich der Landkreis bzw. die kreisfreie Stadt auf, in der du lebst.

AUFGABEN >>

1 *In welchem Regierungsbezirk wohnst du (Abb. 56.1)? Suche in der Karte deinen Landkreis beziehungsweise deine kreisfreie Stadt.*

2 *Zeichne die Faustskizze (Abb. 57.4) vergrößert auf ein DIN A4-Blatt ab. Trage die Regierungsbezirke mit den Namen der Regierungssitze ein und präge sie dir ein.*

3 *Welche Regierungsbezirke befinden sich nördlich, welche südlich der waagrechten Mittellinie? Beschreibe ihre Lage nach den Himmelsrichtungen.*

4 *Benenne die Staats- und Landesgrenzen Bayerns. Beginne im Norden Bayerns und fahre im Uhrzeigersinn fort. Nimm die Bayernkarte in deinem Atlas zu Hilfe.*

5 *Auf Seite 71 arbeitest du in Aufgabe 2 (Schritt 4) nochmals mit dieser politischen Gliederung. Dort musst du dann neue Informationen selbstständig mit der Lage der Regierungsbezirke verknüpfen.*

6 *Die Verwaltung des Freistaates Bayern ist in verschiedenen Ebenen aufgebaut. Dies erkennst du auch in der Legende an den Signaturen zu den Landesgrenzen und Städten. Erkläre.*

7 *Im Internet kannst du noch weitere Informationen zu deinem Regierungsbezirk entnehmen. Gehe auf die Homepage der Stadt, in der sich die Bezirksregierung befindet, und schreibe die wichtigsten Einzelheiten heraus.*

a

TRIO-Arbeitsweise: Wir gestalten unsere eigene Bayernkarte

Max möchte eine Bayern-Wandkarte zeichnen

Im Klassenzimmer der Klasse 6b hängt neben der Tafel eine große Wandkarte zum Thema Bayern. Bereits im vergangenen Schuljahr haben die Schüler gelernt, dass auf solch einer physischen Karte das Aussehen eines bestimmten Raumes dargestellt wird. Auf dieser physischen Wandkarte findet man zum Beispiel Informationen zu den Grenzen, Gewässern, Städten sowie Gebirgen in Bayern. Max sitzt in der zweiten Bankreihe und denkt sich:

„Eigentlich ist diese Karte ganz schön unübersichtlich. Ich würde solch eine Bayernkarte viel einfacher zeichnen, dann könnte ich mich auch besser darauf zurechtfinden. Ein grober Überblick mit den wichtigsten Flüssen, Städten und Landschaften müsste doch reichen.“

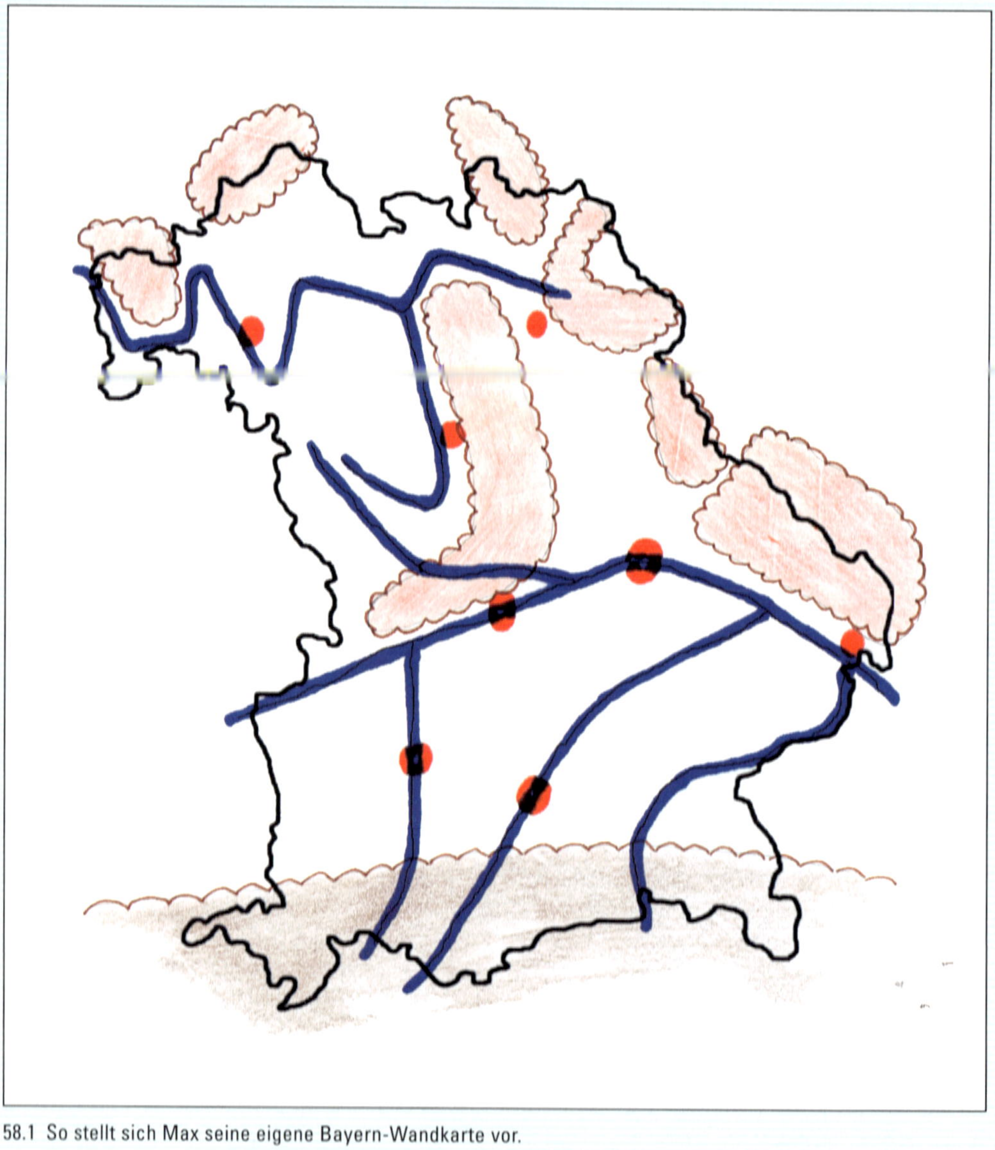

58.1 So stellt sich Max seine eigene Bayern-Wandkarte vor.

Max erzählt Herrn Gehr, dem GSE-Lehrer, von seiner Idee und schlägt vor, eine eigene Wandkarte zu Bayern zu erstellen. „Außerdem könnten wir in so eine Karte auch eigene Informationen zu unserer Heimat eintragen", meint Max. „Zu Hause habe ich noch eine Postkarte aus Bamberg. Die könnten wir doch auch am entsprechenden Ort auf unsere Karte kleben!"
Zusammen überlegen sich nun Herr Gehr, Max und die Klasse, wie sie solch eine Wandkarte selbst zeichnen könnten. Herr Gehr schlägt vor, dass die Schüler mit dem Einzeichnen der Außengrenzen anfangen sollten. „Genau", fügt Heike begeistert hinzu, „und dann zeichnen wir die wichtigsten Flüsse ein. So haben wir praktisch schon eine Grobgliederung und gute Orientierung zu Bayern und könnten zugleich auch die Städte einzeichnen." Max macht sich schon Gedanken zum nächsten Schritt: „Und zuletzt zeichnen wir die wichtigsten Landschaften ein. Dann haben wir nicht nur ein Gerippe, mit dessen Hilfe wir uns in Bayern orientieren können, sondern wir bekommen auch eine Vorstellung über das Aussehen!"
Zusammen mit Kerstin wollen nun Max und Heike die Bayern-Wandkarte zeichnen. Auch die Mitschüler sollen sich währenddessen eine eigene Bayern-Karte erstellen. Sie werden dann die Karte in ihr Heft kleben.

Max erzählt, wie sie genau vorgegangen sind:

Als Material müsst ihr euch zunächst den Atlas, eine Folie, Folienstifte, Büroklammern, Packpapier und dicke Filzstifte zurechtlegen.

1. Schritt: Schlagt in eurem Atlas die Karte zur Verwaltungsgliederung Bayerns auf. Heftet mithilfe der Büroklammern die Folie auf die Karte.

2. Schritt: Fahrt nun mit Folienstiften die Grenzen Bayerns nach. Dabei werdet ihr schnell feststellen, dass Bayern verschiedene Grenzen hat: Die Grenzen mit den anderen Bundesländern Deutschlands (Landesgrenzen) zieht ihr mit grünem - Folienstift nach. Wo Bayern mit Nachbarstaaten seine Grenzen teilt (Staatsgrenzen), verwendet ihr einen schwarzen Folienstift.

3. Schritt: Hängt euer vorbereitetes Plakat an die Wand und projiziert nun darauf die Umrisskarte. Zieht die Grenzen nach und beschriftet die angrenzenden Nachbarstaaten beziehungsweise Bundesländer.

Tipp: Markiert mit Klebebändern genau den Standort eures Projektors. So könnt ihr eure Arbeit in den nächsten Stunden viel leichter fortsetzen.

59.1 Bei der Arbeit mit der Klassenkarte

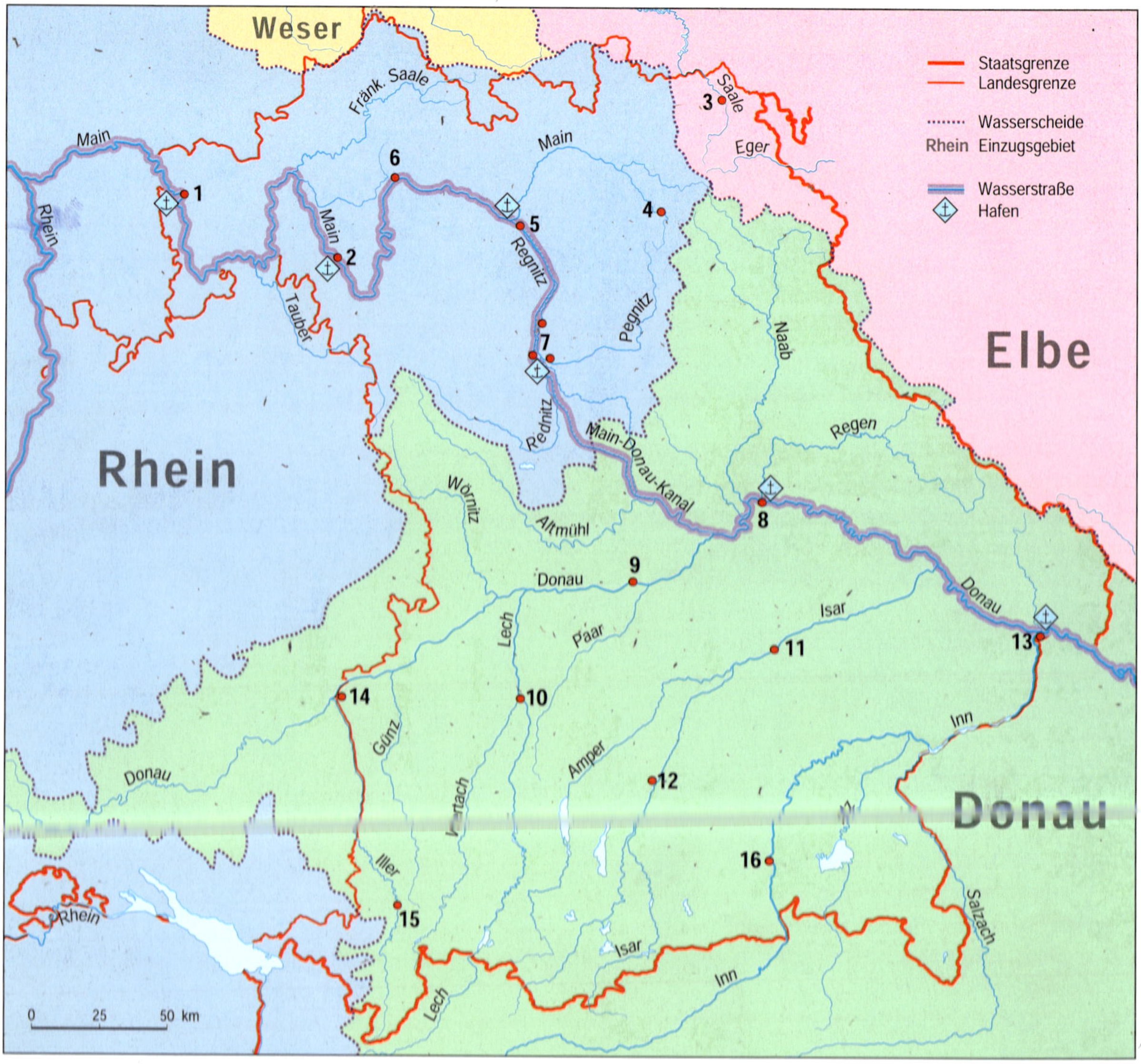

60.1 Flüsse und Städte in Bayern

Bedeutende Flüsse und Städte in Bayern

Zwei große Flusssysteme

Nahezu alle Flüsse in Bayern leiten ihre Wassermassen in zwei große Ströme: Die Donau nimmt die Nebenflüsse aus dem südlichen und dem nordöstlichen Bayern auf und transportiert ihr Wasser ins Schwarze Meer. Die Nebenflüsse im nördlichen Bayern fließen mit Ausnahme der Naab über den Main und den Rhein in die Nordsee. Zwischen den beiden großen Flusssystemen liegt die europäische Hauptwasserscheide.

Wir können solch ein Flusssystem mit einem Baum vergleichen. Am Beispiel der Donau und ihres Nebenflusses Naab lässt sich das so beschreiben:
Demnach entspricht die Quelle eines Baches einem Blatt, der Bach wiederum einem Zweig. Die zwei Flüsse Fichtelnaab und Waldnaab vereinigen sich bei Windischeschenbach zu einem Ast, der Naab. Weitere Nebenflüsse wie die Schwarzach oder die Vils münden in diesen Ast. An einem Baum geht der Ast in den Stamm über. Ebenso fließt bei Regensburg die Naab in die Donau. Die Donau wird von vielen Nebenflüssen, den großen Ästen eines Baumes, versorgt. Nach 2850 Kilometern mündet sie als längster Strom Europas schließlich ins Schwarze Meer.

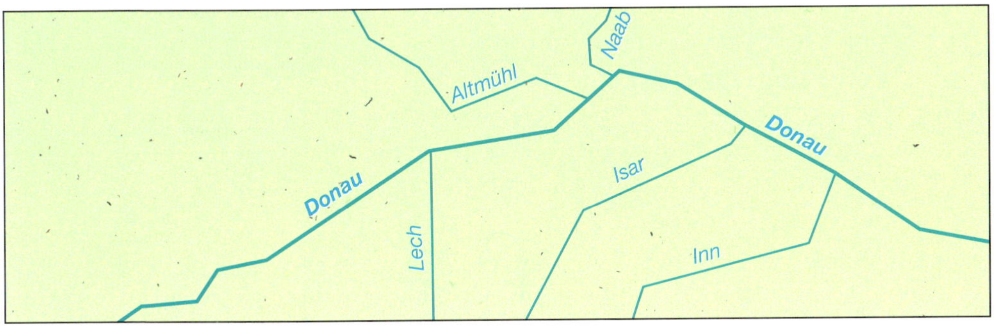

61.1 „Baum" der Donau

AUFGABEN >>

1 *Vervollständige den Baum zur Donau in Abb. 61.1. Zeichne auf einem Blatt die Nebenflüsse der Donau bis zu ihrer Quelle.*
2 *Ein Schiff nimmt in Würzburg Ladung auf, um diese nach Regensburg zu transportieren. Beschreibe und notiere den kürzesten Wasserweg: Auf welchen Gewässern fährt das Schiff stromaufwärts, auf welchen abwärts?*
An welcher Stelle überquert es die Europäische Hauptwasserscheide?
Durch welche Städte gelangt es von Würzburg nach Regensburg?
3 *Wie hätte das Schiff vor Fertigstellung des Main-Donau-Kanals fahren müssen?*
4 *Es fällt Regen in deinem Heimatort. Folge dem Weg der Regentropfen, nachdem sie einen Fluss erreicht haben. Benenne die Gewässer bis zum Meer (Atlas).*
5 *Übernehmt die wichtigsten Flüsse auf Folie und zeichnet sie in eure Bayern-Wandkarte ein.*

61.2 In dieser Stadt mündet der Regen in die Donau. Die Domstadt wurde bereits von den Römern gegründet.

61.3 Diese Stadt ist das Zentrum des Weinanbaus am Main. Sie ist auch die Hauptstadt Unterfrankens.

61.4 Diese Stadt wird auch als „Dreiflüssestadt" bezeichnet. Hier verlässt die Donau Bayern.

Bedeutende Städte

Du kennst bereits die Städte, die als Sitz der Landesregierung oder einer Bezirksregierung von politischer Bedeutung sind. Außerdem findest du in Bayern acht Großstädte, d. h. Städte mit mehr als 100 000 Einwohnern. Besonders dicht bevölkerte Zentren bilden München (1 230 000), Augsburg (260 000) und das Städtedreieck Nürnberg-Fürth-Erlangen (insgesamt 700 000 Einwohner).

AUFGABEN >>

1 *Benenne die Städte in Abb. 60.1 mithilfe des Atlas.*
2 *Um welche Städte handelt es sich jeweils bei den Bildern und Beschreibungen (Abb. 61.2–4)?*
Welche Flüsse münden in der „Dreiflüssestadt" in die Donau?
3 *Übertragt die Städte mit Beschriftung auf eure Bayern-Wandkarte.*
4 *Sammelt Bilder, z. B. aus Reiseprospekten, oder Postkarten zu bayerischen Städten. Tragt die jeweilige Stadt in eure Bayernkarte ein und ordnet die Bilder zu.*

Naturräumliche Gliederung

Ein Flug über Bayern

62.1 Naturräume in Bayern

Bei einem Preisausschreiben hat Max den Hauptpreis gewonnen: Einen Rundflug über Bayern. Heute, an einem Tag mit herrlicher Fernsicht, ist es endlich soweit. Um neun Uhr hebt die einmotorige Propellermaschine von einem Sportflugplatz bei Würzburg ab.
Max fliegt das erste Mal. Nervös und mit nassen Händen verfolgt er den Piloten beim Start. Bald schon lässt die Anspannung nach, Max schaut zum Fenster hinaus. Als sie gerade Würzburg überfliegen, ist Max begeistert von der Aussicht auf das Maintal mit den Weinbergen an den Hängen. In der Ferne sieht er nun über den Weinbergen eine deutliche Geländekante, eine so genannte Schichtstufe, auftauchen. Der Pilot erklärt Max, dass der Berg direkt unter ihnen der Schwanberg ist. Steil ragt er als Teil der *Schichtstufenlandschaft* aus dem Maintal empor. In der Schule haben sie diese Landschaftsform mit einer Treppenstufe verglichen. Zu der Schichtstufe gehören die Hassberge im Norden, die Frankenhöhe im Süden sowie der Steigerwald. Er schließt sich im Osten der Schichtstufe an und senkt sich allmählich gegen das Regnitzbecken ab.

Am Horizont taucht nun der Nürnberger Fernsehturm auf. Das Regnitzbecken mit den fast zusammengewachsenen Städten Nürnberg und Fürth sowie Erlangen liegt unter ihnen. Wieder taucht eine markante Schichtstufe auf: Eine neue Treppenstufe mit dem Moritzberg. Er ist ein Teil der Kante der Fränkischen Alb, die sich nun wiederum nach Osten hin als wellige Hochfläche anschließt. Auch sie neigt sich zum weit ausladenden Donautal hin, das sie nun eine ganze Zeit lang unter sich haben werden.
Der Pilot fordert Max auf, einmal nach links zum Fenster hinauszusehen. Der langgestreckte Bayerische Wald grenzt im Osten deutlich das Donautal ab. Der Blick wandert über lang gezogene und bewaldete Bergrücken hin zum Großen Arber. Sein felsiger Gipfel erhebt sich als höchster Punkt in diesem *Mittelgebirge* immerhin 1457 Meter. Der Pilot schwenkt nun vom Bayerischen Wald weg Richtung Südwesten.
Unter ihnen funkelt noch die Donau, doch bereits weit am Horizont tauchen die hohen Alpengipfel auf. Zunächst aber überfliegen sie noch das *Alpenvorland*. Die Schmelzwasser der mächtigen Eiszeitgletscher haben Geröll, Kies und Sand mitgerissen und in den Schotterebenen abgelagert.
Auf die *Alpen* zu wird das Land nun immer hügeliger. Saftige Weideflächen wechseln ab mit Seen. Diese Hügellandschaft ist entstanden durch die Fracht der Gletscher, die als Moränen während der Eiszeit hier abgelagert wurde. Nun aber starrt Max beeindruckt auf die gewaltige Felskulisse, die sich vor ihnen auftürmt. Die steil abfallenden Wände mit den Zacken und Spalten beeindrucken ihn zutiefst. Gerne wäre Max noch über die Alpen hinweggeflogen, doch leider war hier der Umkehrpunkt des Rundfluges.

AUFGABEN >>

1 *Benenne die Mittelgebirge in der Stummen Karte (Buchstaben A–D). Suche zu diesen auch die höchsten Gipfel heraus (Atlas).*

2 *Nenne die vier Großlandschaften Bayerns. Welche der Aufnahmen (Abb. 63.1–4) passt zu der jeweiligen Großlandschaft? Beschreibe ihre Lage zur Donau.*

3 *Schreibe die natürlichen Merkmale dieser Großlandschaften heraus.*

4 *Übertragt die Großlandschaften aus der Stummen Karte in eure Bayernkarte. Gestaltet eure Karte mit Aufnahmen, zum Beispiel aus Reiseprospekten oder Urlaubsbildern.*

63.1–4 Großlandschaften

Ein landwirtschaftlich genutzter Raum: Der Gäuboden

64.1 Im Gäuboden

In den letzten Kapiteln hast du gelernt, dich mithilfe der Flüsse und Landschaften in Bayern zu orientieren. Du weißt jetzt auch, dass Bayerns Landschaft sehr abwechslungsreich ist. Genauso vielfältig sind die Möglichkeiten, wie der Mensch in diesen Räumen seine Lebensgrundlagen gestaltet. Wir finden in Bayern Landschaften, deren Aussehen von der landwirtschaftlichen Nutzung geprägt sind. Woanders bestimmen die Industrie oder der Fremdenverkehr das Landschaftsbild.

Gegen Ende der letzten Eiszeit wurde vom Wind fein zerriebener Gesteinsstaub aus den Moränen und Schotterfeldern ausgeweht. Wenn der Wind vor den Mittelgebirgen und in Beckenlandschaften abflaute, wurde der Gesteinsstaub abgelagert. Mit der Zeit verwitterte dann dieser Lössstaub zu fruchtbarem Lösslehm. Darauf entstanden feinkörnige, lockere und mineralstoffreiche Böden, die gut Wasser speichern können.

64.2 Böden aus Löss

Von der Natur begünstigt

Der Gäuboden, der auch als Dungau bezeichnet wird, erstreckt sich etwa 80 km an der Donau entlang von Regensburg bis Vilshofen. So weit das Auge reicht dehnen sich hier Weizen-, Gerste- und Maisfelder aus. Zu Recht wird deshalb der Gäuboden als Kornkammer bezeichnet. Auf anderen Äckern werden aber auch Zuckerrüben, Weiß- und Rotkraut, Kartoffeln, Gurken, Bohnen und Spargel angebaut.

Für diese anspruchsvollen Pflanzen sind die günstigen Naturbedingungen hier ideal.

„Die Natur meint es mit uns im Gäuboden ja besonders gut. Da haben's die Waldler viel schlechter", erzählt uns ein Landwirt aus einem Dorf bei Straubing. „Denn im Bayerischen Wald, da regnet es viel mehr als bei uns. Auch die Temperaturen liegen dort um einige Grad tiefer als bei uns an der Donau."

Neben den klimatischen Vorzügen schätzen die Landwirte des Gäubodens die Fruchtbarkeit der so genannten Lössböden (Abb. 64.2). Sie zählen nicht nur zu den fruchtbarsten Ackerböden der Erde, sondern sie können aufgrund ihrer besonderen Beschaffenheit auch die Feuchtigkeit länger speichern. Somit sinken die Erträge selbst in längeren Trockenperioden nicht so stark wie auf anderen Böden.

65.1 und 2 Anspruchsvolle Nutzpflanzen aus dem Gäuboden: Weizen und Zuckerrüben

Der Mensch verbessert die Bodennutzung

Die weitläufigen und ebenen Anbauflächen ermöglichen den Landwirten den Einsatz großer Maschinen. In modernen Betriebsgebäuden stehen unter anderem Mähdrescher, Sämaschinen, Rübenvollernter und „Gurkenflieger" (Abb. 65.3). Durch diese Mechanisierung sind die Landwirte nur in der Saison, zum Beispiel bei der Zuckerrüben- oder der Gurkenernte, auf zusätzliche meist ausländische Landarbeiter angewiesen.

Weitere Gunsträume

In fast allen Regionen Süddeutschlands, die die Silbe „gau" oder „gäu" enthalten, findet man Böden auf Löss. Im Ochsenfurter Gäu ist wie in Niederbayern der Boden in den Eiszeiten entstanden. Nördlich der deutschen Mittelgebirge heißen diese fruchtbaren Gebiete „Börde".

65.3 „Gurkenflieger"

AUFGABEN >>

1 *Suche auf der Bayernkarte den Gäuboden (bzw. den „Dungau") und beschreibe seine Lage.*
2 *Beschreibe auf Abb. 64.1 die Oberflächenformen und die Nutzung des Bodens.*
3 *Warum bietet der Löss ideale Anbaubedingungen für anspruchsvolle Nutzpflanzen (Text und Abb. 64.2)?*
4 *Beschreibe die Ansprüche der Zuckerrübe. Vergleiche sie mit den natürlichen Voraussetzungen im Gäuboden. Wie verbessert der Landwirt noch die natürlichen Gegebenheiten?*
5 *Was versteht man unter dem Begriff „Mechanisierung"? Welche Vorteile hat diese für den Landwirt?*
6 *Beschreibe mithilfe des Atlas die Lage der in Abb. 65.4 gekennzeichneten Gäu- und Bördenlandschaften.*

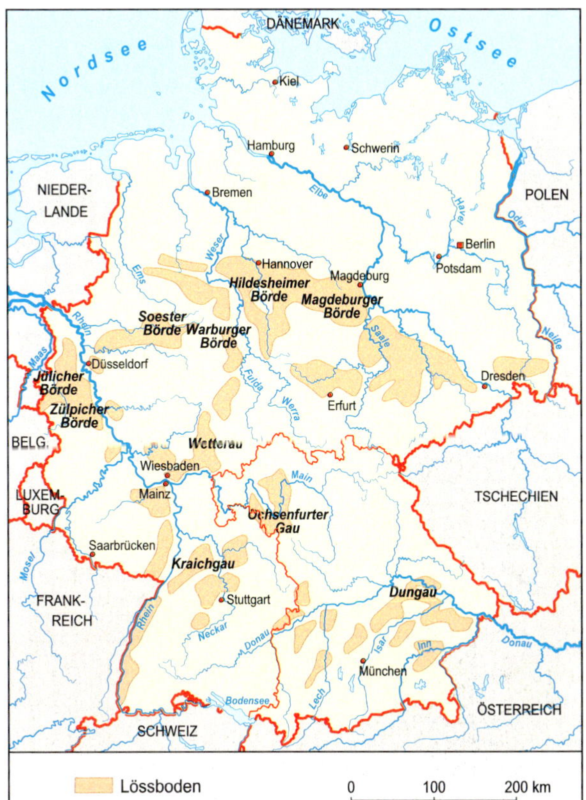

65.4 Börden- und Gäulandschaften in Deutschland

Ein landwirtschaftlich genutzter Raum: Weinbau in Franken

Die Weinpflanze (Weinrebe) braucht ein Klima, in dem heiße, trockene Sommertage und milde Winter vorherrschen. Deshalb gedeiht die Weinpflanze in Südeuropa, z. B. in Italien, Griechenland, Südfrankreich und Spanien.

Im Anbaugebiet des Frankenweins ist die Weinrebe allerdings durch kalte Winter und trockene Sommer gefährdet. Noch bis Mai können Spätfröste auftreten, welche die jungen Triebe erfrieren lassen.

66.1 Wachstumsbedingungen des Weins

Voraussetzungen des Weinbaus

Das fränkische Weinbaugebiet gehört zu den am nördlichsten gelegenen der Welt. Somit ist das Klima Frankens für den Weinanbau nicht ideal. Trotzdem wird hier bereits seit über 1000 Jahren Wein erzeugt. Eine Voraussetzung sind die Muschelkalk-, Buntsandstein- und Keuperböden. Sie bieten die Möglichkeit zum Anbau einer Vielzahl von Rebsorten. Wie aber gelingt es dem Menschen, das eher ungünstige Klima auszugleichen?

Um die Reben vor den zu kalten Nord- und Ostwinden zu schützen, werden die Weinberge an den Hängen des geschützten Maintals angelegt. Besonders die Hänge gegen Süden und Westen erhalten bereits im Mai viel Sonnenlicht. Außerdem besitzen gerade die oben genannten Böden die Eigenschaft Wärme schnell aufzunehmen und diese auch gut zu speichern. So wird in den Hanglagen ein für den Weinbau besonders günstiges Kleinklima geschaffen.

Nicht nur für Europa, sondern auch für Deutschland ist das Anbaugebiet des Frankenweins mit 6200 Hektar Anbaufläche nur sehr klein. Bewirtschaftet wird die Anbaufläche von 7000 Weinbaubetrieben, die überwiegend aus kleinen Familienbetrieben bestehen.

66.2 Der Bocksbeutel, ein Gütezeichen des Frankenweins

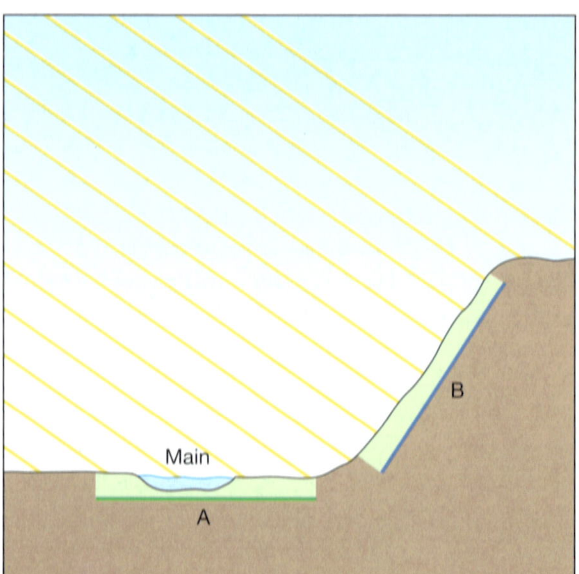

66.3 Sonneneinstrahlung im Maintal

66.4 Hanglage bei Thüngersheim

67.1 Arbeit der Winzerin im Jahreslauf

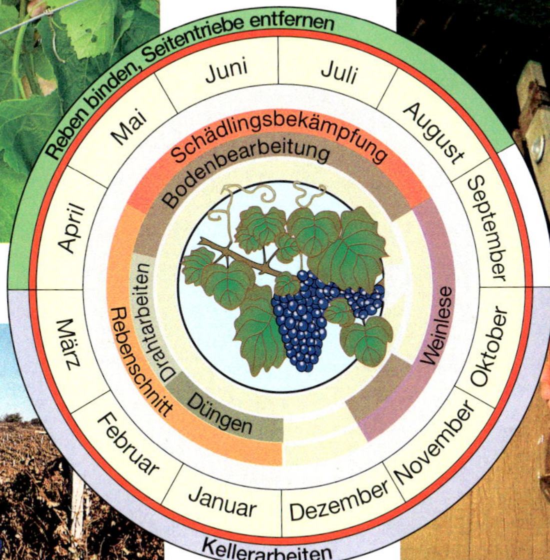

Die Pflege durch den Winzer, die Winzerin

Hedda Geiger führt zusammen mit ihrem Mann einen Weinbaubetrieb in Thüngersheim im Maindreieck. Die Weinbäuerin (Winzerin) berichtet von der Arbeit im Weinbau:

„Den Grundstein für das Gelingen des Weins legt die Natur. Einen wesentlichen Anteil an der späteren Qualität hat aber der Winzer. In Steillagen müssen wir im Jahr mit 1000 Arbeitsstunden pro Hektar rechnen. In flachen Lagen kann man Maschinen einsetzen. Dann werden im Jahr nur 250 Stunden pro Hektar benötigt. Ein wichtiger Teil der Arbeit ist im Frühjahr der Rebschnitt mit dem anschließenden Anbinden der Triebe. Es gibt zwar auch hierfür bereits Maschinen, wir erledigen jedoch diese Arbeit noch mit der Hand. Maschinen lassen sich nicht in den Steilhängen einsetzen. Noch wichtiger ist aber für uns, dass diese Arbeiten mit großer Sorgfalt ausgeführt werden müssen. Zeitgleich mit dem Anbinden werden nämlich wilde Triebe entfernt. Dabei wird der Trieb so geführt, dass er möglichst viel Luft und Licht erhält. Diese intensive Pflege von Hand ist eine Voraussetzung dafür, dass später ein hochwertiger Wein gelingt.

Der zweite Schwerpunkt unserer Arbeit ist die Weinlese. Auch sie wird heute in flachen Lagen von Vollerntemaschinen durchgeführt. Wir aber legen darauf Wert, dass die Weinlese gestaffelt durchgeführt wird, d. h. wir gehen zur Lese mehrmals in den Weinberg. Manche Reben benötigen noch ein paar Sonnentage mehr und werden erst später geerntet. Sonnengeschädigte Reben werden zum Beispiel ausgesondert, damit sie später nicht den Geschmack beeinträchtigen. So eine nach Zeit und Qualität gestaffelte Weinlese kann eine Vollerntemaschine nicht leisten. Neben diesen Arbeiten im Weinberg benötigt der Wein schließlich viel Pflege beim Reifen im Keller. Um aus dem Wein den besten Geschmack herauszuholen, braucht der Winzer viel Erfahrung und Fachkenntnisse."

Weil der Weinbau einen großen Arbeitsaufwand und eine intensive Pflege benötigt, bezeichnet man ihn als Sonderkultur. Bei Sonderkulturen muss auch viel Geld eingesetzt werden. Besonders das Anlegen eines Weinbergs sowie der Ausbau und die Lagerung des Weins im Keller sind teuer. Dafür bringt der Wein aber im Vergleich zu anderen landwirtschaftlichen Produkten hohe Verkaufserlöse.

68.1 Hofverkauf am Weingut

68.2 Angebot von Wein aus Übersee

Der Frankenwein heute

Wenn du durch die Regalreihen großer Lebensmittelketten gehst, dann findest du heute neben dem Frankenwein Weine aus der ganzen Welt: Immer häufiger sind sogar Weine aus Chile, Kalifornien, Australien oder Südafrika dabei. Trotz der langen Transportwege sind sie zumeist billiger als der Frankenwein. Wird dafür weniger Frankenwein gekauft? Hedda Geiger vom Weingut Geiger meint dazu:

„Wein ist in Deutschland, und natürlich auch in Franken seit Jahren ein bedeutendes Kulturgut. Der Frankenwein wird aufgrund seiner hohen Qualität geschätzt. Wir haben hier eine feste Käuferschaft. Wegen der kleinen Anbaufläche des Frankenweins können wir im Wesentlichen nur Frankenwein-Liebhaber bedienen. Ein Großteil des Weins wird im Umkreis von 100 Kilometern verkauft, das schließt den Großraum Nürnberg mit ein. Unser Frankenwein ist also ein Produkt, das hauptsächlich für den fränkischen Markt geschaffen ist. Viele unserer Kunden kaufen bei uns direkt in Thüngersheim ein oder lassen sich von uns beliefern. Wir können keine Massenweine herstellen, sondern müssen auf Qualität achten. So haben sich die fränkischen Winzer auch darauf verständigt, pro Hektar nur 90 Hektoliter zu vermarkten. Durch das Zurückschneiden der Reben im Frühjahr bringt der Stock zwar weniger, dafür aber um so bessere Trauben hervor.

Es gab auch schon Jahre, da haben uns die Maifröste die Ernte verdorben. Dann konnten wir nicht einmal den Bedarf des heimischen Marktes decken. Ein besonders schlimmes Jahr für den fränkischen Weinbau war 1985. Da sind im Winterfrost 80 % der Reben erfroren.

So ist es für uns nichts Neues, dass in den Regalen der Lebensmittelhändler neben dem Frankenwein auch ausländische Weine liegen. In Deutschland wird insgesamt so viel Wein getrunken, dass die Nachfrage von deutschen Weingütern gar nicht gedeckt werden könnte. Man muss sich allerdings schon wundern, zu welchen Preisen diese Weine trotz der langen Transportwege angeboten werden. Man sollte sich manchmal fragen, ob es vernünftig ist, dass landwirtschaftliche Produkte nahezu um die halbe Welt transportiert werden, obwohl es diese auch vor Ort beim nächsten Bauern gibt!"

AUFGABEN >>

1 *Suche das fränkische Weinanbaugebiet auf einer Wirtschaftskarte im Atlas. (Es liegt im Maindreieck und Mainviereck.).*

2 *Vergleiche die Ansprüche der Weinrebe mit den natürlichen Gegebenheiten in Franken.*

3 *Wie schafft es der Weinbauer, die eher ungünstigen klimatischen Voraussetzungen auszugleichen?*

4 *Beschreibe die Arbeit der Winzerin im Jahresgang (Abb. 67.1 und Text). Welche Schwerpunkte ihrer Arbeit im Weinbau nennt die Winzerin Hedda Geiger?*

5 *Welche Arbeiten könnten von Maschinen erledigt werden? Welche Probleme sieht Hedda Geiger bei deren Einsatz?*

6 *Der Weinbau wird auch als Sonderkultur bezeichnet. Begründe.*

7 *Frankenwein wird hauptsächlich für den fränkischen Markt produziert. Begründe, warum der fränkische Weinbau sich in seinen Mengen beschränken muss.*

8 *Billige Weine aus fernen Ländern – bedeutet dies Konkurrenz für den Frankenwein? Begründe.*

TRIO-Zusatzinfo: Ein landwirtschaftlich genutzter Raum: Hopfen aus der Hallertau

Etwa 50 km nördlich von München liegt das größte zusammenhängende Hopfenanbaugebiet der Welt: Die Hallertau oder Holledau. Schon vor 1200 Jahren bauten hier die Klöster Hopfen an. Heute wird hier ein Drittel der Welt-Hopfenproduktion auf 16 000 ha produziert.

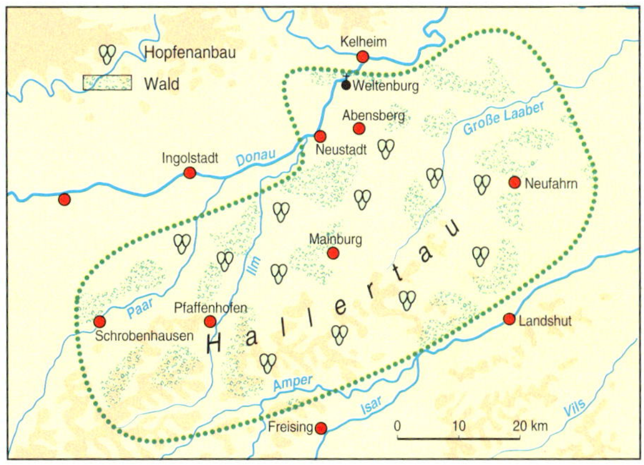

69.1 Hopfenland Hallertau

„Hopfen und Malz, Gott erhalt's"

Der Hopfen, eine Kletterpflanze, braucht einen fruchtbaren, leicht sandigen Boden, viel Sonne und Schutz vor Sturm und Nebel. Diese Bedingungen findet er im hügeligen Land der Hallertau. Neben dem aus Gerste oder Weizen gewonnenen Malz ist Hopfen ein wichtiger Bestandteil bei der Bierherstellung. Er verleiht dem Bier seine Würze und Haltbarkeit. Aber auch für medizinische Zwecke werden die Inhaltsstoffe des Hopfens verwendet. Aufgrund seiner vorzüglichen Qualität steht der Hallertauer Hopfen an der Spitze des Weltmarktes. Aus mehr als 100 Staaten der Erde erwerben Großbrauereien den Hallertauer Hopfen, für den hohe Preise bezahlt werden.

Der Hopfen verlangt viel Arbeit

Ein Sprichwort sagt: „Der Hopfen will jeden Tag seinen Herrn sehen." Besonders von Ende März bis zum späten Herbst hat der Landwirt viel Arbeit im Hopfengarten. Er muss ständig das Gerüst und die bis zu sieben Meter langen Drähte, an denen sich die Hopfenrebe hochranken kann, kontrollieren. Außerdem sind die Triebe zu schneiden, die Reben um die Drähte zu wickeln und die Pflanzen gegen die Schädlinge zu spritzen. Der Boden muss gelockert und gedüngt werden. Ende August beginnt endlich die Hopfenernte. Die Hopfenreben werden durch Helfer zur Hopfenpflückmaschine im Bauernhof gebracht, wo die Dolden maschinell gepflückt werden. Vor dem Verpacken müssen sie dann noch bei etwa 60 °C in der Darre, dem Speicherboden, getrocknet werden.

69.2 Im Hopfengarten

69.3 Hopfendolden (Originalgröße)

AUFGABEN >>

1 *Suche auf der Karte 69.1 und auf einer Bodennutzungskarte im Atlas die Hallertau und die beiden kleineren Hopfenanbaugebiete in Bayern.*

2 *Der Hopfen ist eine Sonderkultur. Welche Bedingungen müssen für seinen Anbau gegeben sein? Denke an die natürlichen Gegebenheiten und an die Arbeitsbelastung.*

TRIO-Arbeitsweise: Wir erschließen eine thematische Karte
Beispiel: Industrie in Bayern

70.1

In der fünften Klasse hast du den Unterschied zwischen einer physischen und einer thematischen Karte kennen gelernt. Die Karte 70.1 zählt zu den thematischen Karten: Sie behandelt das Thema „Industrie in Bayern“.
Du findest in dieser Karte keine Farben für unterschiedliche Höhen wie in einer Physischen Karte, das heißt, du erfährst wenig über das Aussehen Bayerns. Allerdings sind wieder die wichtigsten Flüsse und Städte zu deiner Orientierung eingetragen.

In fünf Schritten wirst du nun auf den Seiten 70/71 lernen, wie man aus einer thematischen Karte eigenständig Informationen entnehmen kann. (Auf den Seiten 30/31 hast du bereits etwas über das Auswerten von thematischen Karten gelernt.)

1. Schritt: Welches Thema ist auf der Karte dargestellt?

Diese Frage ist bereits beantwortet, denn die Überschrift der Doppelseite nennt das Thema. In unserem Beispiel ist es die „Industrie in Bayern". Aber aufgepasst: Bei manchen thematischen Karten, zum Beispiel in Atlanten oder in Zeitungen, steht das Thema auch einmal klein gedruckt in oder unter der Karte!

1 *Welche weiteren thematischen Karten zu Bayern findest du in deinem Atlas? Schreibe heraus, um welches Thema es jeweils geht.*

2. Schritt: Welcher Raum oder Ort ist auf der Karte dargestellt?

Auch diese Aufgabe hast du in unserem Beispiel schnell gelöst, denn bestimmt haben sich allmählich die Umrisse Bayerns in deinem Gedächtnis eingeprägt! (Vergleiche die Seiten 56, 58, 60, 62) Aber auch hier aufgepasst: Es könnte nur ein Teil Bayerns abgebildet sein. Bei der Bestimmung eines solchen Ausschnitts helfen dir dann die eingetragenen Flüsse und Städte.

1 *Zu welchen Räumen findest du im Atlas Karten zum Thema „Landwirtschaft"? Beachte hierzu auch das Inhaltsverzeichnis.*

3. Schritt: Welche Zeichen sind in der Karte dargestellt und was bedeuten sie?

Zu deiner Orientierung sind die wichtigsten Gewässer, Städte, Verkehrsverbindungen und die Grenzen der Regierungsbezirke eingetragen.
Die rechteckigen Zeichen (Signaturen) in der Karte werden am Rande in der so genannten Kartenlegende erklärt. So steht zum Beispiel dieses Zeichen für den Maschinenbau: 

Neben diesen Signaturen sind auch die wichtigsten Verkehrsverbindungen eingezeichnet, weil sie für die Industrie von großer Bedeutung sind.
Durch die Verwendung unterschiedlich großer Signaturen erfahren wir auch etwas über die Bedeutung des jeweiligen Industriezweiges an dem eingezeichneten Ort. So hat die Elektroindustrie in Erlangen eine größere Bedeutung als die Elektroindustrie in Bamberg.

1 *Erstelle nun eine Tabelle nach folgendem Muster:*

Bereich	Symbol	Stadt	geringere/große Bedeutung
Maschinenbau		Neu-Ulm	geringere Bedeutung

4. Schritt: Welche Besonderheiten sind zu erkennen?

Wenn du nun nochmals die Anordnung der Signaturen in der Karte 70.1 betrachtest, dann erkennst du bereits Räume, in denen sich die Industrie verdichtet. Diese Räume bezeichnet man auch als Ballungsräume der Industrie. Genauso gibt es Räume in Bayern, in denen sich nur wenig Industrie angesiedelt hat.
Aber aufgepasst: Das bedeutet keinesfalls, dass es hier überhaupt keine Industrie gibt. Sie spielt lediglich für diesen Raum oder Ort keine so große Rolle, was zum Beispiel die Arbeitsplätze betrifft.

1 *Finde die zwei großen Industriezentren in Bayern heraus und zeichne sie in eurer Bayern-Wandkarte ein.*

2 *In welchen Regierungsbezirken gibt es nur wenig Industrie, in welchen viel? (Die Grenzen der Regierungsbezirke findest du auf Abb. 56.1)*

5. Schritt: Nach der Auswertung ergeben sich weitere Fragen

Nachdem du die Besonderheiten erarbeitet hast, stellen sich nun weitere Fragen. Antworten erhältst du nicht aus der Karte, sondern aus zusätzlichen Informationsquellen wie dem Lexikon oder Internet. Du könntest zum Beispiel folgende Fragestellungen versuchen zu beantworten:

- Warum gibt es gerade an diesem Ort den in der Karte eingetragenen Industriezweig?
- Gibt es in Würzburg tatsächlich nur Metallverarbeitung? In welchen Bereichen gibt es noch verstärkt Arbeitsplätze?
- Warum gibt es gerade um Nürnberg-Fürth-Erlangen diese Ballung von Industrie?
  (Über die Hintergründe zur Entwicklung in diesem Ballungsraum erfährst du etwas im folgenden Kapitel auf den Seiten 72/73).

1 *Informiere dich auf der Homepage von Würzburg zu weiteren Industrieansiedlungen. Nenne weitere Bereiche außer der Industrie, die für Würzburg eine große Rolle spielen.*

2 *Du selbst verfügst auch über zusätzliche Informationen zu deinem Heimatraum. Trage diese ebenfalls in eure Bayern-Wandkarte ein.*

72.1 Spielzeugfiguren aus dem Großraum Nürnberg

72.2 Auf der Nürnberger Spielwarenmesse

Ein industriell genutzter Raum: Nürnberg-Fürth-Erlangen

Die Region Nürnberg-Fürth-Erlangen ist nach München der zweitgrößte Ballungsraum Bayerns. Nürnberg und Fürth sind vollkommen zusammengewachsen. Im Norden schließen sich das Knoblauchsland und Erlangen an. Der Großraum erstreckt sich über die Grenzen der drei Kernstädte ins Umland hinaus. So gehören auch Forchheim im Norden, Herzogenaurach im Westen, Schwabach im Süden und Lauf im Osten zum Großraum. Täglich pendeln Menschen aus dem Umland in die Kernstädte zur Arbeit und in die Schulen oder sie besuchen die Theater und Kinos.

72.3 Verkehrsstern des Großraumes

Nürnberg, ein traditioneller Industriestandort in Bayern

In dieser Region Bayerns gibt es keine bedeutenden Rohstoffvorkommen. Und trotzdem blicken die Kernstädte des Großraumes Nürnberg-Fürth-Erlangen auf eine 1000-jährige Geschichte zurück.

Nürnberg war bereits im Mittelalter eine bedeutende Stadt (> S. 130). Die Lage an einer Kreuzung mehrerer wichtiger Handelsstraßen zog geschickte Handwerker wie Gold- und Silberschmiede, Kannengießer, Uhr- und Spielzeugmacher an. So wurde von dem Nürnberger Kaufmann Martin Behaim 1492 der älteste, heute noch erhaltene Globus erstellt. Ein anderer Nürnberger, der Mechaniker Peter Henlein, erfand bereits um 1510 die erste Taschenuhr.

Heute kennt jeder die Lebkuchen und das Speiseeis sowie die Spiel- und Schreibwaren aus Nürnberg. Die alljährlich stattfindende Spielzeugwarenmesse besitzt weltweite Bedeutung.

In dieser Stadt werden aber auch wichtige Industrieprodukte hergestellt. Größte Bedeutung haben der Maschinenbau und die Elektroindustrie. Fast zwei Drittel der Industriebeschäftigten Nürnbergs finden in diesen Industriezweigen Arbeit. Es werden Haushaltsgeräte wie Staubsauger, Energie sparende Elektroherde, umweltfreundliche Waschmaschinen, Kühl- und Gefrierschränke sowie Unterhaltungselektronik produziert.

Außerdem werden in Nürnberg Lastkraftwagen, Lokomotiven und Eisenbahnwaggons sowie feinmechanische Geräte hergestellt.

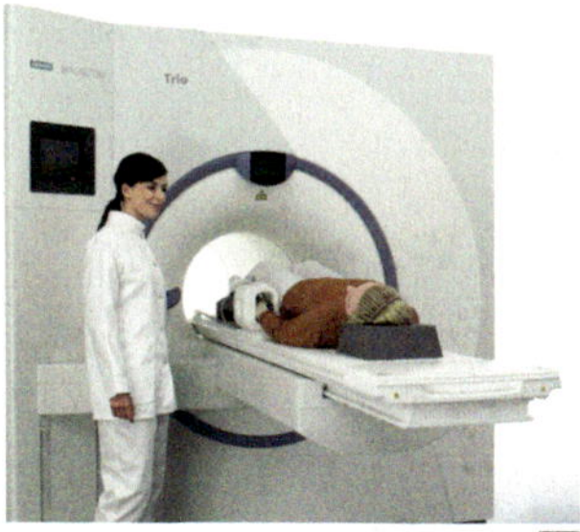

73.1 Herstellung von Medizingeräten in Erlangen

Erlangen, auf dem Weg zur „Medizin-Hauptstadt“

Erlangen hat sich in den letzten Jahren zu einem Hightech-Standort in Nordbayern entwickelt. Der Grundstein für diese Entwicklung wurde bereits 1743 mit der Gründung der Friedrich-Alexander-Universität gelegt. Heute studieren 21 000 Studenten an der zweitgrößten bayerische Universität, die eine der bedeutendsten Medizin-Abteilungen Deutschlands besitzt.

Nach dem Zweiten Weltkrieg verlegte ein großer Elektrokonzern Betriebsteile nach Erlangen. Derzeit sind hier 21 000 Mitarbeitern beschäftigt. Von besonders großer Bedeutung ist der Bereich für modernste Medizingeräte in Erlangen. Dieser Bereich hat hier seinen Hauptsitz.

Im Jahr 2000 wurde eine hochmoderne Fertigungsanlage für medizintechnische Geräte in Betrieb genommen. Die Nähe zu diesem weltbekannten Medizin-Bereich und zur Universität zieht weitere Firmen nach Erlangen. Teilweise übernehmen kleinere Firmen Zulieferaufgaben für die Produktion des Großunternehmens. Außerdem schließen sich mehrere Firmen und die Universität zu Forschungszwecken zusammen.

Die Forschung und der Einsatz der Lasertechnologie in der Medizintechnik ist ein Beispiel für die Verbindung von Universität und kleinen Unternehmen. Der Austausch von Forschungsergebnissen und die Herstellung der entwickelten Geräte geschieht in Erlangen in direkter Nachbarschaft. Dies macht den Standort vor allem für Firmen aus der Medizintechnik attraktiv.

Probleme und Chancen des Großraums

Leben viele Menschen auf engem Raum zusammen, so ergeben sich auch Probleme: Die Städte wachsen über ihre Grenzen hinaus und das Umland wird zersiedelt. Kleine Ortschaften weisen verstärkt ebenfalls Industrie- und Wohngebiete aus und verlieren ihren ehemals ländlichen Charakter. Darüber hinaus führt das große Verkehrsaufkommen zu Umweltbelastungen

2004 wurde die Europäische Union durch acht osteuropäische Staaten erweitert. Aufgrund dieses Zusammenwachsen Europas erhält der Großraum nun eine weitere Chance zum wirtschaftlichen Wachstum. Er liegt zentral in Europa und die Rolle als Verkehrsdrehkreuz ist ideal, wenn es um die Verbindung von West nach Ost geht.

AUFGABEN >>

1 *Was waren die Voraussetzungen, dass sich in Nürnberg bereits im Mittelalter Handwerksbetriebe niedergelassen haben?*

2 *Suche die Lage des Verkehrssterns (Abb. 72.3) in einer Verkehrskarte von Europa (Atlas). In welche Verkehrsnetze ist der Großraum eingebunden?*

3 *Nenne die zwei Voraussetzungen, warum sich Firmen aus der Medizintechnik verstärkt in Erlangen niederlassen.*

4 *Erkläre, weshalb die Nähe zwischen Universität und Unternehmen so wichtig ist.*

5 *Beurteile die Lage des Großraums heute.*

Ein durch Dienstleistungen geprägter Raum: München

74.1 Verwaltungsgebäude eines Automobilwerkes

74.2 Verwaltung einer Großbank

München bietet vielfältige Arbeitsplätze

In München finden über 820 000 Menschen Arbeit. Sie sind in Industrie- und Handwerksbetrieben tätig, im Handel angestellt oder sie erbringen Dienstleistungen. Viele von ihnen pendeln täglich aus dem Umland in die Stadt.

Nach Berlin ist München heute die zweitgrößte Industriestadt Deutschlands. Vor dem Zweiten Weltkrig gab es kaum Großbetriebe – außer Brauereien, den Schienenfahrzeugbau sowie Betriebe, die optische Instrumente herstellen.

Erst als 1948 ein großer Elektrokonzern nach München zog, folgten andere Großbetriebe. Die Stadt stieg zu einer bedeutenden Industriestadt auf. Neben der Elektroindustrie zählen der Fahrzeug- und Maschinenbau, die Nahrungsmittelindustrie sowie das Druck- und Verlagsgewerbe zu den wichtigsten Industriezweigen.

München ist die zweitgrößte Verlagsstadt der Welt. Mehr als 300 Verlage bringen jedes Jahr über 12 000 Bücher auf den Markt.

München, Zentrum der Dienstleistungen

In den letzten Jahren hat die Bedeutung des Dienstleistungsbereichs stark zugenommen. Immer mehr Menschen sind in Banken, Versicherungen, Ämtern und Verwaltungen tätig. Größter Arbeitgeber ist die Münchner Stadtverwaltung, die allein 50 000 Menschen beschäftigt.

München ist auch eine Stadt der Messen. In Riem wurde auf dem Gelände des ehemaligen Flughafens ein neues Messezentrum gebaut. Immer wenn eine Messe stattfindet, merken es die Münchner daran, dass das Sprachengewirr zunimmt und die U- und S-Bahnen noch voller sind als sonst. Rund 23 000 Aussteller und über zwei Millionen Besucher aus bis zu 134 Ländern kommen Jahr für Jahr auf etwa 20 internationale Veranstaltungen nach München.

Mit dem wirtschaftlichen Aufschwung entstanden aber auch viele Probleme für die Stadt und ihre Bewohner. So wird es immer schwieriger, Flächen für Wohnungen oder neue Betriebe bereit zu stellen. Auch die Mieten und die Lebenshaltungskosten stiegen.

München sieht jedoch zuversichtlich in die Zukunft, wenn es darum geht, neue Märkte zu erschließen. Ein vereintes Europa, die Wiedervereinigung und die Öffnung der osteuropäischen Staaten bieten hierfür gute Chancen.

AUFGABEN >>

1 *Erkläre, warum München als Wirtschaftsmagnet bezeichnet werden kann.*

2 *Welche Vorteile, aber auch Nachteile brachte der wirtschaftliche Aufschwung für die Stadt und ihre Bewohner?*

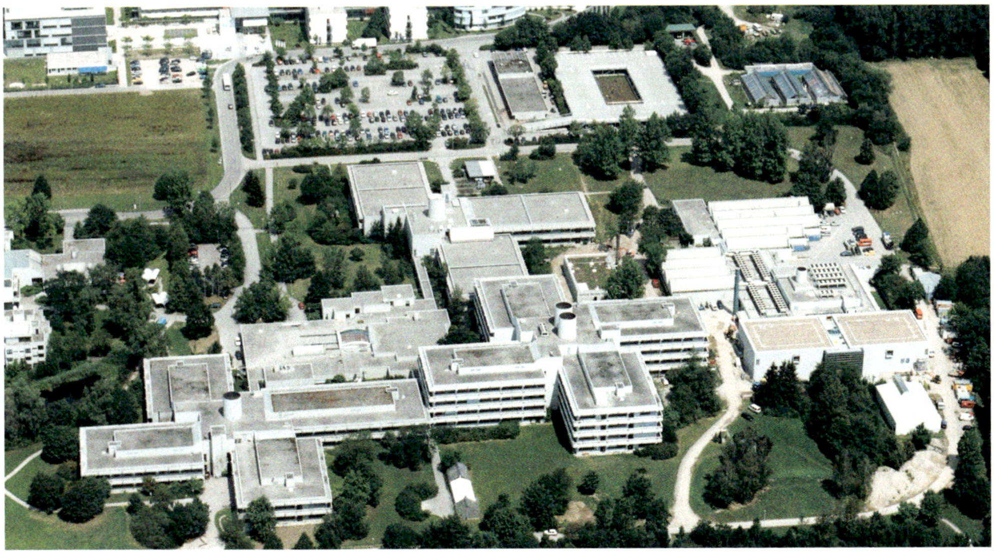

75.1 Der Campus Martinsried/Großhadern

München setzt auf Hightech

München ist die wichtigste Hightech-Region in Deutschland. Dass sie sich zur Nummer 1 entwickeln konnte, liegt vor allem daran, dass hier Wissenschaft, Wirtschaft und Politik eng zusammenarbeiten. So geben Wissenschaftler ihre Forschungsergebnisse an private Firmen weiter. Der Staat Bayern unterstützt mit Zuschüssen diese Entwicklung. Er baut z. B. Labore, die neu gegründete Firmen mieten können. Das IZB ist solch eine Einrichtung: Hier reiht sich ein Labor ans andere. Junge Unternehmer können Labore mieten, um dort zu forschen, bis sie ein Arzneimittel entwickelt haben, das sie dann auf dem Markt an Apotheken oder Krankenhäuser verkaufen können.

Das Max-Planck-Institut war die Keimzelle des Biozentrums Martinsried/Großhadern. Im Lauf der Zeit kamen andere Einrichtungen dazu. Derzeit ist das Gebäude für den Bereich Biologie der Universität in Bau.

Das biomedizinische Forschungszentrum konnte sich hier auch deshalb entwickeln, weil es genug Flächen für die großen Gebäudekomplexe gab. Es ist also von Vorteil, dass wissenschaftliche Forschungsinstitute, die Universität, private Firmen aber auch das Krankenhaus Großhadern so nahe beieinander liegen. Oft arbeiten diese Einrichtungen zusammen.

AUFGABEN >>

1 *Welche Einrichtungen gehören zum Campus Martinsried/ Großhadern? Zähle auf.*

2 *Warum konnte sich München zum Hightech-Standort Nr. 1 entwickeln? Begründe.*

Es gibt zwei Zweige der Hightech-Branche Branche im Großraum München:
- die **Informations- und Kommunikationstechnologie** (IuK) mit rund 260 000 Mitarbeitern und
- die **Biotechnologie** (> S. 76).

Martinsried zählt zur roten (= medizinischen) Biotechnologie, Weihenstephan bei Freising zur grünen (= Agrar- und Ernährungsforschung) Biotechnologie

Einrichtungen des Campus Martinsried/Großhadern:
- Zwei Institute der ***Max-Planck-Gesellschaft*** mit rund 1030 Mitarbeitern. Hier wird geforscht.
- Mehrere Abteilungen der ***Universität München,*** z. B. die Pharmazie, die Chemie und das Genzentrum. Hier forschen Wissenschaftler und studieren Studenten.
- Das ***IZB*** (Innovations- und Gründerzentrum), in dem sich mehr als 30 private Firmen befinden. Jede Firma hat Labore, in denen geforscht wird. Ihr Ziel ist es, Wirkstoffe für Arzneimittel zu entwickeln, die dann an Apotheken und Kliniken verkauft werden können.
- Das ***Großklinikum Großhadern*** mit etwa 4600 Mitarbeitern, das zur Ludwig-Maximilians-Universität München gehört. Hier wird geforscht und der Ärztenachwuchs ausgebildet.
- Die ***GSF,*** eine Forschungseinrichtung für Umwelt und Gesundheit sowie
- die Life-Sciences-Gebäudetrakte mit ***privaten Forschungsfirmen.***

Herr Dr. Zobel, Geschäftsführer des IZB: *„Top-Wissenschaftler aus der Bio-Tech-Branche sind weltweit umworben. Wir können sie für den Campus Martinsried/Großhadern nur gewinnen, wenn es uns gelingt, ihnen beste Arbeitsbedingungen zu bieten. Das IZB zählt zu den ersten Adressen für Bio-Tech-Firmen."*

76.1

76.2

Frau Wegmann vom IZB: *„Über 45 Unternehmen haben bei uns am IZB Labore oder Büroräume preisgünstig gemietet. Wir nehmen aber nur bestimmte Firmen auf: Es müssen neu gegründete Unternehmen sein. Damit Familie und Beruf verbunden werden kann, gehört zum IZB auch ein Kindergarten."*

Ein Wissenschaftler und Unternehmer am IZB: *„Ich entwickle mit meinen Mitarbeitern Wirkstoffe, die zur Behandlung von Herz- und Kreislauferkrankungen oder Epilepsie eingesetzt werden sollen. Grundlage dieser Wirkstoffe sind Gifte, die in tropischen Meeresschnecken vorkommen."*

76.4

Eine Wissenschaftlerin des Max-Planck-Instituts: *„Wir lernen von den Tricks der Natur. Proteine sind kleine Bestandteile von Zellen. Sie managen die meisten Lebensprozesse. Doch was läuft schief, wenn Krankheiten entstehen? Körpereigene Eiweiße richten z. B. bei Krebs Schäden an. Wodurch? Welche Stoffe können das Ausbrechen dieser Krankheiten verhindern? Darauf suchen wir Antworten. Wir betreiben Grundlagenforschung, d. h. wir forschen nicht am Patienten. An unseren Ergebnissen sind vor allem Wissenschaftler, z.B. am IZB, interessiert. Wir arbeiten auch mit dem Klinikum Großhadern zusammenarbeiten."*

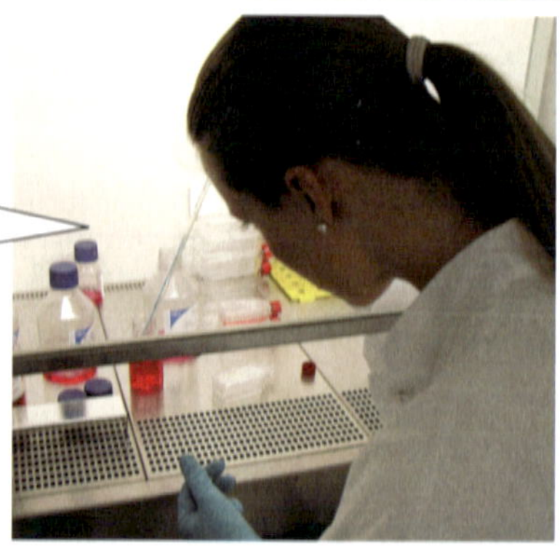

76.3

Ein Arzneimittelforscher in einem privaten Unternehmen: *„Der Gebäudezug, in dem sich unsere Firma befindet, ist fast eine ganze Straße lang. Wir entwickeln Arzneimittel, die helfen HIV, Tuberkulose oder Krebs zu heilen. Später hoffen wir, das Geld, das wir in die Forschung gesteckt haben, über den Verkaufsgewinn wieder hereinzuholen."*

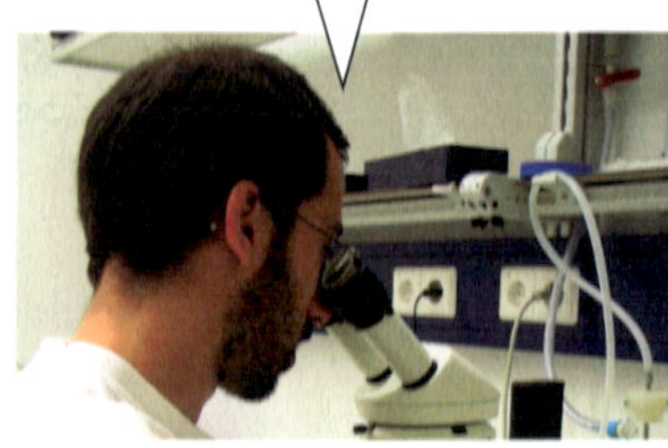

76.5

AUFGABEN >>

1 *Woran arbeiten die Wissenschaftler (Abb. 76.1–5). Wie sieht der Arbeitsplatz der Wissenschaftler aus?*

2 *Herr Dr. Zobel erklärt, warum das IZB von großer Bedeutung ist. Fasse mit deinen Worten zusammen.*

3 *Vergleiche die beiden Karten Martinsried 1960 und Martinsried heute (Abb. 77.1). Stelle die wichtigsten Karteninhalte in einer Tabelle gegenüber. Gehe bei der Auswertung schrittweise vor (> S. 31 und 71).*

4 *Stelle die Veränderung der Einwohnerzahl, der Unternehmen und der Beschäftigten 1960 und 2003 grafisch dar (Abb. 77.1 unten).*

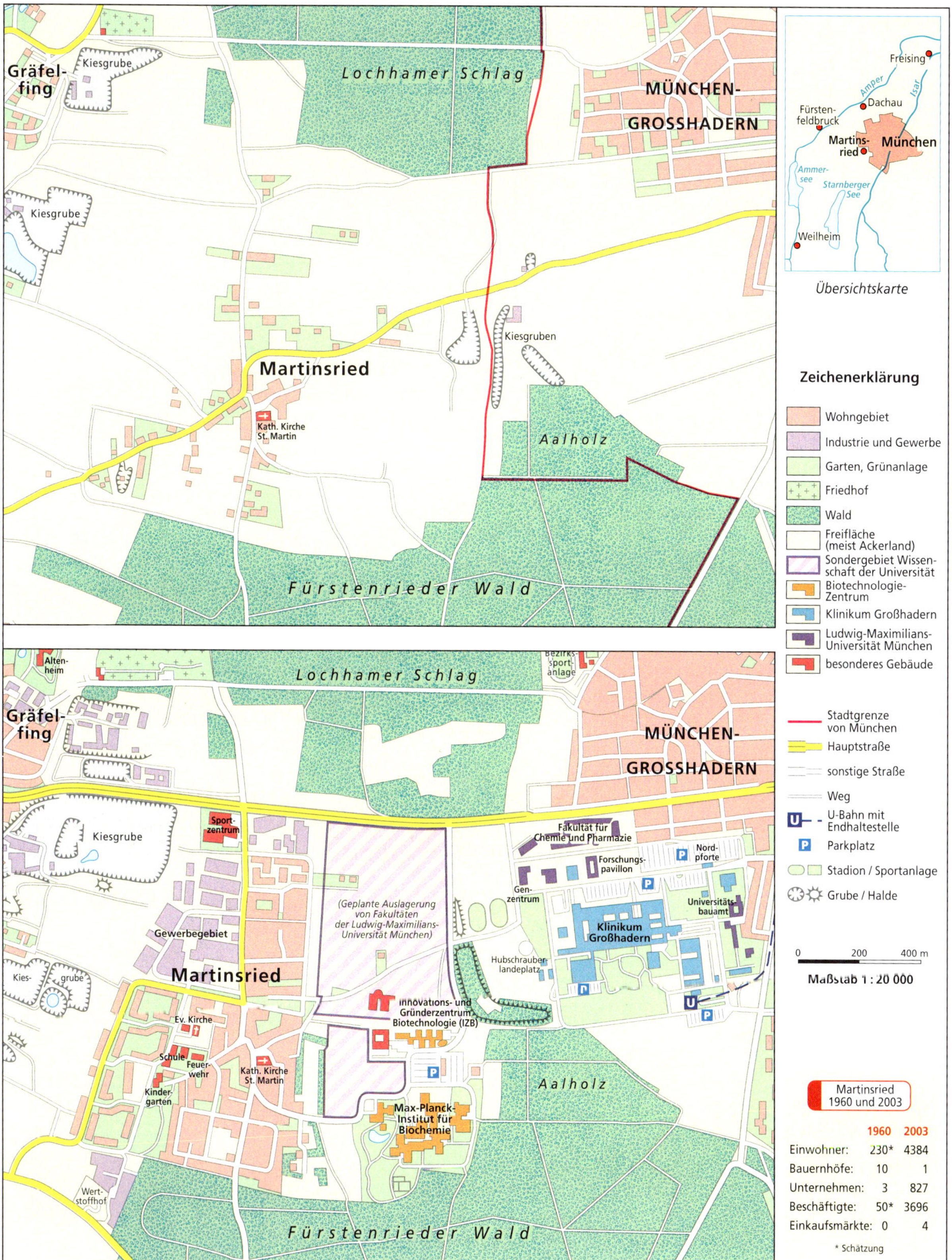

	1960	2003
Einwohner:	230*	4384
Bauernhöfe:	10	1
Unternehmen:	3	827
Beschäftigte:	50*	3696
Einkaufsmärkte:	0	4

* Schätzung

77.1 Martinsried 1960 und heute

Vom Bauerndorf zum Tourismuszentrum: Oberstdorf

78.1 Die Oststraße in Oberstdorf um 1900

Beschwerliches Leben der Bauern in Oberstdorf

Über viele Jahrhunderte lebten die Menschen im „obersten Dorf" des Allgäus von der Landwirtschaft. Heute findet man fast nur noch die Grünlandwirtschaft. Das Klima ist für den Ackerbau zu feucht, doch die hohen Niederschläge bieten gute Wachstumsbedingungen für saftige Wiesen. Auf ihnen weiden Kühe, deren Milch in den Sennereien zu Käse weiterverarbeitet wird. Den Sommer über wird seit jeher das Vieh auf die oberhalb der Baumgrenze gelegenen Weiden getrieben. Diese Almen verleihen den Allgäuer Alpen bis heute ihr typisches Landschaftsbild.
Die Heuernte bedeutet viel Arbeit, denn an den steilen Hängen können kaum Maschinen eingesetzt werden. Den gesamten Sommer über wurde das Vieh vom Senn oder der Sennerin auf der Alm gehalten. Der in dieser Zeit auf den Sennalmen hergestellte Käse musste am Ende des Sommers in das Tal gebracht werden.
Außerdem war der Gewinn der Bauern in Oberstdorf spärlich, da die Betriebe größtenteils über höchstens 20 Kühe und nur kleine Weiden verfügten So galt das Allgäu als landwirtschaftliches Problemgebiet. Viele junge Menschen zog es von Oberstdorf weg in die großen Städte des Voralpenlandes.

	1972	1996
Land- und Forstwirtschaft	455	61
Einzelhandel (Verkauf)	642	842
Gastgewerbe	1711	2 405

78.2 Erwerbstätige in Oberstdorf

Wandel durch den Fremdenverkehr

Im Jahr 1830 nächtigten 140 Personen in den damals drei Gasthäusern des Ortes. Der Anschluss ans Eisenbahnnetz ließ die Zahl der Sommergäste um 1900 auf 15 000 anwachsen. Die als „Sommerfrischler" bezeichneten Gäste entdeckten die abwechslungsreiche Erholungslandschaft um Oberstdorf: von Gletschern geschaffene Hügellandschaften und die Almen vor schroffen Alpengipfeln.
Heute ist der Tourismus in Oberstdorf der wichtigste Wirtschaftszweig. Der Wandel wird bereits am Ortsbild sichtbar. Für die jährlich 2,5 Millionen Übernachtungen wurden größere Hotels benötigt. Auch das Angebot der Läden hat sich auf die Touristen eingestellt: Andenken- und Postkartenstände säumen die Straßen in Oberstdorf. Dieser Wandel zeigt sich auch in der Nutzung der Landschaft. Mit der Verbreitung des Skilaufs in den Alpen be-

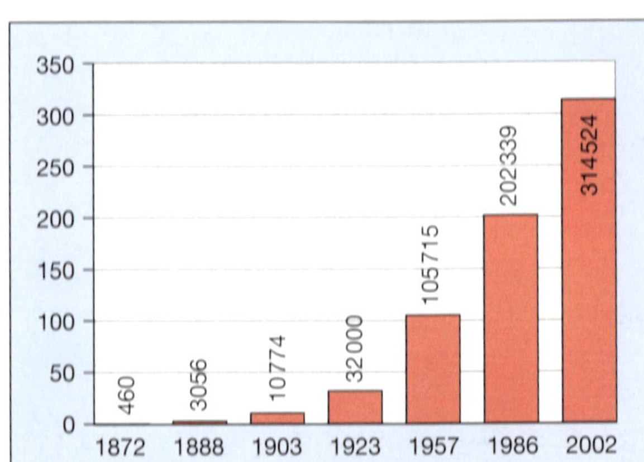

78.3 Entwicklung der Gästezahlen in Oberstdorf

79.1 Die Oststraße in Oberstdorf heute

Großveranstaltungen in Oberstdorf

- alljährliches Auftaktspringen zur Vierschanzentournee auf der Schattenbergschanze; 28 000 Zuschauer
- Nordische Ski-Weltmeisterschaft 2005 (Skispringen, Langlauf und Kombination); 350 000 Zuschauer
- 2008: Bereits zum fünften Mal Austragung der Skiflug-Weltmeisterschaft auf der „Heinrich-Klopfer-Skiflugschanze"

79.2

gann man auch in Oberstdorf, die Berge für den alpinen Skilauf zu erschließen. Ziel war es, den Sommertourismus durch den Wintertourismus zu ergänzen. Somit konnten die Betten in den Pensionen und Hotels besser ausgelastet werden. Das Nebelhorn, Fellhorn und das Söllereck wurden mit modernen Bergbahnen und Skiliften erschlossen.

Bedeutung des Fremdenverkehrs heute

In den Hotels und neuen Läden, aber auch bei den Bergbahnen, Skiliften und auf den bewirtschafteten Almen entstanden neue Arbeitsplätze. Mancher Landwirt wurde so zum Gastwirt. Milch- und Käseprodukte lassen sich auf den Sennereien ohne lange Transportwege direkt an die Touristen verkaufen. Die Verwaltung in Oberstdorf möchte die bäuerlichen Familienbetriebe und die Almwirtschaft erhalten. Statt in großen Hotelburgen sollen die Gäste in Ferienwohnungen und Pensionen untergebracht werden. Man will so das typische Landschaftsbild erhalten.
„In Oberstdorf ist immer etwas los." Mit diesem Slogan wirbt die Gemeinde um junge und ältere Touristen. Eine besondere Anziehungskraft üben dabei die Großveranstaltungen jeweils in der Wintersaison aus (Abb. 79.2)

79.3 Skiflugschanze

AUFGABEN >>

1 *Suche Oberstdorf in der Freizeitkarte Bayern (Atlas). Beschreibe die Lage. Nenne weitere Fremdenverkehrsorte in den Bayerischen Alpen.*
2 *Beschreibe das im Text vorgestellte typische Landschaftsbild im Allgäu.*
3 *Warum galt das Allgäu als landwirtschaftliches Problemgebiet?*
4 *Beschreibe den Wandel in Oberstdorf in seinem Orts- und im Landschaftsbild.*
5 *Beurteile die Bedeutung dieses Wandels für die Arbeitsplätze in Oberstdorf.*

TRIO-Zusatzinfo: Pro und Contra: Tourismus in den Alpen

80.1 Ferienwohnungen

Tourismus schafft neue Arbeitsplätze, ...

Am Beispiel von Oberstdorf hast du erfahren, wie eine Gemeinde ihr Aussehen gewandelt hat. Dies brachte für Oberstdorf viele Vorteile, zum Beispiel neue Arbeitsplätze im Tourismus-Gewerbe. In diesen neuen Arbeitsplätzen werden nicht nur viele Menschen beschäftigt, es wird hier auch mehr verdient als in der Landwirtschaft. Dies führte dazu, dass gerade die jungen Menschen nicht mehr aus den Alpentälern in Richtung der Städte im Alpenvorland abwandern.

80.2 Von der Almhütte zum Gasthaus

Der Tourismus trägt zur Erhaltung der Landschaft bei, ...

Die liebliche Landschaft im Allgäu mit Almen und der Grünlandwirtschaft wurde vom Menschen im Laufe von Jahrhunderten geschaffen. Die beschwerliche Arbeit brachte allerdings den Sennern keine großen Einkünfte mehr. Seit jedoch immer mehr Touristen einkehren und den hier gewonnenen Käse verzehren oder mitnehmen, lohnt sich die Bewirtschaftung der Almen.
Die Verwaltung von Oberstdorf ist daran interessiert, dass diese Erholungslandschaft weiterhin ihr Gesicht behält. Denn was würde passieren, wenn die Touristen nicht mehr kämen? Die Arbeit wäre für den Senn und die Sennerin nicht mehr lohnend. Die Almen würden verkommen, die Weideflächen zuwachsen und verwildern. Die Allgäuer Alpen würden also ihr typisches Aussehen verlieren.

80.3

Tourismus und Naturschutz sind vereinbar, ...

Der Boden in den Alpen ist wegen der Tal- und Hanglagen eingeschränkt nutzbar: Entweder für die Freizeit der Touristen oder für den Naturschutz. Die Böden und insbesondere die Pflanzen sind mit zunehmender Höhe von Abtragung und Zerstörung bedroht. Tiere benötigen während des Winters eine lange und ungestörte Ruhezeit. Daher werden Gebiete ausschließlich für den Schutz von Tieren und Pflanzen ausgewiesen.
Viele Gemeinden, so auch Oberstdorf, streben den „sanften Tourismus" an. Die Freizeitaktivitäten sollen möglichst umweltschonend sein. Deshalb werden die Touristen auf ein entsprechendes Verhalten hingewiesen: Zum Beispiel sollen sie statt mit dem eigenen PKW mit öffentlichen Verkehrsmitteln anreisen. Auf Informationstafeln erfahren sie, warum es für die Natur so wichtig ist, nicht die angelegten Wanderwege zu verlassen.

... diese sind jedoch einseitig abhängig.

Die Arbeitsplätze im Allgäu und besonders die in Oberstdorf sind abhängig vom Tourismus-Gewerbe.
Was würde eigentlich passieren, wenn einmal nicht mehr so viele Touristen wie derzeit in Oberstdorf ihre Ferien machen würden?
Zum Beispiel, weil die Menschen in Deutschland mehr sparen müssen und weil für sie ein Urlaub in der Türkei deutlich billiger ist als in den Bayerischen Alpen?
Oder weil im Winter im Allgäu einmal der Schnee ausbleibt, während andere, höher gelegene Skigebiete über ausreichend Schnee verfügen?

81.1

... aber er kann sie auch zerstören.

An manchen Orten in den Alpen macht man sich keine Gedanken mehr, ob der Baustil der Hotels und das Ortsbild noch in das Landschaftsbild passen. Immer mehr Touristen werden angelockt von hoch gelegenen, schneesicheren und besonders großen Skigebieten. Es entstehen „Betonburgen", welche im Sommer meist verschlossen und abweisend daliegen.
Viele Touristen verhalten sich auch verantwortungslos in den Alpen. Sie verlassen zum Beispiel die vorgegebenen Wege und tragen so zum Austreten wilder Pfade bei. Solche Pfade ohne schützender Grasnarbe werden bei Regenfällen weiter ausgeschwemmt. Auch Mountainbike-Fahrer, die mit ihren Rädern gedankenlos durch die Landschaft fahren, stören die Tiere und vernichten die Pflanzen.

81.2 Ausgetretene Wanderwege

... aber oft wird aus wirtschaftlichen Gründen darauf keine Rücksicht genommen.

Manche Tourismus-Manager lassen sich die merkwürdigsten Dinge einfallen, um mehr Touristen in ihren Ort zu locken. So werden für junge Leute Rockkonzerte veranstaltet und sogar schon Skipisten zum Schutz vor schlechtem Wetter überdacht. Immer neue, teilweise waghalsige Sportarten werden angeboten, wie das Abseilen und Begehen von Schluchten („Canyoning"). Naturschützer fordern, man solle wenigstens diese Landschaftsteile schonen, da gerade in Schluchten viele Tiere und Pflanzen ihre Rückzugsgebiete hätten.

AUFGABEN >>

1 *Warum ist es so wichtig, als Wanderer in den Bergen auf den vorgegebenen Wegen zu bleiben?*
2 *Was können jeweils der Fremdenverkehrsort und der einzelne Tourist zum „sanften Tourismus" beitragen?*
3 *Lege eine Tabelle an, in der du die Chancen und Gefahren verschiedener Baumaßnahmen in den Alpen gegenüberstellst.*
4 *Suche Abhängigkeiten zwischen den einzelnen Maßnahmen und verbinde sie mit Pfeilen.*
5 *Ist der Tourismus eher eine Chance oder ein Problem in den Alpen? Begründe deine Meinung.*

Eine Landschaft verändert ihr Gesicht: Das Beispiel Brombachsee

82.1 Brombachsee

Wir erkennen landschaftliche Veränderungen: Beim Bau einer neuen ICE-Trasse oder Autobahn verändert sich das Aussehen der jeweiligen Landschaft. Ihr erkennt solche Veränderungen z. B. auch, wenn in eurem Ort ein neues Wohngebiet entsteht.

Besonders auffällig wandelte das Gebiet im westlichen Mittelfranken sein Aussehen: Hier wurde eine völlig neue Seenlandschaft geschaffen. Allein der Große Brombachsee hat die Fläche des Tegernsees! Wo heute die Seen das Landschaftsbild beherrschen, traf man früher auf landwirtschaftlich genutzte Flächen, Wälder und Sandabbaugruben. Das Gebiet war dünn besiedelt, nur wenige kleine Dörfer lagen am Talrand des Brombachs. Die Region galt als Armenhaus Mittelfrankens.

Wenn wir Veränderungen in einer Landschaft festgestellt haben, können wir uns dazu Kartenmaterial und Pläne besorgen. Damit lässt sich die frühere Landschaft mit der heutigen vergleichen. Auf Karte 83.1 erkennt ihr beispielsweise, dass mehrere Mühlen und Straßen dem Brombachsee weichen mussten. Verschiedene Ortschaften liegen nun direkt am See und es entstanden Freizeitanlagen.

Wir fragen nach den Gründen für den Wandel: Warum wurde das westliche Mittelfranken zu einer Seenlandschaft umgestaltet? Hierzu könnt ihr euch zunächst Informationen im Internet besorgen. So erfahrt ihr unter der Adresse www.fraenkische-seen.de, dass diese Seen ursprünglich nicht wegen des Fremdenverkehrs geschaffen wurden.

Vielmehr sollte das wasserarme Mittelfranken und der Großraum Nürnberg mit ausreichend Wasser versorgt werden. Besonders in trockenen Sommermonaten führte die Regnitz oft wenig Wasser. Dagegen wurde die Landwirtschaft an der Altmühl häufig von Hochwassern geschädigt. So bot es sich an, einen Teil des Altmühlwassers in die Regnitz umzuleiten. Dazu wurden die Seen als Zwischenspeicher für die Wasserüberleitung benötigt.

Erst mit der Zeit entdeckten die Planer, dass mit diesen Seen im Süden Nürnbergs auch ein sehr attraktives Naherholungsgebiet geschaffen worden war. In einer weiteren Maßnahme wurden nun zahlreiche Freizeitanlagen geschaffen, die Verkehrsverbindungen um die Seenlandschaft ausgebaut und die Ortschaften erneuert.

Wir bewerten den Wandel: Veränderungen bringen Vor- und Nachteile. So verlor mit der Flutung der Seen die Landwirtschaft erhebliche Flächen. In Absberg und Ramsberg mussten deshalb viele landwirtschaftliche Betriebe schließen. Die alten Mühlen im Brombachtal wurden abgerissen.

Viele Landwirte bauten jedoch schon bald ihre Höfe um, um Fremdenzimmer anbieten zu können. Die Anzahl der Betten, die dem Fremdenverkehr zur Verfügung stehen, verdreifachte sich seit 1983. Bewohner fanden in den Freizeitanlagen rund um die Seen eine neue Beschäftigung. So wurde durch die Schaffung von 2500 Arbeitsplätzen im Fremdenverkehr der Verlust in der Landwirtschaft ausgeglichen.

Das Aussehen (die Struktur) des westmittelfränkischen Raumes hat sich somit grundlegend gewandelt. Durch die Anlage der Seen wurde aus einem landwirtschaftlich geprägten Raum ein Fremdenverkehrszentrum. Zwischen 1970 und 1988 zogen noch 1500 Personen aus dieser Gegend weg, weil sie hier keine Zukunft sahen. Nach Flutung der Seen wuchs jedoch die Bevölkerung um den Brombachsee wieder um 2000 Personen.

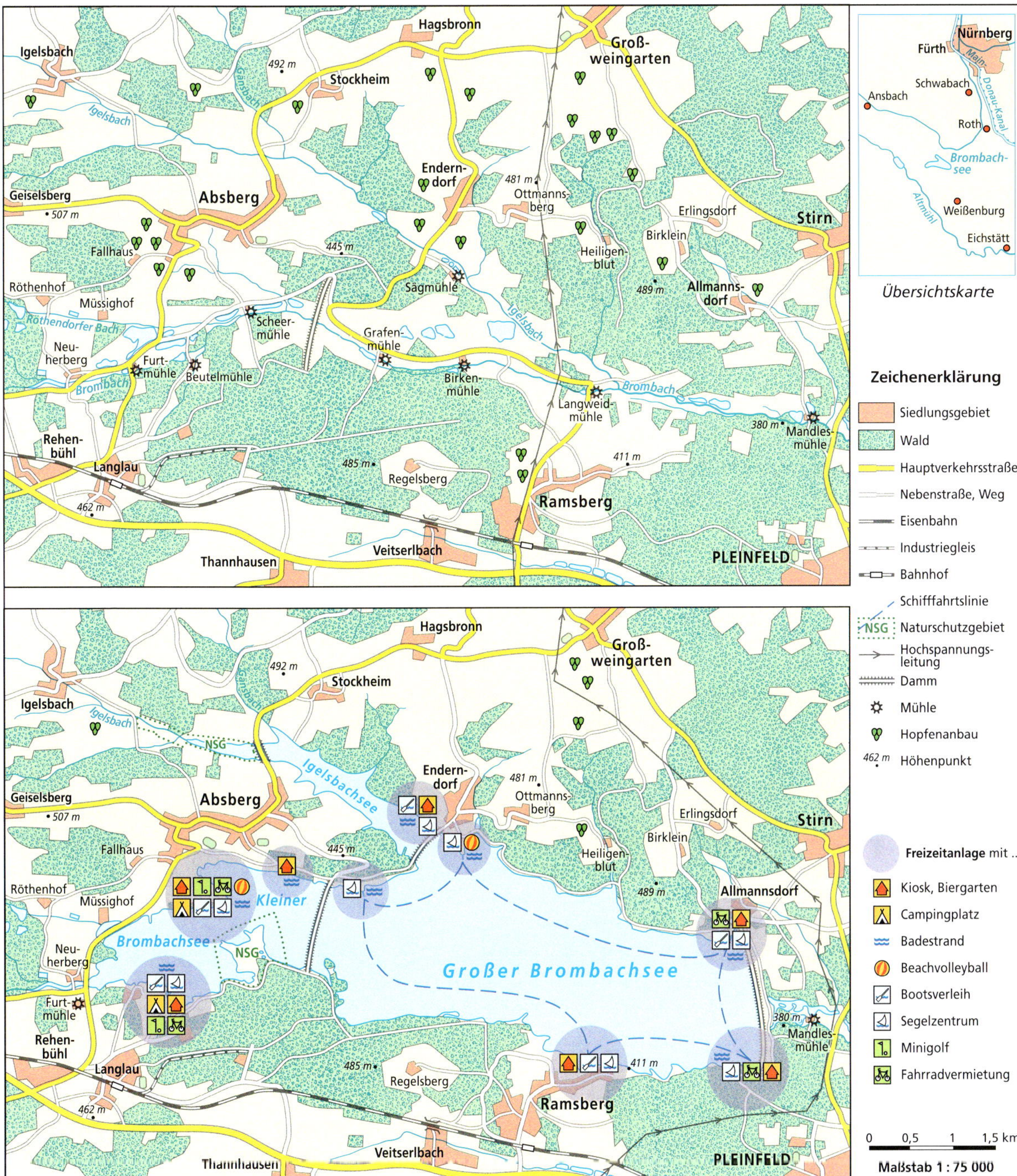

83.1 Das Gebiet des Brombachsees 1980 und heute

AUFGABEN >>

1 *Vergleiche die Karten (Abb. 83.1) und beschreibe die landschaftlichen Veränderungen. Bewerte den landschaftlichen Wandel um den Brombachsee: Brachte er für die Menschen hauptsächlich Vor- oder Nachteile?*

2 *Wo könnt ihr in eurer Heimat einen landschaftlichen Wandel feststellen? Versucht, den Wandel so aufzuarbeiten und darzustellen, wie er in diesem Kapitel am Beispiel des Brombachsees gezeigt wurde.*

TRIO-Kompakt: Bayern im Überblick

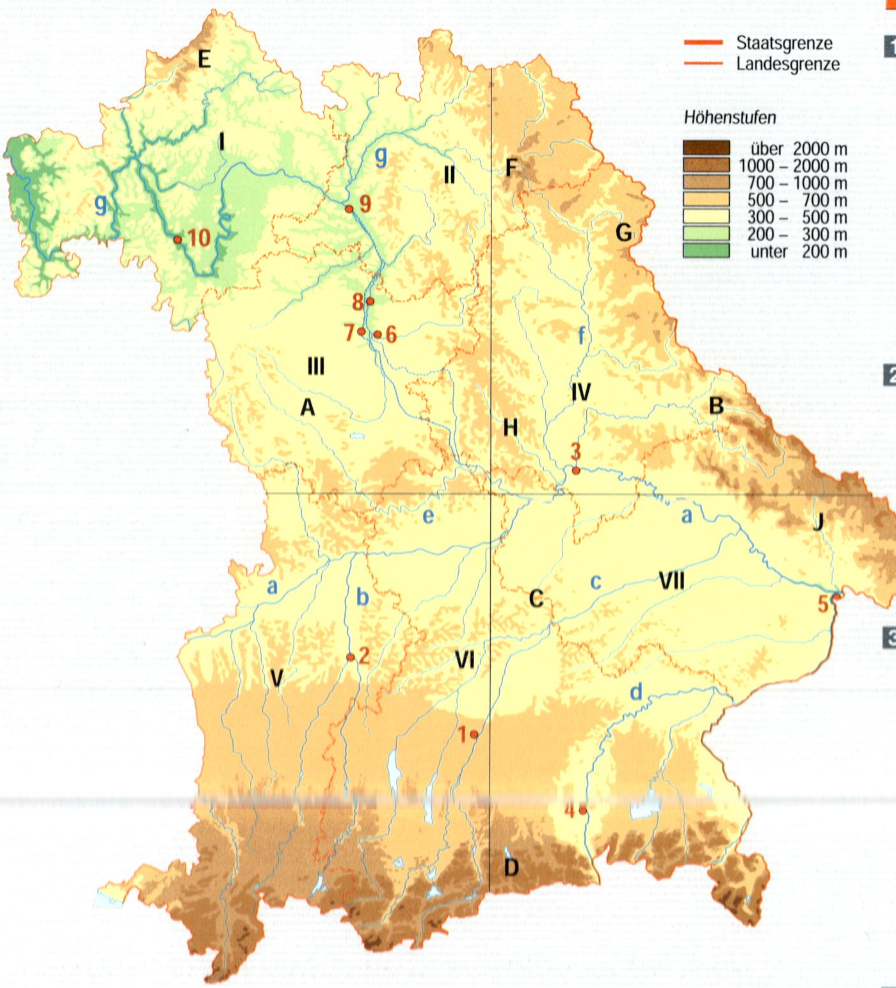

84.1

Überblick über Bayern

Auf den Seiten 56 bis 63 hast du dir in diesem Kapitel einen Überblick über Bayern erarbeitet. In der stummen Karte sind nun die wichtigsten Flüsse, Städte, Großlandschaften und die Regierungsbezirke eingetragen. Es sind hier also alle Informationen zusammengefasst, die du zu deiner Orientierung in Bayern benötigst.

Grundsätzlich helfen dir bei deiner Orientierung in Bayern zwei Raster: Als natürliches Raster bieten sich die zwei großen Flüsse Main und Donau an. Zum anderen wurden durch die Bayernkarte eine Nord-Süd- und eine Ost-West-Achse gezogen. So lässt sich Bayern nach den Himmelsrichtungen in vier Teile untergliedern.

AUFGABEN >>

1 *Benenne und schreibe zunächst die Flüsse (a–g), Städte (1–10) und die Großlandschaften (A–D) auf. Die Mittelgebirge sind nochmals untergliedert (E–I). Ordne den Regierungsbezirken (I–VII) auch den jeweiligen Regierungssitz zu.*

2 *Du kannst die Lage von Städten beschreiben nach dem Beispiel: „Landshut liegt südlich der Donau an der Isar im Südosten Bayerns." Beschreibe nun selbst die Lage der Städte aus der stummen Karte.*

3 *Bei den Flüssen musst du auch deren Fließrichtung sowie Mündung beachten. Beispiel: „Die Isar fließt südlich der Donau in nordöstlicher Richtung. Unterhalb von Deggendorf mündet sie in die Donau. Beschreibe nun selbst die Flüsse aus der stummen Karte.*

4 *Beschreibe die Großlandschaften und Mittelgebirge nach ihrer Lage. Beispiel: „Das Alpenvorland liegt südlich der Donau und nördlich der Bayerischen Alpen. Es erstreckt sich im Süden Bayerns. Lech, Isar und Inn fließen hindurch."*

Die wirtschaftliche Nutzung in Bayern

Auf den Seiten 64 bis 83 hast du in diesem Kapitel erfahren, wie der Mensch die vielfältigen Landschaften in Bayern nutzt und in ihnen wirtschaftet. In dieser Karte sind nun nochmals die unterschiedlichen Nutzungsformen mit verschiedenen Farben unterlegt: Die Landwirtschaft, die Industrie und die Dienstleistungen. Dabei musst du beachten, dass auch der Fremdenverkehr zu den Dienstleistungen gezählt wird.

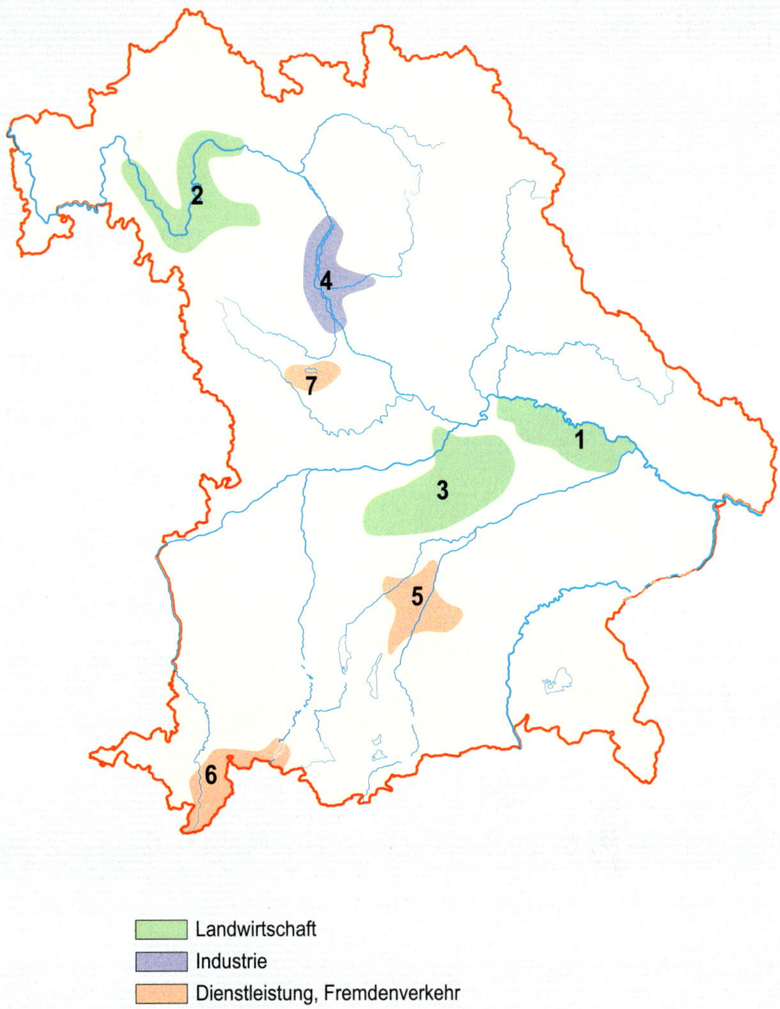

85.1

AUFGABEN >>

1 *Benenne die Räume, die mit den Ziffern 1–7 dargestellt sind. Gib genau an, wie sie vom Menschen genutzt werden.*

2 *Zum Wirtschaftsraum Nürnberg-Fürth-Erlangen wurde ein Steckbrief erstellt. Erstelle nun für die restlichen eingezeichneten Wirtschaftsräume ebenfalls einen Steckbrief nach diesem Muster.*

3 *Arbeite zu den Großräumen Nürnberg-Fürth-Erlangen und München jeweils ein Kurzreferat aus. Bei deiner Ausarbeitung helfen dir*
– die Informationen aus dem jeweiligen Kapitel und aus dem Steckbrief (Arbeitsauftrag 1)
– Informationen aus einem Lexikon oder dem Internet

Steckbrief zum Wirtschaftsraum Nürnberg-Fürth-Erlangen:

Wirtschaftsform:	Industrie
Lage:	an der Regnitz; Städte Nürnberg, Fürth und Erlangen als Mittelpunkt
Schwerpunkte:	Maschinenbau, Elektroindustrie, Lebensmittelindustrie
Entwicklungen:	Erlangen: Standort für Hightech in Nordbayern; auf dem Weg zur „Medizin-Hauptstadt": Schwerpunkt auf Medizinforschung und Herstellung medizinischer Geräte
Probleme:	Wachsen der Städte über ihre Grenzen hinaus; Verkehrsprobleme
Chancen:	zentrale Lage des Großraums innerhalb der Europäischen Union

85.2

4 Freizeit

Rambler
HANNI
NANNI

Freizeit – ein wichtiges Thema

Jeder Mensch braucht Freizeit – jeder Mensch hat Freizeit. Nur: Oft weiß man gar nicht, was man in seiner Freizeit alles anfangen kann.
Freizeit kann spannend, interessant und befriedigend sein – dann macht sie Spaß.
Freizeit kann aber auch tödlich langweilig sein – dann ist sie ätzend.

Jeder muss seine Freizeit selbst gestalten. Jeder muss selbst die Verantwortung für seine Freizeit übernehmen. Seine Freizeit bewusst nutzen, das kann man lernen.
Dazu soll dir dieses Kapitel deines Schulbuches helfen.

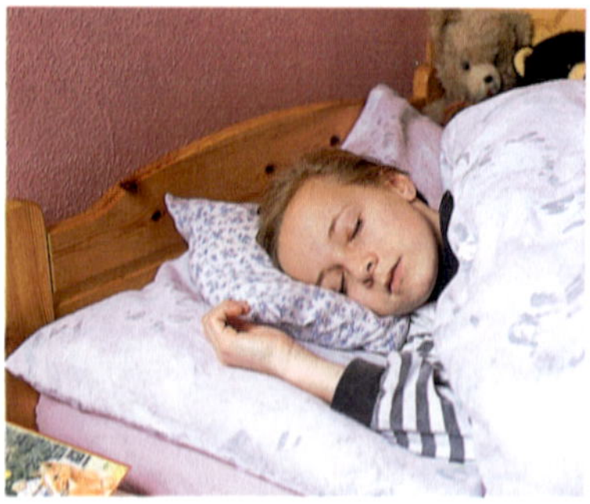

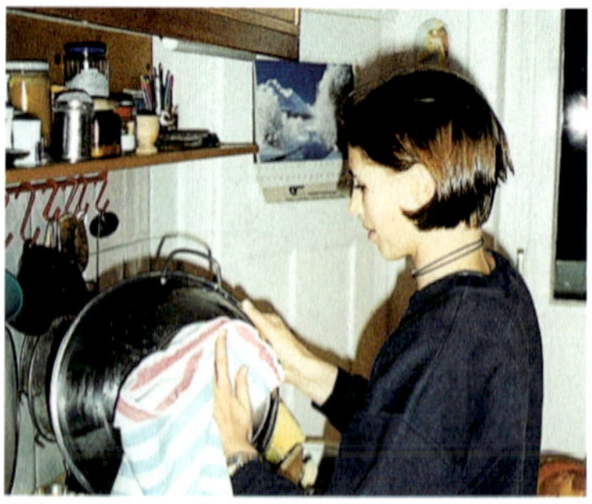

88.1–3 Dreimal Freizeit?

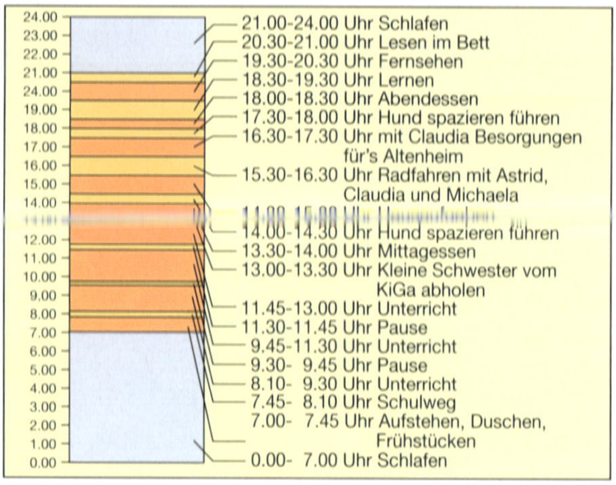

88.4 Ein Tag im Leben von Ayse

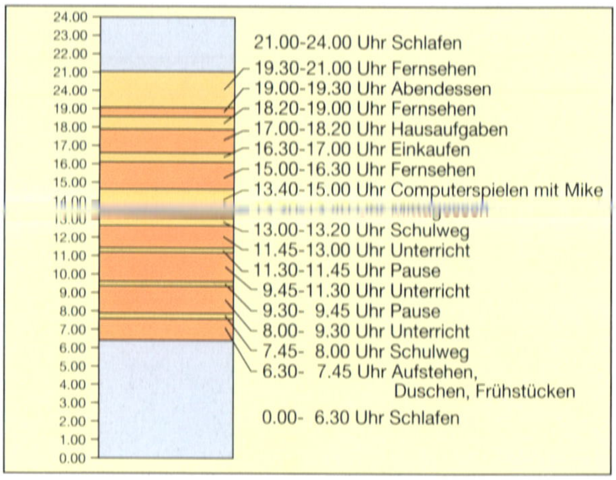

88.5 Ein Tag im Leben von Christian

Wir unterscheiden drei Arten von „Zeit“

Arbeitszeit ist die fest verplante Zeit, in der ein Mensch seinem Beruf nachgeht. Für Schüler ist es die Zeit, die sie in der Schule oder mit den Hausaufgaben verbringen.
Gebundene Zeit ist die Zeit, die ein Mensch täglich benötigt, um z. B. Mahlzeiten zu sich zu nehmen, sich zu waschen oder um zu schlafen.
Freizeit ist die Zeit, über die ein Mensch nach eigener Entscheidung frei verfügen kann.
Freizeit ist der Ausgleich zu den Belastungen des Alltags. In der Freizeit wollen die Menschen etwas tun, was sie sonst nicht können. So kann jeder seinen Interessen und Hobbys nachgehen und dabei Erfahrungen machen und Erlebnisse sammeln. Das bringt Erholung und Entspannung und gibt Kraft für die Arbeit und die Probleme des Alltags. Freizeitgestaltung ist eine wichtige Aufgabe des Familienlebens. Sie findet aber auch in Gruppen oder individuell statt.

AUFGABEN>>

1. *Vergleiche die Abb. 88.1–3. Ordne sie den „Zeitarten“ zu. Begründe deine Zuordnung.*
2. *Ayse und Christian, zwei Schüler einer 6. Klasse haben ihren Tagesablauf in einem „Zeitbalken“ dargestellt (Abb. 88.4–5). Wie viel Zeit davon ist Freizeit?*
3. *Stelle deinen heutigen Tagesablauf auch in einem „Zeitbalken“ dar. Über wie viel freie Zeit verfügst du?*
4. *Warum ist Freizeit für jeden Menschen wichtig? Erläutere.*

Für den einen ist es Freizeit – für den anderen ...?

Auf seinem Heimweg hat Taylan einen Platten gefahren. Darüber ärgert er sich nun maßlos. Denn er steht allein im Keller und muss nun sein Fahrrad reparieren. Eigentlich wollte er schon längst bei seinen Freunden sein. Sie haben sicher schon längst mit dem Fußballspiel begonnen. Und er hat das Loch im Schlauch immer noch nicht gefunden. Und dann ist auch noch der Kleber vom Flickzeug eingetrocknet. Jetzt kann er das Spiel endgültig vergessen. Der ganze Nachmittag ist ihm verdorben. Dann war's eben nichts mit der Freizeit.

Jede freie Minute hält sich Michaela im Keller auf. Sie bastelt stundenlang an ihrem Fahrrad herum. Heute will sie die Schaltung neu einstellen. Außerdem hat sie von ihrem Taschengeld neue Felgenbremsen gekauft. Sie sind eben auf den Markt gekommen und ziehen viel besser als die alten. Da passt es ihr gar nicht, dass sie in einer halben Stunde in der Schule sein muss. Eigentlich hat sie eh keine Lust, beim Handball-Klassenspiel mitzumachen. Aber weil Andrea krank ist, muss sie einspringen. Dann war's eben nichts mit der Freizeit.

89.1 und 2 Fahrrad reparieren – eine Freizeitbeschäftigung

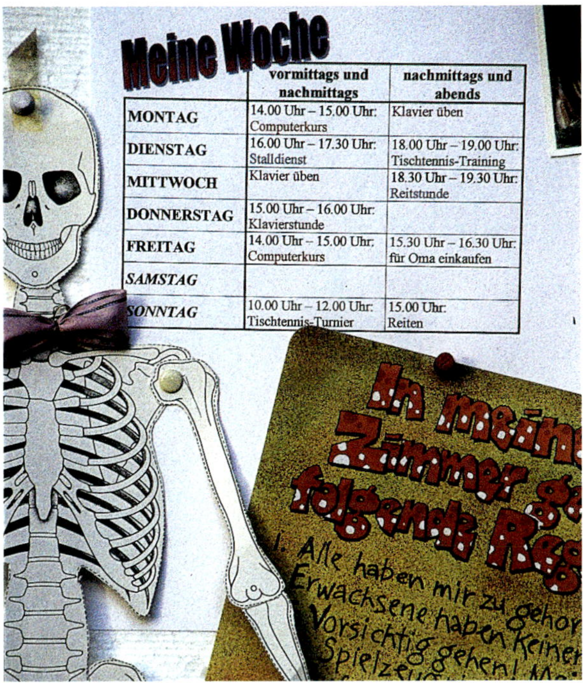

89.3 Claudias Freizeit-Kalender

89.4 Freizeit bei Familie Müller

AUFGABEN >>

1 *Wenn du Taylan und Michaela fragst, ob das Reparieren von Fahrrädern eine sinnvolle Freizeitbeschäftigung ist, wirst du unterschiedliche Antworten bekommen. Erkläre.*

2 *Lies den Freizeit-Kalender von Claudia durch (Abb. 89.3). Möchtest du auch so einen? Überlege Vor- und Nachteile. Begründe deine Meinung.*

3 *Erkläre, was die Abb. 89.4 aussagen will. Warum sitzt Familie Müller vor dem Fernsehgerät, obwohl dieses in Reparatur ist?*

4 *In der Freizeit kannst du deinen Interessen und Hobbys nachgehen. Trifft dies bei den vier Beispielen zu?*

5 *Zeichne ein Bild oder einen Comic oder schreibe eine kleine Geschichte zu: „Als bei Familie Müller einmal der Fernseher ausfiel, war alles ganz anders ..."*

6 *Erstellt einen Ratgeber für sinnvolle Freizeitgestaltung mit der Überschrift: Freizeit ist sinnvoll, wenn ...*

Freizeitaktivitäten in unserer Klasse

Eine Ausstellung zu Freizeitaktivitäten

Die Schüler einer 6. Klasse haben eine Ausstellung zu ihren Freizeitaktivitäten gestaltet. Auf dieser Seite findest ihr einige Beispiele der Ausstellungswand.

AUFGABEN >>

1 *Wie lautete der Auftrag zu dieser Ausstellung? Formuliere diesen auf einem DIN-A4-Blatt.*

2 *Wie würde dein Plakat aussehen? Fertige einen eigenen Entwurf.*

3 *Setzt euch dann in Kleingruppen zusammen und vergleicht eure Ergebnisse. Stellt Gemeinsamkeiten und Unterschiede fest.*

4 *Wen dieser Schülerinnen und Schüler könntest du dir gut als Freund oder Freundin vorstellen? Begründe.*

Eine Umfrage zu Freizeitaktivitäten in unserer Klasse

Um festzustellen, was die Schüler eurer Klasse in der Freizeit unternehmen, könnt ihr eine Befragung durchführen. Mithilfe eines Fragebogens könnt ihr eure „Freizeit-Hitliste“ ermitteln: Welche Beschäftigungen kommen vor und wie oft wurden die einzelnen Aktivitäten genannt?

So könnt ihr vorgehen:

- Erstellt zuerst einen Fragebogen (> Abb. 91.1).
- Diesen Bogen füllt jeder anonym aus.
- Anschließend könnt ihr die Ergebnisse grafisch veranschaulichen (Abb. 91.3).

AUFGABEN >>

1 *Schaut euch den Fragebogen in Abb. 91.1 genau an. Ändert ihn – falls notwendig – nach euren Ideen und Bedürfnissen ab. Führt anschließend eine eigene Befragung durch.*

2 *Untersucht eure Ergebnisse. Welche Antworten kommen häufig vor, welche dagegen nur selten? Warum ist das so?*

3 *Vergleicht eure Ergebnisse mit dem Beispiel einer anderen Klasse (Abb. 91.3) und den Zahlen einer Umfrage in Deutschland (Abb. 91.2).*

Fragebogen

1. Was machst du am liebsten in deiner Freizeit?
   (Höchstens drei Beispiele)
   Buch lesen
   Fußball spielen
   Computerspiele
2. Mit wem verbringst du deine Freizeit am liebsten?
   Kreuze an.
   ☐ alleine ☐ mit Freunden ☐ mit der Familie
3. Wo verbringst du deine Freizeit am liebsten?
   ☐ zu Hause ☐ auf der Straße ☐ in der Natur
4. Bist du in einem Verein aktiv? ☐ ja ☐ nein
5. Fühlst du dich wohl, wenn du nichts tust?
   ☐ ja ☐ nein

91.1 Fragebogen

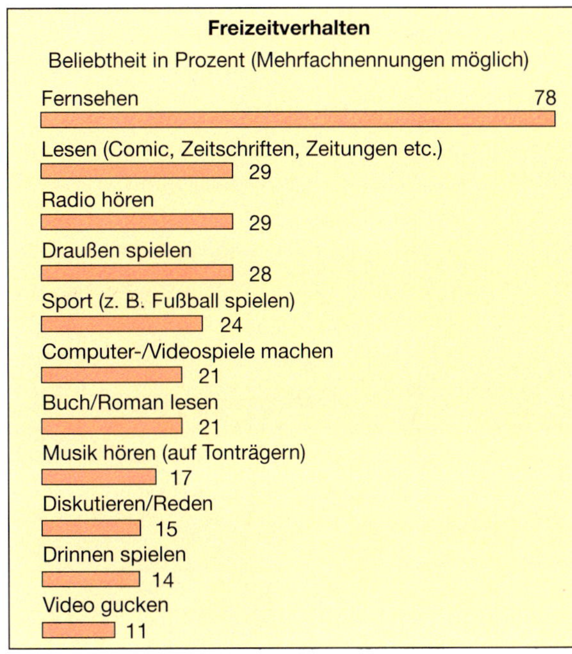

91.2 Freizeitverhalten der 12–14-Jährigen

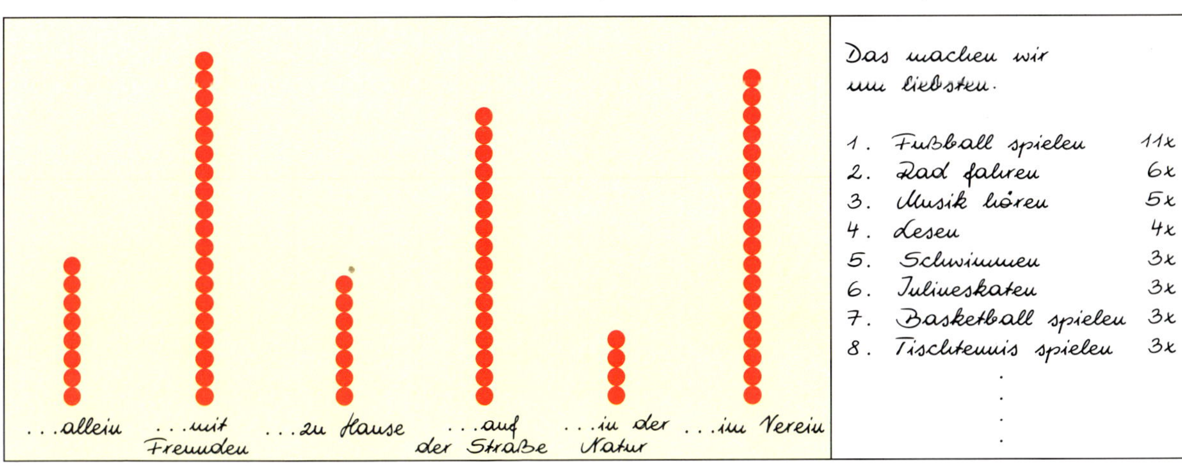

91.3 Das Auswertungsergebnis der 6. Klasse

Freizeit allein – oder besser in der Gruppe?

Verbringst du deine Freizeit lieber allein oder lieber in einer Gruppe? Was ist sinnvoller? Oder hat beides seine Berechtigung? Die folgenden Beispiele können dir bei der Klärung helfen.

92.1 Der Junge auf dem Foto verbringt seine Freizeit allein. Was wünscht er sich wohl?

92.2 Auch das Mädchen verbringt ihre Freizeit allein. Welche Gedanken und Gefühle hat es?

Martina: „Ich bin jetzt aus dem Schwimmverein ausgetreten. Dreimal in der Woche war Training. Und jedesmal hörte ich: „Du musst deine Zeit noch verbessern! Übe die Wende noch mal! Schwimm noch drei Bahnen!“ Das hat mich genervt. Jetzt gehe ich lieber allein schwimmen.“

Olli: „Wir treffen uns oft bei Karin im Keller. Da ist immer gute Stimmung. Wenn aber Dieter von der 8. Klasse dabei ist, ist alles ganz anders. Er bringt dann Alkohol mit und meint: „Wer nicht mittrinkt, ist ein Schlappschwanz.“ Ich möchte dann am liebsten abhauen; aber das sieht ja auch blöd aus. Dann nehme ich halt ein, zwei Schluck, obwohl mir das Zeug gar nicht schmeckt.“

Ralf: „In unserer Clique ist immer was los, da geht echt die Post ab. Wir treffen uns oft, sind dann mit den Rädern unterwegs oder auf der Skaterbahn. Wir machen zusammen Spiele oder gehen ins Kino. Das ist viel lustiger als allein zu sein. Wir quatschen uns aber auch aus, wenn wir Probleme haben. Dann fühle ich mich bei den Freunden geborgen.“

Kathrin: „An manchen Tagen komme ich völlig geschafft von der Schule nach Hause. Dann renne ich in mein Zimmer und lasse mich von Musik volldröhnen. Meine Mutter weiß dann, ich will jetzt nichts mehr hören und sehen. Ich brauche erst einmal Zeit für mich allein.“

AUFGABEN >>

1 *Martina ist aus dem Schwimmverein ausgetreten. Warum schwimmt sie lieber allein?*
2 *Ralf und Olli verbringen ihre Freizeit meist in der Gruppe. Warum?*
3 *Kathrins Mutter hat viel Verständnis für ihre Tochter. Was bedeutet das „Alleinsein“ für sie?*
4 *Man kann Freizeit allein oder in der Gruppe verbringen. Beides ist berechtigt. Begründe.*

Freizeit in der Gruppe

Michael erzählt, was er in seiner Freizeit macht:
„Nachmittags um 5 Uhr ist immer am Inliner-Treff in unserer Siedlung was los. Wir machen zusammen Wettfahrten und probieren neue Kunststücke aus. Das macht einen Riesenspaß!"

Anna erzählt, was sie in ihrer Freizeit am liebsten macht:
„In unserer Rennradgruppe sind wir jetzt schon zu fünft: Vanessa, Bianca, Laura, Hatice und ich. Wir trainieren dreimal in der Woche. Wir fahren immer die gleiche Strecke. Jetzt haben wir unsere Zeit schon um zwei Minuten verbessert. Besonders durch das Windschattenfahren sind wir viel besser geworden. Nächstes Jahr wollen wir beim Radrennen um die Altstadt als Jugendmannschaft teilnehmen."

Der Jugendpfarrer erzählt:
„In den Gruppenstunden treffen wir uns jede Woche am Donnerstagabend. Im Sommer sind wir meistens draußen: Zum Beispiel bei einer Waldrallye, bei einer Radtour zum Baggersee, bei einer Fackelwanderung oder wir machen ein Lagerfeuer und grillen.
Wenn das Wetter es nicht zulässt, dann machen wir Disco, Spielestunden und Ähnliches. Auch die Gitarrengruppe ist immer gut besucht. Demnächst wollen wir schon mit ein paar Liedern beim Gemeindefest auftreten. Wir bräuchten nur noch einen Schlagzeuger und dann könnten wir eine Band aufmachen.
Beliebte Gruppen sind auch die Breakdancer, die vor kurzem wieder beim Südstadtfest mit großem Applaus aufgetreten sind. Und unsere Rapper haben sogar schon eine eigene CD im Studio aufgenommen.
Wir haben aber auch ganz interessante Diskussionsrunden zu Themen wie: Alkohol, Rauchen, Aids, Hunger in der Welt, die erste Liebe oder Streit und Konflikte. Ich glaube das ist wichtig, weil viele Jugendliche sonst keinen Austausch über solche Fragen haben."

93.1 Michael am Inlinertreff

93.2 Breakdancer bei einem Auftritt

AUFGABEN >>

1 *Erkläre, weshalb Anna und Michael von ihren Hobbys so begeistert sind.*
2 *Überlege, wie ihre Eltern darüber denken könnten. Halten sie die Freizeitbeschäftigungen ihrer Kinder für sinnvoll?*
3 *Wähle aus dem Angebot der Gruppenstunden zwei Aktivitäten aus, für die du dich interessieren würdest. Begründe deine Auswahl. Vergleicht eure Ergebnisse.*
4 *Wodurch unterscheiden sich die Gruppen in diesen drei Beispielen? Erkläre.*

TRIO-Zusatzinfo: Die Freizeit mit Alkohol totschlagen?

96.1 Alcopops

„Saufen bis zum Umfallen"

Immer häufiger treffen sich Jugendliche einfach nur, „um sich die Kante zu geben", das heißt sich volllaufen zu lassen bis sie umfallen. Man trifft sich am Wochenende und betrinkt sich bis zur Bewusstlosigkeit. Einfach so. Mutwillig. Und sie finden es sogar cool, obwohl sie kotzen. Und sie fühlen sich sogar stark, obwohl sie sich nicht auf den Beinen halten können. Diese Freizeitbeschäftigung ist bei den Jugendlichen immer mehr in. Bei Mädchen genauso wie bei Jungen. Ein Drittel der 15-Jährigen war schon mindestens zwei Mal voll betrunken. Und: Die „Trinkgemeinde" wird immer jünger.

(aus der Tageszeitung)

96.2 Plakat gegen Alkoholmissbrauch

Ein Beispiel: Nadines „Karriere"

Nadine fand mit elf Jahren Geschmack an der süßen Einstiegsdroge der Alcopops. Jetzt, mit 13 Jahren, ist sie in der Suchtklinik gelandet. Davor lagen zwei Jahre voller Partys im Vollrausch. Jedes Wochenende gemeinschaftliches Saufen bis zur Bewusstlosigkeit. Nadines Eltern waren mit ihrer Trennung beschäftigt und bemerkten nicht, dass ihre Tochter kaum noch zur Schule ging.

Nadine erzählt: „Wenn eine Party war, habe ich ziemlich viel getrunken, bis zu 14 Bierflaschen. Dann habe ich fast eine Wodkaflasche ausgetrunken, noch eine halbe Bacardi-Flasche und dann war ich auch schon ziemlich weg."

Zum Alkoholentzug kam Nadine in die Suchtklinik Teen Spirit Island in Hannover. Die Jugendlichen sind alkoholkrank, leiden schon an Konzentrationsstörungen. Keiner von ihnen hatte Probleme an Spirituosen heranzukommen, die erst ab 18 verkauft werden dürfen. „Einmal habe ich mir zwei Träger Bier geholt, dann zwei Wodkaflaschen, eine Bacardi-Flasche und Saurer Apfel", so Nadine. „Man hat mich auch nie nach dem Ausweis gefragt oder mich doof angeguckt, sondern es einfach nur eingetippt. Dann habe ich das Geld hingegeben und bin rausgegangen."

(Nach der ZDF-Sendung Frontal 21 am 01.06.04)

96.3 Logo gegen Drogenmissbrauch

Ein Beispiel: Marco (21 Jahre)

„Ich fand es immer blöd, wenn andere viel getrunken haben. Wenn sie nicht mehr wussten, was sie tun. Einfach nicht mehr sie selbst waren. Wenn ich mit meinen Freunden unterwegs bin, dann trinke ich meist nur eine Cola, eine Apfelsaftschorle oder ein Wasser! Ich habe die Erfahrung gemacht, dass es jeder akzeptiert, wenn man keinen Alkohol trinkt."

Eine Klasse hat einen Experten in den Unterricht eingeladen. Hier ein Auszug aus der Gesprächsrunde:

① Welche Erfahrungen habt ihr mit Alkohol gemacht?

② Meine Freundin trinkt immer, weil sie total gehemmt ist und sich nicht traut, auf die Jungs zuzugehen.

③ Ich kenn auch welche, die einfach Angst haben in der Schule zu versagen. Dann dröhnen sie sich einfach zu.

④ Bei manchen Cliquen musst du mitsaufen. Sonst bist du unten durch. Du bist bei denen nur anerkannt, wenn du einen heben kannst.

⑤ Genau: Wenn du saufen kannst, dann bist du voll anerkannt.

⑥ Blödsinn! Du bist doch nicht interessant, wenn du lallst und kotzt.

⑦ Es ist ja auch gar nicht schwer, an Alkohol heranzukommen.

⑧ Ein Problem ist auch: Bei den Alcopops, den Mixgetränken, denkst du gar nicht daran, dass du Alkohol trinkst. Das schmeckt wie Fruchtsaft. Deshalb fallen auch so viele Mädchen darauf herein.

⑨ Ich hab euch interessiert zugehört und mir fällt auf: Ihr habt jetzt nur immer von anderen erzählt. Wie ist es denn bei euch selbst?

AUFGABEN >>

1 *Fasse mit deinen Worten die Entwicklung, wie sie die Zeitung berichtet, zusammen.*

2 *Beschreibe Nadines Karriere. Gestaltet eine Comicgeschichte.*

3 *Notiert Gründe für den Alkoholkonsum bei Jugendlichen auf Wortkarten. Ordnet diese nach ihrer Wichtigkeit.*

4 *Stellt mit einem Plakat eine Übersicht über die Situation, ihre Ursachen und die Folgen dar.*

5 *Stelle dir vor, du bist zu einer „Saufparty" eingeladen. Notiere typische Sätze, mit denen du aufgefordert wirst, mitzutrinken. Notiere sinnvolle Antworten. In Rollenspielen könnt ihr ausprobieren, wie du dich gegen den Gruppendruck wehren kannst.*

6 *Ladet einen Experten in die Klasse ein und interviewt ihn zur Problematik „Alkoholismus bei Jugendlichen".*

7 *Erkundigt euch bei Ärzten, in Lexika, im Internet über die Wirkungen von Alkohol auf das Gehirn, Nerven, Herz, Kreislauf usw.*

8 *Führt eine Internetrecherche zur aktuellen Situation durch. (Beispiel für eine Internetadresse www.bzga.de oder www.bist-du-staerker-als-alkohol.de)*

Das Hobby bestimmt die Freizeit

98.1 Werbeplakat der Jugendfeuerwehr

98.2 Jugendverbände (Auswahl)

Andi will zur Jugendfeuerwehr

Als Andi am Morgen die Zeitung aufschlägt, liest er:

> **Feuerwehr frei ab zwölf**
>
> **In Bayern können künftig Kinder schon mit zwölf Jahren in die Feuerwehr eintreten.**
>
> Die vielfältige Ausbildung ist nicht nur für Jungen interessant. Auch Mädchen können sich zur Feuerwehrsfrau ausbilden lassen. Derzeit bereiten sich 300 000 Jugendliche auf den aktiven Dienst vor. Bei Bränden, Verkehrsunfällen oder Naturkatastrophen dürfen Feuerwehrleute allerdings erst mit 18 Jahren herangezogen werden.

In der Schule muss Andi sofort seinen Freunden davon erzählen. „Feuerwehr ist doch langweilig", meint Olli. Andi kontert: „Du hast vielleicht 'ne Ahnung. Erstens lernst du viele technische Geräte zu bedienen, das ist schon mal interessant. Zweitens ist es unheimlich wichtig, dass du weißt, wie man Erste Hilfe leistet – das brauchst du immer im Leben. Und wenn du bei der Feuerwehr bist, musst du körperlich fit sein. Beim Einsatz geht alles sehr schnell, da musst du dich auf die anderen voll verlassen können. Und außerdem: Mir macht das Helfen einfach großen Spaß."
Nach der Schule erkundigt er sich sofort bei der Feuerwehr in seinem Ort. Jetzt machen er und andere Mädchen und Jungen aus seiner Schule eine Ausbildung zum Feuerwehrmann bzw. zur Feuerwehrfrau.

Anja engagiert sich beim JRK

Anja ist seit drei Jahren beim Jugendrotkreuz (JRK). Sie hat in ihrer Ausbildung viel gelernt über Erste Hilfe, Unfallverhütung, gesunde Ernährung und vieles mehr. Anja berichtet, was beim JRK alles los ist: „Bei uns ist nie Langeweile. Wir kümmern uns um allein stehende alte Menschen, kaufen für sie ein, machen Ausflüge mit Behinderten. Wir haben Unterschriften gegen den Einsatz von Minen gesammelt. Wir treffen uns zu gemeinsamen Radtouren und Grillfesten. Wir üben Rettungseinsätze an gestellten Unfallsituationen. Wir organisieren den Schulsanitätsdienst, wir bringen Kindergartenkindern erste Kenntnisse in Erster Hilfe bei. Wir veranstalten auch Zeltlager. Und wir haben intensive Kontakte zu Jugendgruppen in vielen anderen Ländern."
Diesen Einsatz für die Mitmenschen – Fachleute nennen dies soziales Engagement – hält Anja heute für wichtig.

AUFGABEN >>

1 *Welche Informationen hat Andi aus dem Zeitungsartikel entnommen? Warum engagiert er sich in seiner Freizeit bei der Feuerwehr?*
2 *Erkundige dich bei der Feuerwehr, ob in deiner Gemeinde eine Jugendgruppe existiert. Frage nach, was ein Jugendlicher dort alles lernt.*
3 *Stelle die Aktivitäten beim Jugendrotkreuz in zwei Tabellen zusammen. Unterscheide soziale Dienste und Gemeinschaftsaktivitäten.*
4 *Was ist anders bei diesen Freizeitaktivitäten?*

TRIO-Arbeitsweise: Interview mit einem Experten

Interviews mit Experten sind wichtig, weil man sich so Informationen und Meinungen aus erster Hand von den direkt Betroffenen holen kann.
Aber manche Interviews laufen schief. Gründe dafür können sein:

- Die Fragen gehen völlig durcheinander.
- Es werden Fragen gestellt, die bereits kurz zuvor beantwortet wurden.
- Dem Interviewten ist der Sinn der Befragung nicht klar geworden.
- Nach dem Interview weiß keiner mehr die genauen Antworten, weil keiner mitprotokolliert hat.

Wenn ihr einen Experten interviewen wollt, müsst ihr deshalb vorab viele Überlegungen anstellen.

Wo findet das Interview statt?

- im Klassenzimmer?
- im Büro des Experten?
- am Telefon?

Welche Fragen sind sinnvoll? (Beispiele)

- Wie viele Kinder besuchen jeden Tag das Jugendzentrum?
- Wie viel kostet der Eintritt ins Spielzeugmuseum?
- Fragen Sie zuerst die Kinder und Jugendlichen nach ihren Wünschen und Bedürfnissen, wenn Sie neue Freizeitangebote planen?
- Welche Freizeitmöglichkeiten würden Sie einrichten, wenn Sie nicht an Geld sparen müssen?
- Wie werden die Freizeitmöglichkeiten in unserem Ort in den nächsten Jahren aussehen?
- Haben Sie auch Wünsche und Kritik an die Jugendlichen?

Wer stellt die Fragen?

- die Klassensprecher ?
- ein Schüler und eine Schülerin ?
- der Lehrer oder die Lehrerin ?
- die gesamte Klasse ?

Wie werden die Fragen gestellt?

- Werden sie der Reihe nach vorgelesen ?
- Werden sie zu Themen zusammengefasst und dann je nach Verlauf des Interviews ins Gespräch eingebracht?
- Werden sie vorher dem Experten zugeschickt oder gemailt?

Welche Sitzordnung ist sinnvoll?

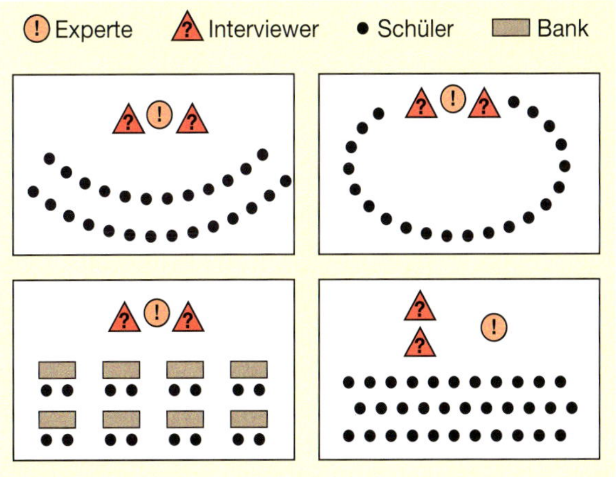

99.1

Wie können wir uns die Antworten merken?

- die Fragesteller tragen die Antworten in den Fragenkatalog (Leerzeilen!) ein
- die Fragesteller notieren auf Extrazetteln mit
- die Schüler der Klasse (Zuhörer) notieren mit
- ein Kassettenrekorder nimmt das Interview auf
- ein „Kamerateam der Klasse" zeichnet das Interview mit der Videokamera auf

Wie werden die Ergebnisse verarbeitet?

- jeder Schüler fasst für sich seine Eindrücke zusammen
- in der Schülerzeitung wird ein Bericht über das Interview veröffentlicht
- Plakate und Wandzeitungen stellen die Ergebnisse in der Schule aus
- die Klasse führt ein Gespräch über die Ergebnisse mit dem Bürgermeister

AUFGABEN >>

1 *Befragt einen Experten nach Freizeitangeboten in eurem Wohnort. Ladet dazu einen Jugendleiter oder einen Sportwart ein.*
Überlegt vorher in Gruppen, welche Ziele ihr bei der Befragung habt. Vergleicht eure Ergebnisse und entscheidet euch für ein gemeinsames Vorgehen.
Stellt einen Fragenkatalog für euer Interview zusammen und führt dann das Interview durch.

2 *Die Beispielfragen haben unterschiedliche Qualität. Welche sind sinnvoll, welche nicht? Begründe.*

FUNMAP

und ich check die city

Kinder- und J
Kinder- und Jugend
Tel. 2 31 - 32 08, Te
e-mail: J5@j.stadt.

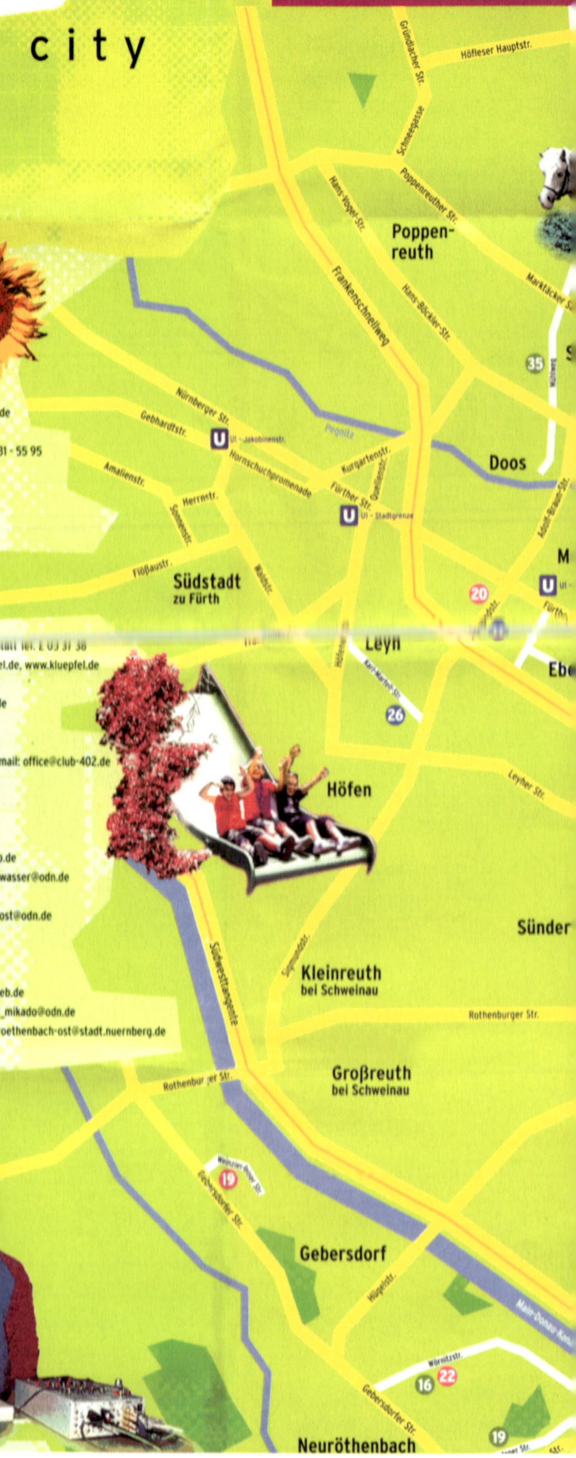

Pädagogisch betreute Spielangebote bis 14 Jahre

1 **Aktivspielplatz Austraße** · Austraße 25, Tel. 26 85 17
2 **Spielhaus Veit-Stoß-Platz** · Veit-Stoß-Platz 1, 90429 Nürnberg, Tel. 26 85 83, Fax 26 85 83
3 **Aktivspielplatz Tunnelstraße** · Schloßäckerstraße 25, 90443 Nürnberg, Tel. 4 46 66 41
4 **Aktivspielplatz Röthenbach** · Röthenbacher Hauptstraße 64, 90449 Nürnberg, Tel. 6 49 45 95
5 **Aktivspielplatz Wöhrd** · Leitzstraße 8, 90489 Nürnberg, Tel. 55 38 85
6 **Aktivspielplatz Goldbachwiese** · Goldbachstraße 26, 90489 Nürnberg, Tel. 40 02 40
7 **Aktivspielplatz Amselstraße** · Amselstraße 5, 90349 Nürnberg, Tel. 61 74 37
8 **Bauspielplatz Langwasser** · Zugspitzstraße 181, 90471 Nürnberg, Tel. 86 35 00, Fax 8 12 80 55 e-mail: team@baui-online.de
9 **Kinderhaus Maxfeld** · Maxfeldstraße 27, 90409 Nürnberg, Tel. 35 39 35, Fax 35 11 73
10 **Spielmobil – Team I (Mobbl)** · Hirsvogelstraße 13, 90489 Nürnberg, Tel. 2 31 - 34 80, Fax 2 31 - 55 78, Äktschnbus, Tel. 2 31 - 55 95
11 **Spielmobil – Team II (Ratz)** · Hirsvogelstraße 13, 90489 Nürnberg, Tel. 2 31 - 33 02, Fax 2 31 - 55 78
12 **Skatemobil** · Hirsvogelstraße 9, 90489 Nürnberg, Tel. 2 31 - 55 96, Fax 2 31 - 55 78
13 **Archäologischer Spielplatz** · Rehofstraße (geplant ab 2002)
14 **Naturspielplatz Siegfriedstraße** · Siegfriedstraße 9, 90461 Nürnberg
15 **Spielplatz Südstadtinsel** · Volkmannstraße 30, 90443 Nürnberg

Offene Angebote der Stadt Nürnberg

1 **KIJH Herschelplatz „LINIE 6"** · Brehmstraße 15, 90443 Nürnberg, Tel. 42 67 83, Fax 4 18 77 45
2 **Jugendclub Diana** · Dianastraße 28, 90441 Nürnberg, Tel. 9 41 39 46
3 [illegible] Tel. 2 03 37 38
4 **KIJH Wöhrd „KLÜPFEL"** · Leitzstaße 10, 90489 Nürnberg, Tel. 53 67 27 / 53 34 17, Fax 5 88 26 28, e-mail: office@kluepfel.de, www.kluepfel.de
5 **JT Schloßäcker** · Untere Mentergasse 1, 90443 Nürnberg, Tel. 4 18 85 92, Fax 4 18 78 74, e-mail: schlossaecker@gmx.de
6 **KIJH Johannis „WIESE 69"** · Wiesentalstraße 69, 90419 Nürnberg, Tel. 39 62 52, Fax 3 78 69 23, e-mail: wiese69@odn.de
7 **JT Schweinau** · Hintere Marktstraße 67a, 90441 Nürnberg, Tel. 62 94 94, Fax 6 69 98 28
8 **JT Johannis** · Johannisstraße 142, 90419 Nürnberg, Tel. 39 93 72, Fax 39 93 72
9 **KIJH Regensburger Straße „CLUB 402"** · Regensburger Straße 402, 90480 Nürnberg, Tel. 40 91 99, Fax 9 40 06 09, e-mail: office@club-402.de
10 **KIJH Bertha-von-Suttner „BERTHA"** · Bertha-von-Suttner-Straße 30, 90439 Nürnberg, Tel. 65 10 81, Fax 6 10 55 84
11 **JT Maxfeld „MAX"** · Tuchergartenstraße 33, 90409 Nürnberg, Tel. 2 31 - 55 84, Fax 2 31 - 55 60
12 **KIJH Altenfurt „ALF"** · Altenfurter Straße 10, 90475 Nürnberg, Tel. + Fax 83 43 31, e-mail: alfkids@odn.de
13 **JT Hasenbuck** · Nerzstraße 23b, 90461 Nürnberg, Tel. 4 46 70 43, Fax 4 31 96 16
14 **JT Uhlandstraße „U 43"** · Uhlandstraße 43, 90408 Nürnberg, Tel. 36 38 61, Fax 3 60 37 44, e-mail: jugendtreff.u43@web.de
15 **JT Langwasser „CONTAINER"** · Karl-Schönleben-Straße 70, 90471 Nürnberg, Tel. 8 12 80 41, Fax 8 12 80 43, e-mail: langwasser@odn.de
16 **KIJH Reichelsdorf „MOSAIK"** · Reichelsdorfer Hauptstraße 88, 90453 Nürnberg, Tel. 6 32 41 80, Fax 6 31 26 23
17 **KIJH Gostenhof „GOST"** · Eberhardshofstraße 10a, 90429 Nürnberg, Tel. 26 99 95, Fax 2 72 09 46, e-mail: jugendhaus.gost@odn.de
18 **KIJH Langwasser „GEIZA"** · Glogauer Straße 56, 90473 Nürnberg, Tel. 9 89 87 63, Fax 9 89 87 65, e-mail: jfz@odn.de
19 **KIJH Gebersdorf „ZIPPO"** · Weinzierleiner Straße 37, 90449 Nürnberg, Tel. 68 33 66, Fax 6 88 56 74
20 **Jugendtreff Westend** · Sigmundstraße 9, 90429 Nürnberg, Tel. + Fax 9 31 79 17
21 **JT Ziegelstein** · Marienbergstraße 49, 90411 Nürnberg, Tel. 5 20 37 07, Fax 5 20 37 08, e-mail: jugendtreff-ziegelstein@web.de
22 **KIJH Wörnitzstraße „MIKADO"** · Wörnitzstraße 115, 90449 Nürnberg, Tel. 9 67 97 97, Fax 9 67 97 98, e-mail: treffpunkt_mikado@odn.de
23 **KIJH Röthenbach-Ost** · Am Röthenbacher Landgraben 61, 90451 Nürnberg, Tel. 2 31 - 72 19, Fax 2 31 - 72 26, e-mail: kijh.roethenbach-ost@stadt.nuernberg.de
24 **Doppelstockbus** · Dietzstraße 4, 90443 Nürnberg, Tel. 2 31 - 31 53, Fax 2 31 - 34 88
25 **City-Streetwork** · Vordere Sterngasse 3, 90443 Nürnberg, Tel. 2 31 - 55 49, Fax 2 31 - 81 91

Offene Angebote von Freien Trägern

1 **AWO Kreisjugendwerk Nürnberg – Jugendtreff „Saftladen"** · Max-Planck-Straße 9
2 **SJD Die Falken – Falkenturm** · Frauentormauer 3
3 **Arbeiter-Samariter-Jugend Nürnberg** · Jugendcafè, Wodanstraße 25
4 **Bund Dt. Pfadfinder u. Pfadfinderinnen** · Gostenhofer Hauptstraße 50
5 **Jugendrotkreuz Nürnberg** · Sulzbacherstraße 42
6 **Özgür Genclik** · Alexanderstraße 23
7 **Eyüp Sultan** · Kurfürstenstraße 16
8 **BdKJ St. Wolfgang** · Friesenstraße 17, Tel. 66 28 75, Fax 6 21 92 14
9 **BdKJ Allerheiligen** · Kasseler Straße 34, Tel. 51 38 90, Fax 51 19 13
10 **BdKJ St. Bonifaz** · Leopoldstraße 43, Tel. 61 42 90, Fax 6 16 04 27
11 **BdKJ St. Leonhard** · Gemeindehaus 43, Tel. 61 42 90, Fax 6 16 04 27
12 **BdKJ Heilig Geist** · Fischbacher Hauptstraße 124, Tel. 83 08 52, Fax 83 44 92
13 **BdKJ Herz Jesu** · Dallinger Straße 20, Tel. 44 09 09, Fax 43 51 51
14 **BdKJ Verklärung Christi** · Schillingstraße 10, Tel. 44 71 30, Fax 4 46 76 18
15 **BdKJ St. Michael** · Wilhelm-Marx-Straße 38, Tel. 33 08 80, Fax 3 93 80 89
16 **BdKJ St. Elisabeth** · Jakobsplatz 17, Tel. 22 48 30, Fax 2 44 74 82
17 **BdKJ St. Andreas** · Sigmundstraße 9a, Tel. 31 22 51, Fax 32 89 23

Eine „Funmap“ informiert über die Freizeitangebote

AUFGABEN >>

1. *Die Abbildung zeigt einen Ausschnitt einer Freizeitkarte für Nürnberger Jugendliche. Sie wurde vom Kreisjugendring (KJR) erstellt. Sie zeigt eine Vielzahl von Angeboten, die auf die Neigungen der Schüler abgestimmt sind. Erkläre.*
2. *Informiere dich über eine der angegebenen E-Mail- oder Internet-Adressen genauer über das Angebot in Nürnberg.*
3. *Eine ähnliche Freizeitkarte gibt es möglicherweise auch für euren Wohnort. Erkundigt euch beim Jugendamt oder Kreisjugendring.*
4. *Ihr könnt aber auch das Angebot am Wohnort prüfen, wenn ihr eine eigene Freizeitkarte erstellt (> S. 102).*

Detailinformationen bietet das Internet

SCHÜLERCLUB

Hausaufgabenbetreuung und Freizeitgestaltung für Hauptschüler von der 5. bis 8. Klasse

Was geht ab im Schülerclub?

Bei uns könnt ihr zusammen mit einem Betreuer eure Hausaufgaben machen. Nach der Arbeit kommt das Vergnügen, nämlich: Billard, Kicker und sämtliche Sport-, Kreativ- und Freizeittätigkeiten. Freitags findet immer ein Aktionstag statt, an dem man Tretbootfahren, Inline-skaten, Fahrradtouren, Kino, Bowling und ähnliches mitmachen kann.
Und das alles von Mo.–Fr., 12.00–17.00 Uhr bei einem monatlichen Beitrag von nur 30,– €.
Ein warmes Mittagessen kann bestellt werden. Das Betreuungsangebot findet nur in den Schulzeiten statt. Unsere Betreuer sind alle Lehramts- oder Sozialpädagogikstudenten. Seid ihr interessiert und in der 5., 6. o. 7. Klasse?
Dann meldet euch mit euren Eltern bei Alex Bader Mo. bis Fr. von 17.00 bis 18.00 Uhr.

http://www.quibble.de/html/schuelerclub.htm

Der Lehrer erklärt: „Eure Aufgabe ist es nun, innerhalb der Unterrichtseinheit „Bericht und Reportage“ eine Freizeitbroschüre für Jugendliche zu erstellen. Dabei solltet ihr zunächst eigene Berichte über ihre Freizeitaktivitäten verfassen. In einem zweiten Schritt könnt ihr in Gruppenarbeit jene Aktivitäten bestimmen, die Aufnahme in der Broschüre finden sollten. Beachtet dabei das von euch selbst erstellte Qualitätsraster für Reportagen.“

TRIO-Arbeitsweise: Wir erstellen eine Karte zu Freizeiteinrichtungen

Die „Funmap" (> S. 100/101) sagt euch zwar, wo ihr welche Freizeiteinrichtung finden könnt. Detaillierte Informationen fehlen aber. Ebenso wisst ihr noch nicht, welches Angebot gut ist.

Deshalb ist es lohnenswert, die Freizeitangebote in eurer Umgebung genauer unter die Lupe zu nehmen: Macht gemeinsam einen „Fun-check".

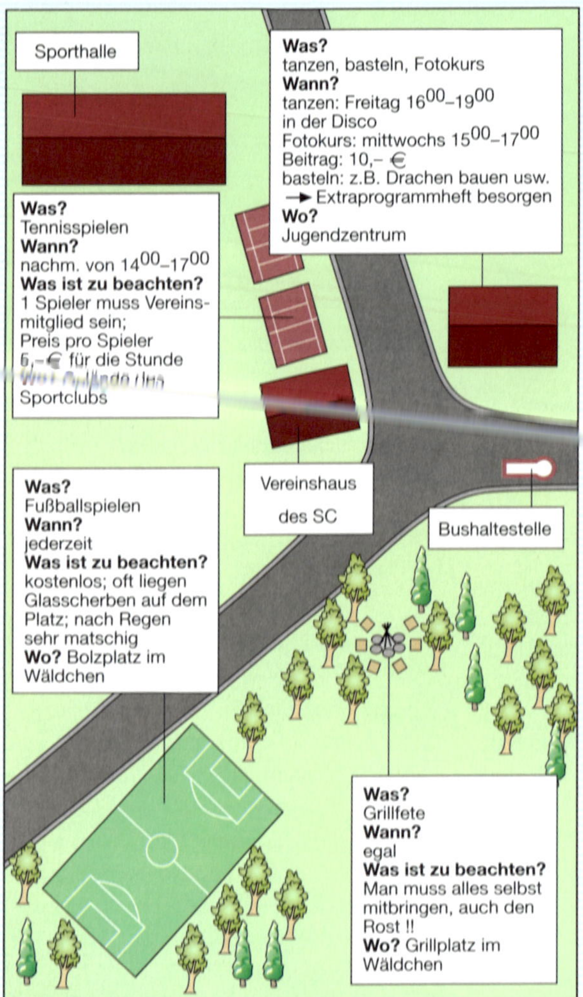

102.1 So könnte eine Freizeitkarte aussehen

So könnt ihr vorgehen:

1. Zielsetzung: Was wollen wir?

Die Klasse hatte das Ziel, alle Freizeitmöglichkeiten für Jugendliche zusammenzustellen. Dabei unterschieden sie zwischen Möglichkeiten,

- die jedem jederzeit kostenlos zur Verfügung stehen (z. B. der Bolzplatz im Stadtpark);
- für die man etwas bezahlen muss (z. B. Eintrittspreise);
- für die man einem Verein angehören muss (z. B. Tennis spielen auf dem Platz des TC).

2. Lösungsplanung: Wie gehen wir vor?

Die Schüler einigten sich auf drei Erkundungsfragen:

- Was wird jeweils angeboten?
- Wann sind die Freizeitaktivitäten möglich?
- Was ist zu beachten (Eintritt, Mindestalter, Mitgliedschaft usw.)?

In Gruppen stellten die Schüler möglichst viele Angebote in einer Liste zusammen. Wichtige Informationsquellen dafür waren Broschüren, Telefonbuch, Stadtplan und vor allem eigene Erfahrungen.

3. Durchführung: Kontakt aufnehmen und erkunden

Durch Anrufe – z. B. im Jugendzentrum, bei der Musikschule, bei der Stadtbibliothek usw. – wurden Termine mit den Ansprechpartnern vereinbart. Anschließend zogen die Schüler zur Erkundung in Gruppen los. Sie hatten Block und Stift oder Kassettenrekorder für Interviews dabei.

4. Auswertung und Präsentation: Darstellen der Ergebnisse

Die Gruppen notierten ihre Ergebnisse auf Kärtchen und ordneten diese dem Stadtplan zu. Schüler, die diese Freizeitangebote bereits kannten, gaben ihre Beurteilung ab. Anschließend wurde das Angebot an Freizeitmöglichkeiten bewertet: Ist für jeden etwas dabei? Sind die Angebote gut erreichbar? Sind die Kosten für die Freizeitaktivitäten angemessen? In einem letzten Schritt stellte die Klasse das Gesamtergebnis fest. Gibt es in der Gemeinde genügend und gute Freizeitmöglichkeiten?

AUFGABEN >>

1 *Erstellt eine Freizeitkarte für euren Wohnort (vgl. „Funmap" auf Seite 100/101). Im Internet könnt ihr detaillierte Informationen bekommen (z. B. www.kjr-muenchen-stadt.de).*

2 *Veröffentlicht eure Karte im Schulhaus, in der Schülerzeitung, im Internet, auf der Homepage der Schule.*

In der Freizeit in die Schule gehen?!

Jeder Schüler braucht Freizeit – nach Schulschluss sind deshalb viele Schüler froh, endlich aus der Schule zu kommen.
Nicht wenige Schüler sind dann aber gleich wieder in der Schule, um dort ihre Freizeit zu verbringen. Einige erzählen davon:

Das Kinder-Kunst-Atelier

„Einmal in der Woche treffen wir uns am Donnerstagnachmittag in der Kindermalschule in Forchheim. Jede Woche malen wir gemeinsam mit unserer Lehrerin ein neues Bild."

„Was wir im Kunstunterricht lernen, reicht mir nicht. Ich möchte noch mehr ausprobieren und lernen. Malen ist mein großes Hobby. Deshalb gehe ich gerne ins Kunst-Atelier. Hier malen wir wie echte Maler."

„Ich will keine Künstler aus ihnen machen, sondern ihr Interesse für die Kunst wecken", sagt Künstlerin und Kunstpädagogin Milada Weber, die das Kinder-Kunst-Atelier seit einigen Jahren leitet.

Das „FANS-Angebot“

An der Teilhauptschule Neunkirchen gibt es den Förderverein FANS (= Förderverein An der Neunkirchener Schule). Die Vorsitzende, Frau Büttner, erklärt: „Jedes Jahr wird unser Angebot größer. Viele Kinder wissen am Nachmittag nicht, was sie in ihrer Freizeit anfangen sollen. Sie haben oft keine Hobbys oder Interessen. Deshalb sind unsere Kurse immer sehr gut besucht. Außerdem sind viele Eltern froh, dass ihre Kinder am Nachmittag beschäftigt sind."

AG am Nachmittag

„An unserer Hauptschule gibt es ein Schülercafé. Das Caféteam trifft sich jede Woche nachmittags nach dem Unterricht. Wir machen Abrechnung, stellen das Café-Angebot für die kommende Woche zusammen, notieren die Einkaufsliste und verteilen die Dienste im Einsatzplan. Die Leitung des Schülercafés ist eine wichtige Aufgabe. Es macht Spaß, diese Verantwortung im Team zu übernehmen."

Wir sind eine Ganztagesschule

„Seit wir eine Ganztagesschule sind, haben wir zahlreiche Freizeitangebote in der Schule: zum Beispiel einen Judokurs, Schachkurs, Trommelkurs und eine Theatergruppe. Jeden Tag gibt es ein tolles Angebot. Ein Jugendzentrum brauchen wir gar nicht mehr."

103.1 Kinder – Kunst – Atelier

Kürbisspezialitäten und Schnitzereien
für Halloween
1103
2.–6. Klasse
Termin: 13.10.03 und 14.10.03, Montag und Dienstag
15:00–17:00 Küche
Höchstteilnehmerzahl: 10 Kinder
Gebühr Mitglieder: Gesamt Euro 5,50
Gebühr Normal: Gesamt Euro 7,–
Wichtig: Bitte Kürbis, Messer, Löffel
Tupperschüssel mitbringen
Frau Vießmann

Nistkästen für Fledermäuse
1.–6. Klasse
1203
Termin: 08.11.03, Samstag
9:00–12:00 Uhr Werkraum
Gebühr: Gesamt Euro 5,–
(Materialkosten sind inklusive)

Aufhängen der Nistkästen im Wald
Beobachtung der Fledermäuse
Termin: 29.11.03, Samstag
Förster Herr Kraußer

Selbstbehauptung für Mädchen
3.–6. Klasse
1303
Termine: 15.11.03, 22.11.03, Samstag
10:00–12:00 Uhr Turnhalle
Gebühr Mitglieder: Gesamt Euro 18,–
Gebühr Normal: Gesamt Euro 22,–
Wichtig: Turnkleidung
Frau Knaap

103.2 Aus dem Programm der FANS

AUFGABEN >>

1. *Lies die Beispiele. Wo würdest du auch gerne mitmachen? Erkläre warum.*
2. *Welche Rolle spielen Hobbys und Interessen bei diesen Aktivitäten?*
3. *Welche Erfahrungen machen diese Jugendlichen in ihrer Freizeit?*

TRIO-Kompakt: Freizeit

Du hast drei Arten von „Zeit" kennen gelernt. Ordne Sie den Aktivitäten in diesem Tagesablauf zu.

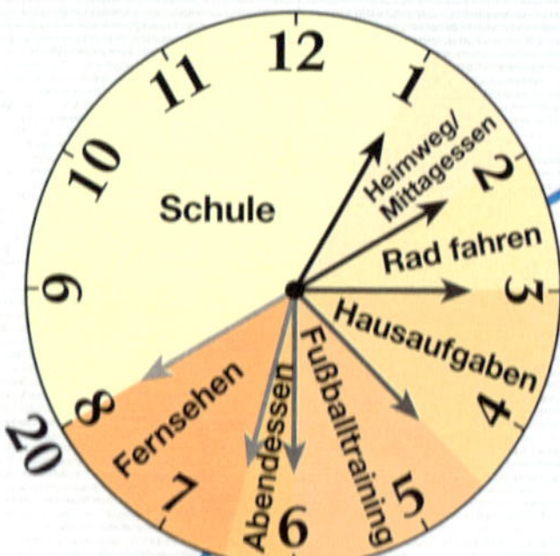

①

Die Mutter will, dass ihre Tochter lieber mit anderen spielt. Wie begründet diese, dass sie alleine malt?

②

? alleine oder zusammen ?

Der Junge möchte mit anderen etwas gemeinsam unternehmen. In einem Tagebucheintrag begründet er dies.

Freizeit – sinnvoll gestaltet

③

Freizeit – so oder so?
Was ist der Unterschied zwischen den Erlebnissen Toms aus erster Hand und denen von Daniel?

Name	Ziel
Bernd	will Ausgleich für Stress.
Chris	will mit anderen etwas unternehmen.
Katja	will sich gesund erhalten.
Sven	will Abenteuer erleben.
Sandra	will Spaß und Vergnügen.
Ayse	will auf neue Ideen kommen.
Hakan	will sich wieder leistungsfähig machen.
Sonja	will sich für andere engagieren.

⑥ Jeder hat in seiner Freizeit andere Ziele. Gib jedem einen Freizeit-Tipp.

④

Frei ab 12 ?

Gestalte ein Plakat für sinnvolle Freizeitgestaltung

⑤

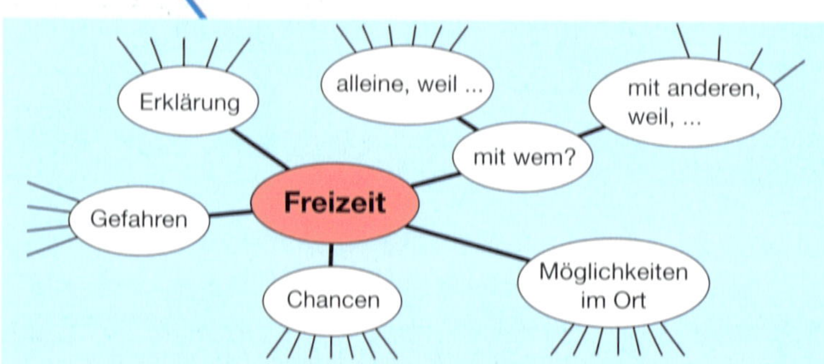

Mit einer so genannten Mind Map (Gedankenlandkarte) kann man Gedanken zu einem Thema übersichtlich anordnen. Führe die dargestellte Mind Map weiter, indem du sie mit weiteren Stichpunkten ergänzt.

TRIO-Kompakt: Wir wenden Gelerntes an

Eine Klasse unternimmt gemeinsam eine Radtour zur Teufelshöhle

Im Morgenkreis am Montag erzählten Kevin, Lisa, Katrin und Cemil von ihren Erlebnissen vom Wochenende. Sie überschlugen sich fast vor Begeisterung. Alle wollten gleichzeitig von ihrer gemeinsamen Radtour zur Teufelshöhle erzählen, vom anschließenden Picknick auf dem Rastplatz, vom Platten, den Kevins Fahrrad hatte, und davon, dass sie so was bald wieder machen wollten.

„Da könnten wir doch alle hinfahren", rief Sabrina in die Runde. „Ja, warum nicht?", meinte Frau Klieber, die Klassenleiterin. „Wir haben ja Fachleute unter uns, wie wir gerade erfahren haben. Da könnt ihr die Radtour selbst planen, oder?!"

Es wurde überlegt, in Gruppen diskutiert, geplant, organisiert, Aufgaben wurden verteilt. Damit nichts übersehen wurde und damit jeder wusste, wofür er zuständig war, wurde alles auf Plakaten festgehalten (Abb. 105.1).

105.1 Wandzeitung mit den Planungen der Klasse

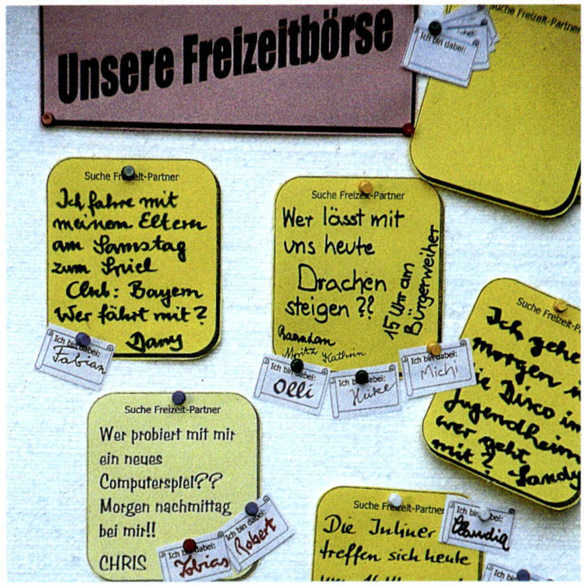

105.2 Pinnwand Freizeitbörse

Unsere Freizeitbörse

Bei der Radtour waren die Schüler begeistert, was Moritz alles über Bäume wusste. Sein Vater sei Förster und gehe oft mit ihm in den Wald, erklärte er seinen Mitschülern. Schon war die nächste Idee geboren. Jeder Schüler sollte seine Hobbys vorstellen:

Am nächsten Tag brachte Cernil seinen Zauberkasten mit und zeigte der Klasse, wie man ein Tuch verschwinden lässt. Großer Beifall beendete seine Zauber-Show.

Jessica brachte ihren Airedale mit, dem sie im Training auf dem Hunde-Abrichteplatz viel beigebracht hatte. Sie zeigte, wie er „Fuß geht", „Sitz" und „Platz" macht. „Kann ich da mal zuschauen?", wollte Daniel wissen. Und schon hatten die beiden ausgemacht, dass Daniel mit kann.

Auch andere Schüler der Klasse wollten etwas Gemeinsames unternehmen. Und so entstand eine Freizeitbörse, die ab sofort feste Einrichtung wurde.

AUFGABEN >>

1 *Abb. 105.1 zeigt nur einen Ausschnitt aus den Planungen der Klasse. Welche Überlegungen sind für eine gemeinsame Radtour noch nötig? Stellt diese gemeinsam in Stichpunkten zusammen.*

2 *Gestaltet für euer Klassenzimmer auch eine Freizeitbörse.*

5 Das Mittelalter

In der Stadt

Auf dem Land

Der Begriff Mittelalter

Bestimmt hast du den Begriff „Mittelalter" schon gehört. Viele Menschen verbinden damit etwas Abwertendes. Sie sprechen vom „finsteren Mittelalter" oder von „mittelalterlichen Zuständen". Sie denken dabei an schlechte Wohnverhältnisse, altmodisches Verhalten oder Ungerechtigkeiten jeder Art.

Der Begriff „Mittelalter" entstand um 1500 n. Chr. Damals hatten die Menschen das Gefühl, dass ein neues Zeitalter beginnt. Sie erinnerten sich an die großartigen Leistungen der Griechen und Römer und wünschten sich, dass diese Zeit, die Antike, wieder aufleben könnte. Die rund 1000 Jahre, die zwischen dem Untergang des Weströmischen Reiches (476) und der Neuzeit (1492 Entdeckung Amerikas) lagen, waren für sie eine Zwischenzeit, ein „Mittelalter".

108.1 Mittelalterliches Weltbild

Lebensbedingungen und Vorstellungen im Mittelalter

Im Mittelalter stellten sich die Menschen die Welt so vor: Die Erde ist eine Scheibe. Sie ist der Mittelpunkt der Welt. Darüber dreht sich die Himmelsglocke mit Sonne, Mond und Sternen. Alles läuft nach Gottes Plan ab.

Zeit und Raum waren für die Menschen überschaubar: Der Tag begann bei Sonnenaufgang und endete mit dem Sonnenuntergang. Längenmaße waren Elle, Fuß und Schritt. Weitere Entfernungen drückten sie in „Tagesreisen" aus. Das Feld, das man an einem Tag pflügen konnte, hatte die Fläche von einem „Tagwerk".

Die Natur erlebten die Menschen meist als feindlich: Rodungen wurden immer wieder von Wald überwuchert. Flüsse und Bäche suchten sich ständig neue Wege. Die Ernte war stark vom Wetter abhängig. Fiel diese schlecht aus, musste man hungern. Rund 90 % der Bevölkerung lebte auf dem Land.

Der Großteil der Menschen fristete ein ärmliches Dasein. Schlechte Ernährung, harte körperliche Arbeit und zahlreiche Krankheiten ließen viele Menschen nicht älter als 35 Jahre werden.

Um die Reste römischer Kastelle, bei Königspfalzen und bei Ritterburgen, an Bischofssitzen und an Mönchsklöstern entstanden allmählich kleine Siedlungen. Im 13. Jahrhundert wuchsen viele dieser Orte zu Städten.

Könige, Adelige und Bischöfe entwickelten sich zur Führungsschicht. Sie sorgten dafür, dass die Bewohner Westeuropas mit der Zeit eine neue – eine christlich geprägte – Ordnung des Zusammenlebens fanden.

108.2 Aus kleinen Siedlungen entwickeln sich Städte

AUFGABEN >>

1. *Welchen Zeitraum der Geschichte bezeichnet man als „Mittelalter"?*
2. *Vergleiche die Vorstellungen und Lebensumstände der Menschen im Mittelalter mit unseren Lebensumständen heute.*
3. *Wo in deinem Heimatraum sind dir schon Spuren des Mittelalters begegnet? Berichte darüber.*
4. *Beschreibe und erkläre Abb. 108.2.*

Karl der Große – König der Franken

109.1 Reiterstandbild Karls

109.2 König Karl, umgeben von seinen Beratern

Nach dem Untergang des Römischen Reiches siedelten sich im Westen Europas sechs große germanische Stämme an: die Friesen, Sachsen, Franken, Thüringer, Alemannen und Bajuwaren. Es dauerte lange, bis aus einzelnen Stammesgebieten dauerhafte Reiche wurden. Mit der Zeit übernahmen die Franken die Führungsrolle unter den germanischen Stämmen.
Einer der wichtigsten Könige der Franken war Karl (747–814). Bereits als er noch lebte, erhielt er den Beinamen „der Große". Tatsächlich hat Karl als König und späterer Kaiser die Geschichte Europas nicht nur für seine Zeit bestimmt.

Karl aus der Sicht seines Freundes und Lehrers Einhard

„Er war von breitem und kräftigem Körperbau, hervorragender Größe, die jedoch das rechte Maß nicht überschritt. Seine Augen waren sehr groß und lebhaft. So bot seine Gestalt im Stehen wie im Sitzen eine höchst würdige und stattliche Erscheinung. Er hatte ein freundliches, heiteres Angesicht, einen festen Gang, eine durchaus männliche Haltung des Körpers. Beständig übte er sich im Reiten und Jagen, wie es die Sitte seines Volkes war; er übte sich fleißig im Schwimmen.
Er trug einen blauen Mantel und stets ein Schwert, dessen Griff und Gehenk von Gold und Silber war.
In Speise und Trank war er mäßig... Selten hielt er Gastereien und nur bei besonders festlichen Gelegenheiten, dann jedoch in zahlreicher Gesellschaft.
Reich und überströmend floss ihm die Rede vom Munde. Es genügte ihm jedoch nicht an seiner Muttersprache, sondern er widmete sich auch der Erlernung fremder Sprachen. Die edlen Wissenschaften pflegte er mit großer Liebe, die Meister in denselben schätzte er ungemein und erwies ihnen hohe Ehren.
Der christlichen Religion war er mit größter Ehrfurcht zugetan. Auf die Verbesserung des Lesens und Singens in der Kirche wandte er große Sorgfalt.
In der Armenfürsorge und im Spenden freiwilliger Gaben bewies er viel frommen Eifer. Vor den anderen heiligen und verehrungswürdigen Stätten ehrte er die Kirche des heiligen Apostels Petrus in Rom."
(Aus: Buchner: Ausgewählte Quellen zur Geschichte des Mittelalters, Band V, Darmstadt 1955, S. 191)

AUFGABEN >>

1 *Einhard beschreibt hier nicht nur Karl den Großen, sondern eher, wie sich die Menschen des Mittelalters den „idealen" König vorstellten. Schreibe die Kennzeichen stichpunktartig auf.*
2 *Welche dieser Eigenschaften des Königs findest du in den Abb. 109.1 und 2 dargestellt?*

110.1 Das Frankenreich zur Zeit Karls des Großen

Karl der Große – Hüter, Mehrer und Ordner des Reichs

Als Karl König wurde, übernahm er bereits ein großes Reich. Dieses wollte er erhalten, gegen Feinde von außen schützen und vergrößern. Alle germanischen Stämme sollten in einem christlichen Reich vereinigt sein.

Karl erobert die Reiche der Langobarden, Bayern und Sachsen

In den Jahren 773/774 brach wieder einmal Streit zwischen dem Papst und den Langobarden aus. Karl kam dem Papst zu Hilfe. Er zog mit einem Heer nach Italien, eroberte die Hauptstadt der Langobarden und setzte deren König ab. Er nannte sich nun selbst „König der Langobarden und Schirmherr der Römer".

Im Norden lebten die Sachsen. Sie fielen immer wieder ins Frankenreich ein. Außerdem wollten sie keine Christen werden. Karl führte gegen sie Krieg – 32 Jahre lang. In einem Strafgericht ließ er tausende von Sachsen töten. Widukind, ihr Anführer, ließ sich schließlich taufen und unterwarf sich Karl.

Südöstlich des Frankenreiches lag das Herzogtum Bayern. Die Bayern waren selbstständig, hatten aber König Karl den Treueid geschworen, das heißt sie hatten dem Frankenkönig im Kriegsfall zu helfen. Der Bayernherzog Tassilo III. hielt in Regensburg Hof, gründete Klöster und verteidigte die Ostgrenze Bayerns gegen die Slawen und Awaren.

Als König Karl verlangte, den Treueid zu erneuern, verweigerte Tassilo dies. Er wurde 788 zu einer Reichsversammlung nach Ingelheim geladen und dort zum Tode verurteilt. Karl milderte das Urteil ab: Tassilo wurde als Herzog abgesetzt. Er und seine Familie wurden lebenslänglich in ein Kloster verbannt. Bayern verlor seine Selbstständigkeit und wurde Teil des Frankenreiches.

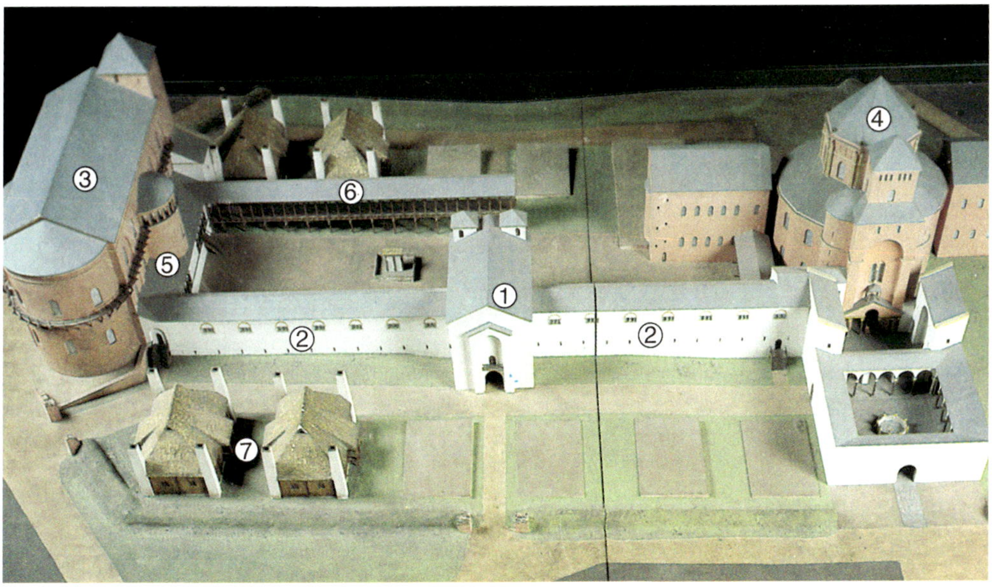

① Torhaus
② Verbindungsbau
③ Königshalle (Aula regia)
④ Pfalzkapelle
⑤ Wohnpalast Karls
⑥ Verbindungsgang aus Holz von den Wohnräumen zur Pfalzkapelle
⑦ Bedienstete

111.1 Die Pfalz von Aachen im Modell

Karl sichert die Grenzen durch Marken

Es war keine leichte Aufgabe, das große Reich gegen Feinde von außen zu schützen. Die Wege waren weit, die Straßen schlecht und es gab kein feststehendes Heer. Deshalb errichtete Karl an den Grenzen Marken. Dies waren Gebiete, die von besonders tüchtigen Adeligen, den so genannten Markgrafen verwaltet wurden. Städte und Dörfer in diesen Gebieten wurden mit Mauern und Wällen befestigt. Außerdem wurden Wehrbauern angesiedelt. Sie sollten angreifende Feinde bis zum Eintreffen des Heeres aufhalten.

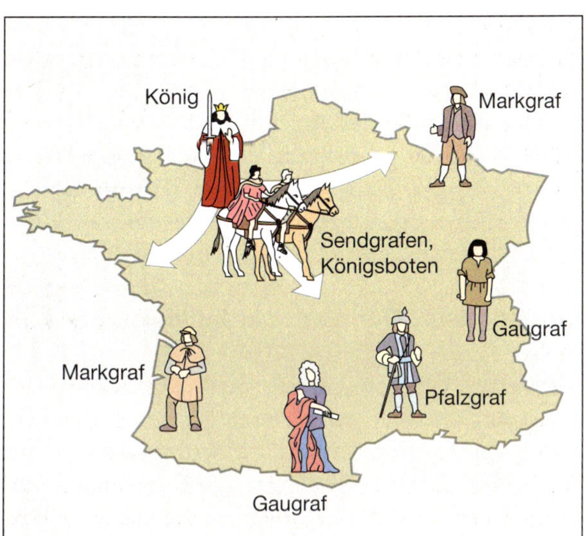

111.2 Ordnung des Reiches durch Grafen

Karl regiert sein Reich von Königspfalzen aus

Das Frankenreich hatte keine feste Hauptstadt. Karl war ein „Reisekönig": Er reiste mit seinem Gefolge von Pfalz zu Pfalz und regierte das Reich von dort aus. Die Pfalzen (von lateinisch Palatium = Herrscherpalast) waren über das ganze Reich verteilt. Zu den Pfalzen (Abb. 111.1) gehörten auch Königsgüter. Sie versorgten den König und sein Gefolge mit allem, was man zum Leben brauchte. Pfalzgrafen verwalteten die königlichen Güter. Am häufigsten hielt sich Karl in der Pfalz zu Aachen auf. Dort liegt er auch begraben.

Der König stand an der Spitze seines Reiches. Er hatte alle Macht in seiner Hand. Er gab die Gesetze, war oberster Richter, oberster Heerführer und oberster Schutzherr der Kirche. Zur besseren Verwaltung wurde das Land in Gaue eingeteilt. Gaugrafen verwalteten diese Gebiete im Namen des Königs. Eine wichtige Aufgabe hatten auch die Sendgrafen. Karl sandte sie durch das ganze Reich. Sie überbrachten die Befehle des Königs, überprüften die Verwaltung, nahmen Beschwerden und Bitten entgegen und berichteten dem König.

AUFGABEN >>

1 *Karl schuf in 30 Jahren ein europäisches Großreich. Ermittle, mithilfe der Karte 110.1, welche heutigen Länder es umfasste.*

2 *Erkläre mithilfe von Abb. 111.2, wie Karl das Reich sicherte und verwaltete.*

3 *Erläutere die Überschrift auf Seite110.*

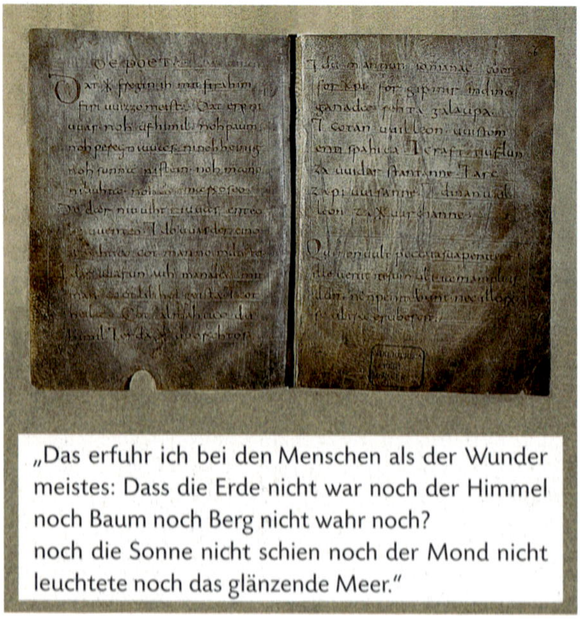

112.1 Ausschnitt aus dem Wessobrunner Gebet

112.3 Krönung Karls des Großen zum Kaiser

Karl der Große erneuert das „Römische Reich"

Karl hatte ein großes Reich geschaffen. Er war der mächtigste Herrscher der damaligen Welt. So mächtig wie früher Kaiser Augustus (> S. 27). In einem Schreiben an Papst Leo III. erklärt Karl:

„Dies ist meine Aufgabe: Nach außen die heilige Kirche Christi vor dem Angriff der Heiden und Verwüstung der Ungläubigen zu schützen und nach innen die Erkenntnis des katholischen Glaubens zu befestigen."

112.2 Karl bei der Weihe der Aachener Pfalzkapelle

Karl der Große sorgt für die Ausbreitung des Christentums

Die Ausbreitung des Christentums verfolgte Karl auf verschiedene Weise. Er führte Kriege gegen die heidnischen Sachsen (> S. 110) und Awaren sowie gegen die „ungläubigen" Araber (> Karte 139.1). In die eroberten Gebiete sandte er Missionare.

In seinem Reich ließ er zahlreiche Klöster gründen. Er schenkte diesen Klöstern Land und gab ihnen das Recht, Abgaben einzufordern. Viele Klöster wurden Mittelpunkte für die Ausbreitung des Christentums. Mönche schrieben Bibeln und andere christliche Texte mit der Hand ab. In den Klosterschulen konnten die Kinder der Adeligen alles über das Christentum lernen.

In den Kirchen hörte das Volk oft Predigten in deutscher Sprache, weil Karl das wünschte. Er kümmerte sich auch darum, dass die Leute am Sonntag nicht arbeiteten. Immer wieder forderte er die Menschen auf, nach den zehn Geboten zu leben.

Im Jahr 800: Der Papst krönt Karl zum Kaiser

In Rom lebte der Papst. Er galt als Stellvertreter Gottes auf Erden und war Oberhaupt der katholischen Kirche. Wieder einmal hatte Papst Leo III. Streit mit den Adeligen. Als der Papst Karl um Hilfe bat, reiste dieser mit einem Heer nach Rom. Zum Dank für seinen unermüdlichen Einsatz für das Christentum krönte der Papst Karl den Großen an Weihnachten 800 zum Kaiser:

„Am Tage der Geburt unseres Herrn waren alle in der Basilika des heiligen Petrus (= Papstkirche in Rom) versammelt. Und da krönte ihn (= Karl) der ehrwürdige und segenspendende Vorsteher (= Papst) eigenhändig mit der kostbaren Krone. Darauf riefen alle, die den Schutz und die Liebe sahen, die Karl der römischen Kirche und ihrem Vertreter gewährte, einmütig:
„Dem allerfrömmsten, erhabenen, dem von Gotte gekrönten großen und Frieden bringenden Kaiser sei Leben und Sieg!" Auf der Stelle salbte der heiligste Vorsteher und Oberpriester mit heiligem Öl Karl, seinen hervorragendsten Sohn, an demselben Tag."

(gekürzt nach: Geschichte in Quellen. München 1989, S.70)

113.1 Petrus überreicht Karl die Fahne als Zeichen der weltlichen und dem Papst die Stola als Zeichen der geistlichen Gewalt. Mosaik aus Rom

Karl hatte durch die Kaiserkrone sein Ziel erreicht: Durch Gottes Gnade hatte er das Reich der Römer erneuert. Er war der weltliche Herrscher dieses großen Reiches. Neben ihm stand der Papst als der geistliche Herrscher. Karl der Große nannte sich nun:

„Karl der Erhabene Augustus, von Gott gekrönter großer, friedliebender Kaiser, der das Römische Reich verwaltet, durch die Gnade Gottes auch König der Franken und Langobarden."

Im Jahr 814 starb schließlich Karl. Beigesetzt wurde er in seiner Lieblingspfalz in Aachen (Abb. 113.2).

Karl der Große war der erste „römische Kaiser" des Mittelalters. Viele folgten ihm später.

113.2 Pfalzkapelle in Aachen

AUFGABEN >>

1 *Erkläre, wie Karl für die Ausbreitung des Christentums in seinem Reich sorgte.*

2 *Karl gilt als „Erneuerer des Römischen Reiches". Erkläre, wie das zu verstehen ist.*

3 *Trägt Karl den Beinamen „der Große" zu Recht? Begründe deine Meinung.*

114.1 Reichsteilung 843

114.2 Die Aufteilung Lotharingens 870

Vom Karolingerreich zum römisch-deutschen Reich

Ludwig der Fromme war der Sohn Karls des Großen. Er erbte das Reich, konnte es aber nicht zusammenhalten. Schon zu seinen Lebzeiten brach Streit unter seinen Söhnen aus, wer das Reich künftig regieren sollte.

Karls Enkel teilen das Reich

Nach dem Tod des Vaters schlossen die Söhne Ludwigs 843 in Verdun einen Teilungsvertrag. Weil es drei Brüder waren, zerfiel das Reich in drei Teile: Karl der Kahle erhielt den Westen mit hauptsächlich französisch sprechender Bevölkerung. Ludwig der Deutsche bekam das deutsch sprechende „Ostfranken". Lothar erhielt einen Streifen dazwischen, der von der Nordsee bis nach Italien reichte. Dieses Mittelstück wurde daher auch Lotharingen genannt. Mit ihm war die Kaiserwürde verbunden.

Die Anfänge der europäischen Nationen

Die Teilung des Reiches war der Anfang von zwei europäischen Staaten: Aus dem westfränkischen Reich entwickelte sich Frankreich. Aus dem ostfränkischen Reich entstand schließlich Deutschland.

Als Lothar kinderlos starb, wurde das Mittelstück weiter aufgeteilt. Aus dem südlichen Teil entstand Italien. Vom nördlichen Lotharingen wurde ein Teil dem Westreich, ein anderer dem Ostreich zugeschlagen. So entstand ein Gebiet, um das immer wieder gestritten wurde. Viele Kriege zwischen Deutschland und Frankreich hatten in diesem strittigen Gebiet ihre Ursache.

Die Karolinger sterben aus

Das große Reich Karls des Großen wurde durch die Teilungen im Inneren geschwächt. Aber auch von außen bedrohten zahlreiche Feinde die Grenzen: Vom Norden her kamen die Normannen. Die Ostgrenze wurde von den Ungarn bedroht. Übers Mittelmeer drangen die Araber vor und setzten sich im Süden des Reiches fest. Die Nachfolger Karls konnten diesen Gefahren nicht begegnen. Mit Ludwig dem Kind starb 911 der letzte karolingische Herrscher im Ostreich.

AUFGABEN >>

1 *Das Reich Karls des Großen bestand nicht lange. Nenne Gründe dafür.*

2 *Karl der Große und seine Nachfolger haben das „Fundament für das Haus der europäischen Nationen gelegt". Erkläre, wie das gemeint ist.*

Stammesherzöge gewinnen an Macht

Karl dem Großen war es gelungen, die germanischen Stämme in einem Reich zusammenzufassen. Als seine Nachfolger stritten, das Reich teilten und das Land von Feinden bedroht war, zerbrach das Ostreich wieder in einzelne Stämme.
In allen Stämmen des Ostreiches – im Stamm der Franken, der Sachsen, der Bayern, der Schwaben und der Lothringer – machten sich Adelige wieder zu Herzögen (Abb. 115.1). Diese Stammesherzöge sorgten für die Verteidigung gegen die Feinde von außen und für die innere Sicherheit. Allerdings war auf Dauer jeder Stamm für sich allein zu schwach, um den anstürmenden Feinden von außen zu widerstehen. Deshalb wollte man wieder einen König.

115.1 Die Stammesherzogtümer im 10. Jahrhundert

Heinrich I. gründet das Reich der Deutschen

Zunächst wählten fränkische und sächsische Adelige den Sachsenherzog Heinrich zum König. Mit der Zeit gelang es diesem, auch die anderen Herzöge für sich zu gewinnen. Im Jahre 925 hatte Heinrich I. die Stämme der Sachsen, Franken, Bayern, Schwaben und Lothringer in einem Reich vereinigt. Erstmals in der Geschichte wird dieses Gebiet als regnum Teutonicorum = Reich der Deutschen bezeichnet.
Gemeinsam konnten nun die Ungarn abgewehrt werden (> S. 114). Damit das Land nicht wieder aufgeteilt wird, schlug König Heinrich I. am Ende seines Lebens den Herzögen vor, seinen ältesten Sohn Otto zum König zu wählen.

Das „Heilige Römische Reich deutscher Nation“ unter Otto I.

Einstimmig wählten die Herzöge Otto in Aachen zum König. Wie sein Vorbild Karl der Große wollte er alleine ein großes Reich regieren. Deshalb kam es bald zum Streit und Kampf mit den Herzögen.
Otto suchte neuere, bessere Stützen für sein Königreich. Er fand sie in den Bischöfen und Äbten. Diesen gab er Land, übertrug ihnen Markt-, Zoll- und Münzrecht. Sie schickten dem König dafür Truppen und Geld, standen ihm mit Rat und Tat zur Seite und waren zuverlässig. Wie Karl der Große sah sich auch Otto der Große als „Schutzherr der Kirche“. Er sorgte nicht nur für die Ausbreitung des christlichen Glaubens in seinem Reich, sondern er half auch dem Papst in Rom, als dieser von Feinden bedroht war. Zum Dank dafür erhielt er vom Papst 962 die Kaiserkrone.
Sein Reich hieß von nun an das „Heilige Römische Reich deutscher Nation“. „Römisches Reich“, weil sein Reich über große Teile des Römischen Reiches reichte; „deutscher Nation“, weil die Macht von den Römern auf die Deutschen übergegangen war; „heilig“, weil es die Christenheit beschützte.

AUFGABEN >>

1. *Erkläre in wenigen Sätzen den Weg zum Heiligen Römischen Reich deutscher Nation. Beginne mit: „Unter den Nachfolgern Karls des Großen ...“*
2. *Was haben Otto I. der Große und Karl der Große gemeinsam? Vergleiche die beiden Kaiser.*

Kirche und Glaube bestimmen das Leben

116.1 Petrus: Fenster im Dom von Regensburg

Auf den Seiten 112 und 115 hast du erfahren, dass Könige wie zum Beispiel Karl und Otto für die Ausbreitung des Christentums sorgten und dass sie sich als Schutzherren der Kirche verstanden. Als Dank dafür wurde ihnen der Titel „Kaiser" verliehen. Nur der Papst konnte diesen Ehrentitel verleihen. Er krönte einen König zum Kaiser (> S. 112). Kaiser und Papst waren im Mittelalter die mächtigsten Herren.

Der Papst – das Oberhaupt der Kirche

Was war eigentlich ein Papst? Nach dem Tod von Jesus Christus wurde von Rom aus der christliche Glaube in vielen Teilen Europas verbreitet. Der Bischof von Rom wurde als Stellvertreter Christi auf Erden angesehen.
Das Volk nannte ihn „papa" = Vater. Er beschützte die Bewohner Roms und seines Kirchenstaates (= Vatikan) vor Feinden. Vor allem bestimmte er, wie Menschen mit christlichem Glauben zu leben haben. Der Papst in Rom war also das geistliche Oberhaupt der Christenheit und der Kirche.

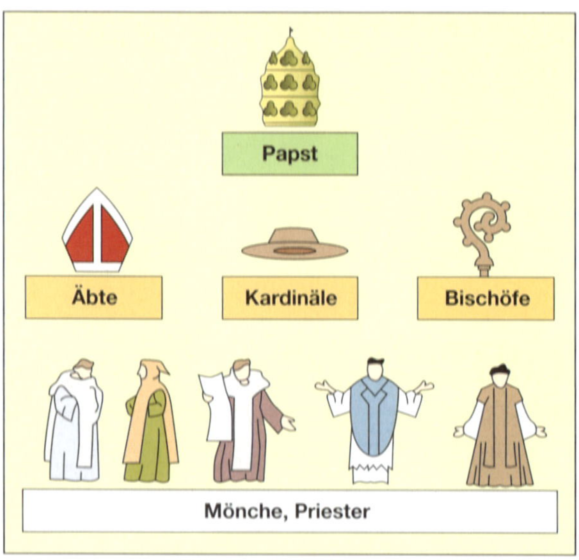

116.2 Hierarchie in der Kirche

Die Kirche ist nach Rängen gegliedert

Der Papst allein hätte natürlich nicht dafür sorgen können, dass die Menschen in Europa im christlichen Glauben leben. Dafür brauchte der Papst Helfer. Seine obersten Berater waren die Kardinäle. Sie lebten ebenfalls in der Stadt Rom.
Zur besseren Verwaltung wurden die christlichen Gebiete in kirchliche Bezirke aufgeteilt. Diese nannte man Bistümer. An der Spitze jedes Bistums stand ein Bischof, der vom Papst eingesetzt wurde. Den Bischöfen unterstanden die einzelnen Priester.
Äbte und Äbtissinnen leiteten die Klöster. Ihnen mussten die Mönche und Nonnen gehorchen. Die Kirche war also nach Rängen gegliedert. Man sagt dafür auch: Die Kirche war streng hierarchisch aufgebaut (Abb. 116.2). Über die Bedeutung der Klöster im Mittelalter erfährst du mehr auf den Seiten 123–125.

Kirche und Glaube bestimmen das Leben von der Geburt bis zum Tod

Von der hierarchisch gegliederten Kirche mit dem Papst an der Spitze bekamen die meisten Menschen nur wenig mit. Wichtig war für die Leute ihre Kirche im Dorf, die Pfarrkirche in der Stadt und der für sie zuständige Pfarrer. Ihm leisteten sie Abgaben. Der Pfarrer taufte und firmte die Kinder, segnete die Hochzeitspaare und hielt die Totenmessen.

Am Sonntag traf sich die ganze Gemeinde in der Kirche. Dort hörte sie das Wort Gottes und die Predigt. Viele Kirchen waren mit Wandmalereien geschmückt, die sich auf die Bibel bezogen. So wurde den Menschen, die nicht lesen konnten, das Wirken Gottes veranschaulicht. An Sonn- und Feiertagen durfte nicht gearbeitet werden. An manchen Kirchen zeigt ein „Feiertagschristus" (Abb. 117.1), welche Geräte und damit Arbeiten ruhen mussten, um Gott nicht zu verletzen.

Auf die kirchlichen Feiertage konnten sich die Menschen auch freuen:

„Wir Deutschen halten Fastnacht, Sankt Burkhard und Sankt Martin, Pfingsten und Ostern für die Zeit, da man soll … fröhlich sein und schlemmen. Burkhards Abend um des neuen Mostes willen, Sankt Martin vielleicht um des neuen Weines willen, da brät man eine fette Gans und freut sich alle Welt. Zu Ostern bäckt man Fladen."

(Aus: Pleticha, Bürger, Bauer, Bettelmann. 1971, S. 150).

Die Tage des Jahres wurden nach den großen Heiligen benannt. Auch die Bauern orientierten sich bei der Aussaat an den Gedenktagen für die Heiligen. So hieß es: „Säe Korn an Egii (1.9.), Hafer, Gerste an Benedicdii (21.3.), säe Flachs und Hanf an Urbanii (25.5.), Wicken und Rüben an Kiliani (1.3.), an Viti Kraut (15.6.), Erbsen an Gregori (12.3.), Linsen an Philippi Jakobi (1.5.)".

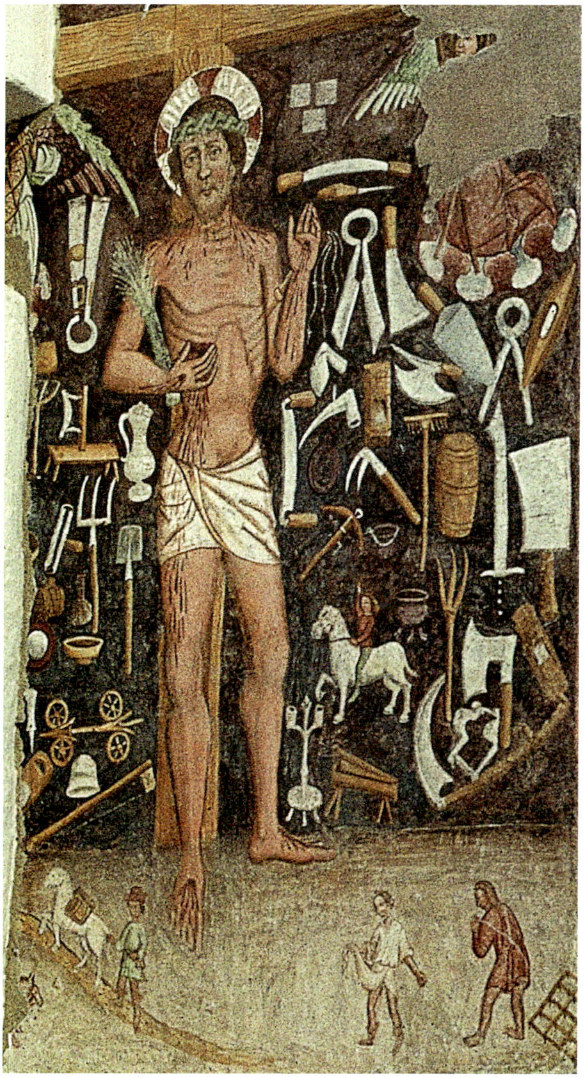

117.1 Feiertagschristus

117.2 Christus hilft beim Pflügen (12. Jh.)

AUFGABEN >>

1. *Nenne die Hauptaufgabe des Papstes. Abb. 116.2 kann dir dabei helfen.*
2. *Beschreibe und erkläre die Abbildung des Feiertagschristus (Abb. 117.1).*
3. *Das Leben der Menschen im Mittelalter wurde von Kirche und Glauben bestimmt. Erkläre. Vergleiche mit heute.*
4. *Informiere dich über die im Text genannten Heiligen.*
5. *Befragt einen Landwirt, ob er sich auch heute noch bei der Aussaat an Heiligen orientiert.*

Gliederung der Gesellschaft in Stände

Das Haus Gottes ist dreigeteilt: die einen beten, die anderen kämpfen, die dritten endlich arbeiten... *(Bischof von Laon, 1016)*

Gott achtet bei jedem Menschen darauf, dass sich der niedere Stand nicht über den höheren erhebe, wie es einst Satan und der erste Mensch getan... Wer steckt all sein Viehzeug zusammen in einen Stall: Rinder, Esel, Schafe, Böcke? Da käme alles übel durcheinander! So ist auch darauf zu achten, dass nicht alles Volk in eine Herde zusammengeworfen werde... Gott teilt sein Volk auf Erden in verschiedene Stände...
(Hildegard von Bingen, um 1150)

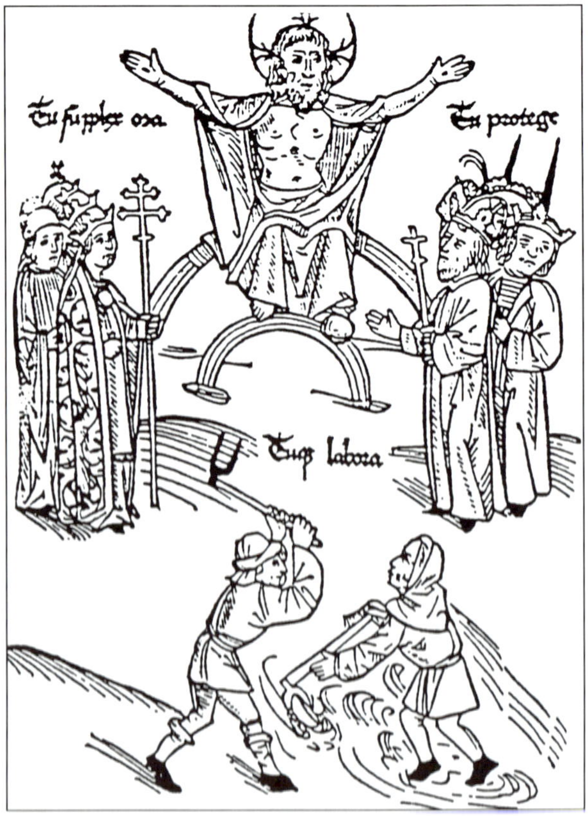

118.1 (rechts) Ständebild (1462)
Tu Supplex Ora: Du sollst demütig beten.
Tu protege: Du sollst Schutz gewähren.
Tu labora: Du sollst arbeiten

118.2 Soziale Gliederung in der mittelalterlichen Stadt

Jeder hat nur das Recht, das ihm durch die Geburt zusteht... Ein freies Kind behält das Recht des Vaters. Ist aber der Vater ein Dienstmann, behalten die Kinder das ihnen angeborene Recht. *(Sachsenspiegel, 13. Jh.)*

Spielleute und alle, die unehelich geboren sind, die Diebstahl oder Raub sühnen, sind rechtlos.
(Sachsenspiegel, 13. Jh.)

Stände: geschlossene, abgegrenzte Gesellschaftsschichten, deren Mitglieder bestimmten Regeln unterliegen und bestimmte Vorrechte und Pflichten haben.
(Knaurs Lexikon, 1975)

AUFGABEN >>

1. *Im Mittelalter unterschied man grob drei Stände. Suche die Stände in den Schaubildern.*
2. *Welcher Stand hatte das höchste, welcher das niedrigste Ansehen? Begründe.*
3. *Wodurch wurde die Zugehörigkeit zu einem Stand bestimmt? Einer der Quellentexte hilft dir bei der Antwort.*
4. *Wie wurde die Ständegesellschaft begründet?*
5. *Die Menschen im Mittelalter lebten in einer Ständegesellschaft. Erkläre, was man darunter versteht.*

TRIO-Zusatzinfo: Die Lehensordnung

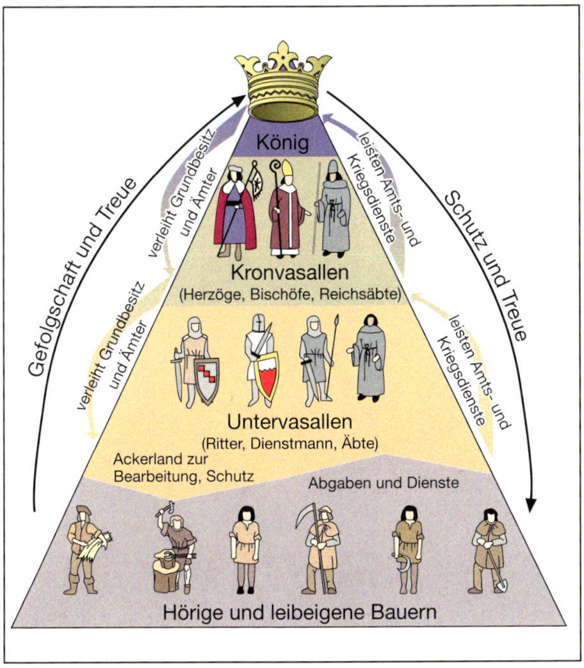

119.1 Lehensordnung

119.2 und 3 Übergabe von Lehen (aus dem Sachsenspiegel)

Heute wird im Allgemeinen mit Geld bezahlt. Im Mittelalter – bis ins 10. Jahrhundert – gab es jedoch kaum Geld. Die Menschen zahlten deshalb mit Naturalien (zum Beispiel mit Holz, Fleisch, Weizen) oder sie tauschten Waren aus.

Naturalien hatte nur, wer Grund und Boden besaß. Die wichtigsten Nahrungsquellen für die Menschen waren Fischfang, Jagd und Ackerbau. Wer Land besaß, war also gut dran.

Lehensherr und Lehensmann schwören einander die Treue

Solange die Geldwirtschaft nicht ausgebildet war, entlohnte der König die in seinem Dienst stehenden Leute durch ein Stück Land. Sie erhielten dieses Land aber nicht als Eigentum, sondern nur auf Zeit geliehen, als „Lehen". Der Lehensmann (Vasall, von vassus = Knecht) gelobte dem Herrn Dienst und Treue; der Lehnsherr garantierte dem Lehensmann Schutz und überließ ihm das Recht, das Lehen für sich zu nutzen. Bei der Lehensübergabe schworen sie gegenseitig:

Deine Feinde sind meine Feinde, deine Freunde sind meine Freunde. Ich will dir allzeit treu zugetan sein und gegenwärtig sein, wenn du mich brauchst.

Die Lehenspyramide

Der Lehensmann konnte sein Lehen weiterverleihen. So gaben Herzöge, Bischöfe, Äbte als Lehensherren Lehen an Lehensleute weiter. Auf diese Weise entstand eine Lehenspyramide: An der Spitze stand der König, darunter seine Vasallen, unter diesen die Untervasallen.

Brach der Lehensmann seinen Eid, verlor er sein Lehen. Brach der Lehensherr die Treue, konnte der Lehensmann den Gehorsam verweigern. Starb der Lehensherr oder Lehensmann, endete das Lehensverhältnis. Im Laufe der Zeit änderte sich das aber: Viele Lehen wurden an die Söhne weitervererbt.

Hörige und Leibeigene besaßen kein Land. Diese Menschen waren unfrei und gehörten dem Grundherren. Als Lehen wurde nicht nur Land mit Hörigen und Leibeigenen vergeben, sondern zum Beispiel auch Burgen, Kirchen, Münzrecht oder Ämter.

AUFGABEN >>

1 *Erkläre die Lehensordnung (Abb.119.1).*

2 *Betrachte die Abbildungen 119.2 und 3. Wer ist jeweils Lehensherr, wer ist Lehensmann? Welche Lehen werden übergeben? Begründe.*

Dörfliche Lebenswelt

120.1 Bäuerliches Arbeiten

Sicher hast du schon einmal Ortsnamen mit Endungen wie -reuth, -ried, -roth oder -schlag gelesen. Sie erinnern daran, dass hier einmal dichte Wälder waren, die gerodet wurden. An ihrer Stelle legten Bauern im Mittelalter Felder, Wiesen, Weiden und Gärten an. Mit der Zeit entstanden viele kleine Dörfer.

Das Dorf und seine Bewohner

Den Mittelpunkt eines Dorfes bildete die Kirche mit dem Friedhof. Hinter der dicken Friedhofsmauer fanden die Menschen Schutz vor Feinden. Davor erstreckte sich oft der Anger (= Dorfplatz) mit Bäumen, dem Dorfbrunnen und der Dorfschenke. Lose gruppierten sich um den Anger die Bauernhöfe. Häuser und Ställe lagen eng beieinander. Hecken grenzten die Höfe voneinander ab. Die niedrigen Häuser waren großteils aus Holz gebaut und mit Stroh gedeckt. Der Fußboden bestand aus gestampftem Lehm. Kleine Öffnungen ließen das Tageslicht herein. Glasfenster gab es noch nicht. Um das Dorf herum lagen die Felder, Weiden und Wälder.

Die Dörfer hatten selten mehr als 100 Einwohner. Die Bauern machten, was Bauern auch heute noch tun: Sie pflügten, eggten, säten, bauten an, bewässerten, düngten, ernteten, droschen und lagerten die Früchte der Felder ein. Sie züchteten Tiere, versorgten das Vieh, schlachteten, verarbeiteten Fleisch und Felle. Im Unterschied zu heute gab es allerdings keine Maschinen. Die Bauern hatten nur ihre Muskelkraft, einfache Geräte (zum Beispiel Pflug, Sichel und Dreschflegel) und Zugtiere wie Ochs, Esel und Pferd. Im Winter fällten sie Bäume, stellten hölzerne Haushaltsgegenstände her, reparierten, spannen Flachs zu Garn, webten Leinen. So erzeugte die bäuerliche Familie das meiste, was sie zum täglichen Leben brauchte, selbst: Lebensmittel, Kleidung, Haushaltswaren.

Manche Aufgaben übernahmen Spezialisten. So gab es in vielen Dörfern einen Schmied, der die Pferde beschlug und Schmiedearbeiten an den Wagen und Pflügen übernahm. Der Müller betrieb die Mühle und mahlte das Mehl. Der Dorfhirte hütete das Vieh auf der Weide. Und der Dorfpfarrer hielt dazu an, dass die Bewohner christlich lebten (> S. 117).

Der letzte Stand ist derer, die auf dem Lande in Dörfern und Gehöften wohnen und dasselbe bebauen und deshalb Landleute genannt werden. Ihre Lage ist ziemlich bedauernswert und hart. Sie wohnen abgesondert voneinander, demütig mit ihren Angehörigen und ihrem Viehstand. Die Hütten bestehen aus Lehm und Holz, ragen wenig über die Erde empor, sind mit Stroh gedeckt: das sind ihre Häuser. Geringes Brot, Haferbrei und gekochtes Gemüse ist ihre Speise. Ein leinener Rock, ein paar Stiefel, ein brauner Hut ist ihre Kleidung. In der Kirche kommen sie an Festtagen alle zusammen, nachmittags verhandeln sie unter der Linde oder an einem anderen öffentlichen Orte ihre Angelegenheiten. Die Jüngeren tanzen darauf nach der Musik des Pfeifers, die Alten gehen in die Schenke und trinken Wein.

(Johannes Boemus (1520), aus: G. Franz, Deutsche Agrargeschichte von den Anfängen bis zur Gegenwart. Stuttgart 1973, Nr. 12).

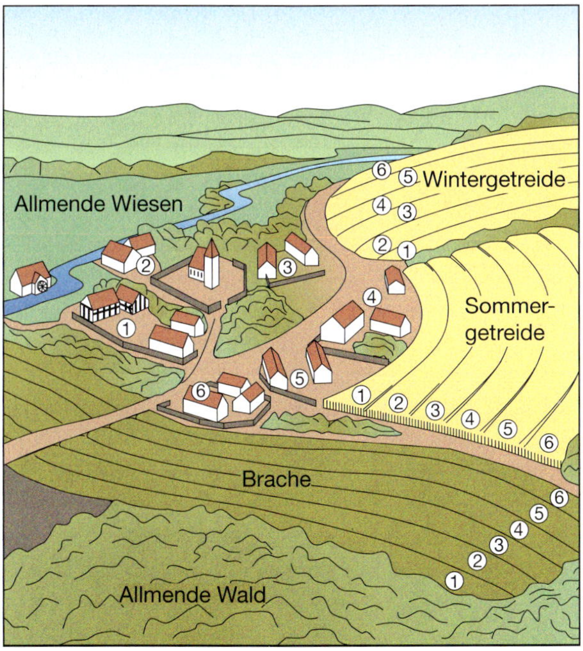

121.1 Dorf und dazugehörende Flur

Viele Bauern müssen dem Grundherrn zinsen und fronen

Grund und Boden gehörten den meisten Bauern nicht selbst, sondern geistlichen oder weltlichen Grundherren. Der Grundherr – ein Abt oder ein Ritter – überließ dem Bauern ein Stück Land zur Bearbeitung. Der Bauer musste dann nicht mehr in den Krieg ziehen, aber er verlor auch seine Freiheit: Er war „grundhöriger Bauer", das heißt er musste tun, was sein Grundherr verlangte. Zu den Pflichten des Bauern gehörte es, dem Grundherrn Zinsen zu zahlen und für den Grundherrn zu arbeiten, also Frondienst zu leisten (von althochdeutsch fro = Herr).

Der Zins wurde in Form von Geld oder – häufiger – in Naturalien bezahlt. Ursprünglich war die Abgabe der Zehnt. Nach der Ernte ritt der Grundherr über das Feld und warf jede zehnte Garbe um: Diese gehörte ihm. Der Bauer musste als Zins allerdings nicht nur einen Teil des geernteten Getreides an den Grundherrn abgeben. Der Bauer hatte außerdem einen Teil des Obstes und Gemüses sowie eine bestimmte Menge von Honig, Eiern, Milch, Fleisch, Hühner und Wolle an festgelegten Tagen abzuliefern. Starb der Bauer oder die Bäuerin oder wollte ein Sohn oder eine Tochter heiraten, wurden oft Sonderabgaben fällig. So heißt es in einer Klosterurkunde von 1035:

„Nach dem Tode des Mannes wird das beste Stück Vieh ... zum Abtshof entrichtet, nach dem Tode einer Frau das wertvollste Kleid. Eine Frau, die außerhalb des Dorfes heiratet, gibt selbstverständlich ihren Zins von sechs Pfennigen."

(aus: G. Franz, Deutsche Agrargeschichte von den Anfängen bis zur Gegenwart. Stuttgart 1973, Nr. 12)

Über den Frondienst und das Verhältnis zwischen Grundherrn und Grundhörigem schrieb J. Boemus:

„Den Herren müssen die Bauern oftmals im Jahre dienen: Das Feld beackern, säen, ernten und die Frucht in die Scheunen bringen, Holz fällen, Häuser bauen, Gräben ausheben. Es gibt nichts, wovon die Herren nicht behaupten, dass das geknechtete Volk es ihnen nicht schulde; die Leute können auch nicht wagen, einen Befehl nicht auszuführen, da sie dann schwer bestraft werden. Nichts aber bedrückt diese Leute so, als dass der größere Teil der ... Felder nicht ihnen, sondern Herren gehört, von denen sie sich für einen bestimmten Teil ihrer Ernte ihr Land jährlich zurückkaufen müssen."

(Boemus, aus: Bühler, J.: Bauern, Bürger, Hanse. Leipzig 1929, S. 56 ff.)

121.2 Bauern bringen Zins

121.3 Bauern leisten Frondienst

122.1 Aus dem Sachsenspiegel von 1315 – Abgaben und deren Fälligkeitstermine in Form eines Bauernkalenders:
1 Weingartenzins an St. Urban (25. Mai): Der leere Arbeitskittel deutet an, dass hier die Frühjahrsarbeiten beendet sind.
2 Fleischzehnt am Johannestag (24. Juni): Dies wird durch ein Rind, ein Kalb, eine Ziege und einen Hahn dargestellt.
3 Kornzehnt am Margarethentag (13. Juli): Die Heilige fesselt der Legende nach den Teufel.
4 Gänsezehnt am 15. August: Als Erinnerung daran werden Kräuter- und Getreidebündel in der Kirche geweiht.
5 Fällige Abgaben an St. Bartholomae (24. Aug.), z.B. Geld, Eier, Getreide: Der Hl. Bartholomäus, der durch Schinden (Hautabziehen) getötet wurde, trägt seine Haut an einem Stock.

Der Sachsenspiegel ist das älteste Rechtsbuch des Mittelalters. Es fasste die in Sachsen geltenden Regeln des Lehnsrechts zusammen, galt aber auch in anderen Gebieten.

Arbeit und Zusammenleben im Dorf sind klar geregelt

In den Dörfern war genau festgelegt, welcher Bauer welche Felder wann zu bearbeiten hatte. Die Feldflur um das Dorf war in drei „Gewanne" eingeteilt. Jeder Bauer hatte in jedem der drei Gewanne seinen Acker. Auf dem einen musste er Wintergetreide, auf dem zweiten Sommergetreide anbauen und der dritte lag brach. Im nächsten Jahr wurde gewechselt. Durch diese Dreifelderwirtschaft wurde der Boden nicht so ausgelaugt. Weideland und Wald (Allmende) wurden von allen Dorfbewohnern gemeinsam genutzt (Abb. 121.1).

Auf den Dörfern gab es natürlich auch immer wieder Probleme und Streitereien um Recht und Ordnung. So versammelte sich mindestens einmal im Jahr – meistens am Martinstag (11. November) – die ganze Dorfgemeinde am Anger. Da trug der Dorfvorsteher das Dorfrecht vor, die Dorfbewohner konnten Klagen und Beschwerden äußern, manchmal wurden auch gleich Urteile gefällt. Mit der Zeit entstanden Rechtssammlungen, die als „Weistümer" erhalten geblieben sind. Darin hieß es z. B.:

„Wenn du einen Baum im Walde fällen willst, dann sieh zu, ob der Baum nicht noch zu dünn ist. Versuche mit dem rechten Arm um den Baum herumzugreifen. Kannst du das linke Ohr gerade noch packen, dann darfst du den Baum fällen.

Wenn du einen großen Stein den Berg hinunterrollen willst, dann musst du dreimal rufen: Aus dem Weg! Dann musst du solange warten, bis du ein Ei gegessen hast... Dann erst darfst du den Stein los lassen.

Wenn ein Trinker seinen Wein nicht bezahlen kann, darf der Wirt seinen Rock nehmen und in den Keller werfen, auch wenn der Trinker noch in dem Rocke steckt.

Wer zuerst (in die Mühle) kommt, mahlt zuerst.

(aus: D. Starke, Herrschaft und Genossenschaft im Mittelalter. Stuttgart 1969).

Es gab in einem Dorf auch schöne Tage, die das Zusammengehörigkeitsgefühl der Bewohner stärkten: An Sonn- und Feiertagen ruhte die Arbeit. Dann gab es Musik, Tanz und üppigeres Essen.

AUFGABEN >>

1 *Beschreibe, wie ein Dorf im Mittelalter aussah. Text und Abb. 121.1 helfen dir dabei.*
2 *Stelle gegenüber und vergleiche: Bauer im Mittelalter – Bauer heute.*
3 *Die Bauern mussten Zinsen zahlen und Frondienste leisten. Erkläre. Beziehe auch Abb. 122.1 ein.*
4 *Spielt eine mittelalterliche Dorfbewohnerversammlung nach und entwickelt daraus eigene „Weistümer".*

Klösterliche Lebenswelt

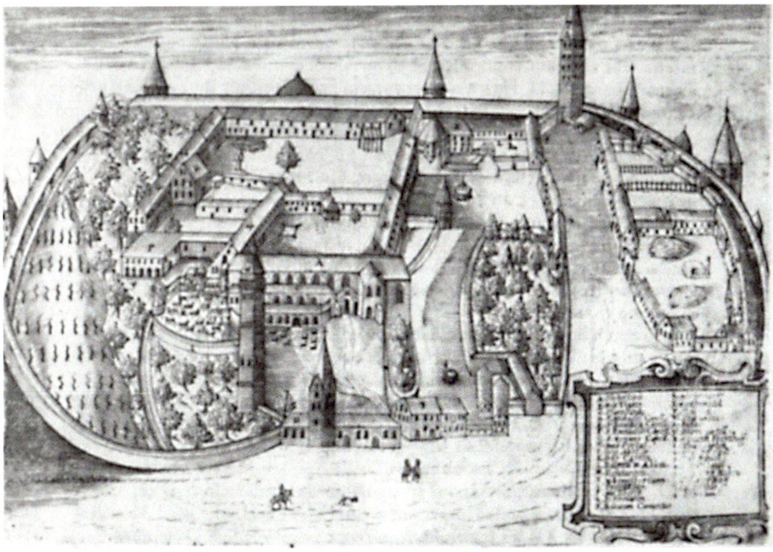

123.1 Die Klosteranlage St. Emmeram in Regensburg

Das Christentum prägte das Leben vieler Menschen im Mittelalter – doch besonders das Leben der Mönche und Nonnen. Dies waren Menschen, die beständig im Gespräch mit Gott sein wollten. Deshalb zogen sie sich in einen abgeschlossenen Bezirk zurück, den sie claustrum, Kloster, nannten. Das erste größere Kloster – Montecassino – hatte der Mönch Benedikt von Nursia in Italien 529 gegründet. Er schrieb auch Regeln auf, wie die Mönche ein gottgefälliges Leben führen können.
Die frommen Menschen, die nach dessen Regeln in Klöstern lebten, wurden Benediktiner genannt. Sie gründeten ab dem 7. Jahrhundert viele Klöster in Europa. Meist riefen Herzöge und Grafen die Mönche und schenkten ihnen Land, auf dem sie ihr Kloster errichten konnten.

Das Kloster und seine Bewohner

Im Mittelpunkt des Klosters stand die Kirche. An sie schlossen sich die zentralen Klostergebäude an:

- ein Kreuzgang, durch den die Mönche beim Gebet wandelten
- die Zellen, in denen die Mönche wohnten
- das Refektorium, wo sie an langen Tischen das Essen gemeinsam einnahmen
- der Kapitelsaal, in dem sie sich berieten
- die Bibliothek mit ihren kostbaren Handschriften

Die Klostergemeinschaft sollte sich selbst versorgen. Deshalb befolgten die Mönche beim Bau auch die Regel 66 des Heiligen Benedikt: Demnach sollte das Kloster so angelegt sein, dass sich alles Notwendige, das heißt Wasser, Mühle, Garten und die Werkstätten, in denen die verschiedenen Handwerke ausgeübt werden, innerhalb der Klostermauer befinden.

Die Mönche waren zu tätiger Nächstenliebe verpflichtet. Deshalb gehörte zu einem Kloster meist auch ein Spital für Kranke, Behinderte und Alte, eine Herberge für Gäste zum Übernachten und eine Schule.
Geleitet wurde ein Kloster von einem Abt oder einer Äbtissin. Er beziehungsweise sie wurde im Glauben als Stellvertreter Christi im Kloster gesehen. Ihm oder ihr mussten die Mönche und Nonnen gehorchen.

123.2 Der heilige Benedikt überreicht einer Nonne die Regeln

124.1 Mönch beim Beten

124.2 Mönche beim Klosterbau

Ora et labora: Bete und arbeite!

Das war der Leitsatz, der den Tagesablauf und das Leben der Benediktinermönche bestimmte. Ob sie beteten oder arbeiteten – alles machten sie zur Ehre Gottes.

Der Tag eines Mönches begann lange vor Sonnenaufgang und endete erst mit Sonnenuntergang. Regelmäßig läutete die Glocke. Dann versammelten sich die Mönche in der Kirche. Gemeinsam lobten sie Gott in Stundengebeten, Psalmen und Liedern. Sie hörten Lesungen aus der Bibel und feierten zweimal täglich die Heilige Messe. Im Durchschnitt verbrachten die Mönche acht Stunden am Tag mit Gottesdiensten.

Mehrere Stunden am Vormittag und am Nachmittag gingen die Mönche der Arbeit nach. Die Arbeit brachte Abwechslung in den Tag. Sie war aber auch notwendig, um die Ordensgemeinschaft zu erhalten (So lebten im Jahre 1109 im Kloster Cluny 300 Mönche).

Der Abt wurde von den Mönchen auf Lebenszeit gewählt. Er führte die Ordensgemeinschaft und vertrat auch die Interessen der Abtei gegenüber Fürsten, Herzögen oder Königen. Die Mönche arbeiteten in den verschiedensten Bereichen.

Die Kellerei war für die Lebensmittel, den Wein und das Brotbacken zuständig. Die Kämmerei kümmerte sich um Kleidung, Wäsche und Rasur der Mönche. Die Küche sorgte für die Mahlzeiten. Viel Arbeit gab es auch in den Gärten, auf den Feldern, an den Fischteichen und in den Ställen. Einige Mönche versorgten die Armen, die Kranken und die Gäste. Andere arbeiteten als Schreiber, Bibliothekare und Lehrer. Für den Gottesdienst und die Gestaltung der Kirche wurden Mönche als Mesner, Vorsänger, Bildhauer, Schnitzer, Maler und Dichter aktiv. So leistete jeder seinen Beitrag für die Gemeinschaft.

Der gleichmäßige Rhythmus aus Beten und Arbeiten wurde nur durch die Nachtruhe und Mahlzeiten unterbrochen. Im Winter und zur Fastenzeit gab es nur einmal am Tag eine Mahlzeit. In der anderen Zeit – wenn besonders viel Arbeit zu tun war – gab es zweimal am Tag ein Essen. Grundnahrungsmittel waren Eier, Fisch und Käse, Gemüse, Milch und Honig. Fleisch hatte der heilige Benedikt verboten. Beim gemeinsamen Essen im Refektorium wurde aus einem Buch vorgelesen. Die Mönche durften nicht sprechen. Das Schweigegebot galt für den ganzen Tag, ausgenommen zu gewissen Zeiten und an bestimmten Orten und beim gemeinsamen Gebet.

Müßiggang ist der Feind der Seele. Deshalb müssen sich die Brüder zu bestimmten Zeiten der Handarbeit und zu bestimmten Zeiten wiederum der Lesung göttlicher Dinge widmen.
(Benedikt von Nursia, Kapitel 48)

125.1 Klöster in Bayern (um1100)

125.2 Forschender Mönch

Die Klöster bilden religiöse, wirtschaftliche, wissenschaftliche und kulturelle Mittelpunkte

Die Klöster waren nicht nur eine Welt für sich, sondern sie strahlten in vielfältiger Weise auf die Umgebung aus.

Die Mönche verbreiteten den christlichen Glauben und waren Ansprechpartner für Ängste, Sorgen und Nöte der Menschen. Als Heilkundige kümmerten sie sich auch um Kranke. In Klosterapotheken hielten Mönche und Nonnen selbst hergestellte Medikamente für die umliegende Bevölkerung bereit.

Klöster wurden oft in unwirtlichen Gegenden gegründet. Dort halfen die Mönche dabei mit, diese Gebiete zu erschließen und neue Ackerflächen zu gewinnen. Sie errichteten landwirtschaftliche „Mustergüter", in denen sich die Bauern des Umlandes Rat und Hilfe holen konnten und neue Ideen für Anbau und Viehzucht bekamen.

In den Klöstern wurden die ersten Schulen errichtet. In ihnen konnten junge Mönche und Söhne von Adeligen lesen, schreiben und rechnen lernen. Dazu wurden auch Schreib- und Buchmalereischulen eingerichtet, in denen Bibeln, die Lebensgeschichten von Heiligen, Werke antiker Autoren abgeschrieben und mit kunstvollen Bildern ausgeschmückt wurden. Ohne dieses mühselige Abschreiben wären viele Texte der Antike nicht überliefert worden. In den Klosterbibliotheken wurden diese Bücher aufbewahrt. Gelehrte Mönche beschäftigten sich auch mit Philosophie, Biologie, Medizin oder Astronomie. Schriften und Geräte zeugen heute noch davon.

Die Mönche bauten große Kirchen und schmückten sie aus mit Heiligenfiguren und Wandmalereien. Bei den Gottesdiensten wurden prächtig gestaltete Gefäße aus Gold und Silber verwendet und kunstvolle Lieder gesungen.

Für die Menschen, die aus dem Umkreis in ein Kloster kamen, eröffnete sich dadurch eine ganz andere Welt.

AUFGABEN >>

1 *Erkläre, was alles zu einem Kloster gehörte und welchen Zweck die einzelnen Teile hatten. Abb. 123.1 kann dir Hilfe sein.*

2 *Beschreibe, wie sich der Tag eines Benediktinermönches gestaltete.*

3 *Überlege, warum ein Herzog an der Gründung eines Klosters in seinem Gebiet interessiert war.*

4 *Abb. 125.1 zeigt die Verbreitung von Klöstern. Informiert euch über eines im Heimatraum genauer und stellt es vor.*

5 *Vergleiche das Leben eines Mönches mit dem eines Bauern im Mittelalter.*

125.3 Anfangsbuchstabe einer Handschrift

126.1 Mittelalterliche Burganlage in Burghausen

Ritterliche Lebenswelt

Die vielen Kriege, die Karl der Große und seine Nachfolger führten (> S. 110), hatten es notwendig gemacht, Reiterheere aufzustellen. Da es noch kaum Geld gab, wurden diese berittenen Krieger für ihren Dienst mit Lehen belohnt (> S. 119). Zudem bekam der Ritter oft die Erlaubnis, sich eine befestigte Wohnanlage, also eine Burg, zu errichten. Auf diese Weise entstanden zwischen dem 10. und 14. Jahrhundert zahlreiche „Ritterburgen".
Die Ritter gaben ihrer Burg einen Namen, z. B. Burg Schroffenstein, kombinierten ihren Vornamen damit und nannten sich dann selbst z. B. Dietmar von Schroffenstein.

Die Burg und ihre Bewohner

Viele Burgen sind bis heute erhalten geblieben, manche ganz, manche nur als Burgreste oder Ruinen. Vergleicht man die Burgen miteinander, stellt man fest, dass keine aussieht wie die andere. Da gibt es ganz kleine, die nur aus einem Turm bestehen, und es gibt ganz große, die aus vielen Bauten zusammengesetzt sind (> Abb. 126.1).

Wie eine Burg aussah, hing auch vom Gelände ab: Da gab es die eng begrenzten Gipfelburgen auf Felsspitzen und auf Berggipfeln. Auf dem Höhenrücken eines Berges konnte man eine Zungenburg errichten. Höhlenburgen wurden direkt in den Hang hineingebaut. Und in den Ebenen wurden oft Wasserburgen errichtet, umgeben von Wasser oder Sümpfen.
So unterschiedlich die Burgen auch aussehen, eines haben sie gemeinsam: Es waren Bauwerke, die vor Feinden schützen sollten.
Burgen waren aber nicht nur im Verteidigungsfall bewohnt, sondern dienten dem Burgherrn, seiner Familie, seinem Gefolge und seinem Gesinde (= Bedienstete) das ganze Jahr über als Wohnung.

Das Leben auf einer Burg ist rau

Besucher einer Burg stellen sich heute das Leben in den alten Gemäuern oft romantisch vor. In der Regel war es dort aber eintönig und recht ungemütlich. In den Wohnräumen war es wegen der dicken Wände und der Steinfußböden meist sehr kalt. Wegen der Feuchtigkeit und Kälte erkrankten viele Burgbewohner, denn nur die Kemenate (von caminate = Kaminzimmer) konnte beheizt werden.
In der Burg war es dunkel und zugig. Die kleinen Fenster wurden bei Kälte, Wind und Regen nur mit Stoffen und Fellen verhängt oder durch Holzläden geschlossen. Die Einrichtung bestand aus einfachen, schweren Tischen, Stühlen und Truhen für die Wäsche.

Der Ritter Ulrich von Hutten schreibt 1520 über das ritterliche Leben auf einer Burg:
„Die Leute, von denen wir unseren Unterhalt beziehen, sind ganz arme Bauern, denen wir unsere Äcker, Weinberge, Wiesen und Felder verpachten. Der Ertrag daraus ist im Verhältnis zu den darauf verwandten Mühen sehr gering, aber man sorgt und plagt sich, dass er möglichst groß werde; denn wir müssen äußerst umsichtige Wirtschafter sein.
Wir dienen dann auch einem Fürsten, von dem wir Schutz erhoffen; tue ich das nicht, so glaubt jeder, er dürfe sich alles und jedes gegen mich erlauben. Aber auch für den Fürstendiener ist diese Hoffnung Tag für Tag mit Gefahr und Furcht verbunden. Denn sowie ich nur einen Fuß aus dem Hause setze, droht Gefahr, dass ich auf Leute stoße, mit denen der Fürst Spähne [Streit] und Fehden hat und die mich anfallen und gefangen wegführen. Habe ich Pech, so kann ich die Hälfte meines Vermögens als Lösegeld darangeben ...
Wir halten uns deshalb Pferde und kaufen uns Waffen, umgeben uns auch mit einer zahlreichen Gefolgschaft, was alles ein schweres Geld kostet. Dabei können wir dann keine zwei Äcker lang unbewaffnet gehen; wir dürfen keinen Bauernhof ohne Waffen besuchen, bei Jagd und Fischfang müssen wir eisengepanzert sein. Die Streitereien zwischen unseren und fremden Bauern hören nicht auf; kein Tag vergeht, an dem uns nicht von Zank und Hader berichtet wird, die wir dann mit größter Umsicht beizulegen suchen ...
Gleichgültig, ob eine Burg auf einem Berg oder in der Ebene steht, so ist sie auf jeden Fall doch nicht für die Behaglichkeit, sondern zur Wehr erbaut, mit Gräben und Wall umgeben, innen von bedrückender Enge, zusammengepfercht mit Vieh- und Pferdeställen, Dunkelkammern vollgepfropft mit schweren Büchsen, Pech, Schwefel und allen übrigen Waffen und Kriegsgerät. Überall stinkt das Schießpulver, und der Duft der Hunde und ihres Unrates ist auch nicht lieblicher, wie ich meine. Reiter kommen und gehen, darunter auch Räuber, Diebe und Wegelagerer ...
Und welch ein Lärm! Da blöken die Schafe, brüllt das Rind, bellen die Hunde, auf dem Feld schreien die Arbeiter, die Wagen und Karren knarren, und bei uns zu Hause hört man auch die Wölfe heulen.
Jeden Tag kümmert und sorgt man sich um den folgenden, immer in Unruhe."
(aus: Pleticha, H.: Ritter, Burgen und Turniere. Würzburg 1969, 4. Aufl., S. 25)

127.1 Szenen auf dem Vorhof einer Burg. Aus einem mittelalterlichen Hausbuch des 15. Jahrhunderts

AUFGABEN >>

1 *Erkläre, wie es dazu kam, dass im Mittelalter viele „Ritterburgen" entstanden sind.*
2 *Beschreibe die abgebildete Burganlage (Abb. 126.1) und erkläre, woran ihre Schutzfunktion deutlich wird.*
3 *Vielleicht gibt es auch in deiner Nähe eine Burg. Berichte über ihre Lage und vergleiche sie mit der abgebildeten Burg.*
4 *Begründe, warum das Leben auf einer Burg als „rau" bezeichnet werden kann.*
5 *Unter welchen Gesichtspunkten stellt Ulrich von Hutten das ritterliche Leben auf einer Burg vor? Vergleiche seine Aussagen mit Abb. 127.1.*
6 *Suche weitere Informationen zu Burgen im Internet (www.burgenseite.de).*

128.1 Ausbildung eines Knappen

Der Ritter – ein mittelalterliches Ideal

Jede Zeit hat ihre Ideale. Im 11. und 12. Jahrhundert war es ein Ideal, ein Ritter zu sein. Woher kam das?

Die Reiterkrieger (> S. 126) wurden allmählich immer selbstbewusster. Schließlich waren sie tüchtige Krieger, die über einen befestigten Wohnsitz, über ein Lehen und über grundhörige Bauern verfügten. Sie wollten mehr sein als das gewöhnliche Volk und erhoben sich zu einem Stand, der den Adeligen benachbart war.

Mit der Zeit entwickelten sie ein festes Standesbewusstsein und gaben sich strenge Regeln und Gesetze. Es bildete sich eine eigene Ritterkultur heraus mit Ritterturnieren, ritterlicher Dichtung und Minnesang.

Ein Ritter ist gut erzogen

Ritter konnte nur werden, wer eine seinem Stande gemäße Erziehung erhalten hatte. Zu diesem Zweck musste der Junge bereits als Siebenjähriger die Burg der Eltern verlassen. Auf der Burg eines erfahrenen Ritters oder am Hof eines Fürsten diente er dann als Page. Ein „Zuchtmeister" brachte ihm bei, wie man gut spricht, wie man sich bei Tisch benimmt und wie man sich selbst beherrscht. Der Page lernte das Schachspiel, das Musizieren, das Dichten und die sieben ritterlichen Tugenden: Schwimmen, reiten, fechten, stechen, kämpfen, schießen und hofieren.

Vom 14. bis zum 20. Lebensjahr war er Knappe. Er lernte, Schwert, Schild, Lanze und Armbrust im Kampf zu führen. Er durfte den Ritter, dem er diente, auf Feldzügen oder auf Turnieren begleiten. Wenn er sich dabei bewährte, dann konnte er mit 21 Jahren seine Ausbildungszeit durch die „Schwertleite" abschließen. Dabei musste er schwören:

„Ich will für den christlichen Glauben allzeit mein Leben einsetzen,
Witwen und Waisen in der Not beschützen,
für die Rettung jedes Unschuldigen einen Zweikampf bestehen,
dem Kaiser des Heiligen Römischen Reiches deutscher Nation in allen weltlichen Dingen ehrfurchtsvoll gehorchen,
vor Gott und den Menschen tadellos in dieser Welt wandeln."

Wenn er das gelobt hatte, dann gab ihm ein erfahrener Ritter einen leichten Schlag mit dem Schwert und sagte: „Dies sei der letzte Schlag, den du hinnimmst. Handle in Zukunft so, dass man dich nicht zu schlagen braucht! Wenn dich aber jemand ohne Grund schlägt, dann wehre dich!"

Damit war der junge Mann in den Ritterstand aufgenommen. Er durfte nun ein „swert leiten" (= Schwert führen).

Ein Ritter ist ein Mann von Kultur

In der Erziehung zum Ritter und im Gelübde der Schwertleite wird deutlich, dass an einen Ritter hohe Ansprüche gestellt wurden. Diese Ansprüche und Ideale sind auch in Liedern und Gedichten aus der Ritterzeit verewigt worden. Sie besingen die ere (Ehre), die staete (Beständigkeit), die triuwe (Treue), die milte (Freigebigkeit, Gastfreundschaft), die maze und zuht (Maßhalten und Zucht) und die minne (Frauenverehrung) der Ritter. Ihren schönsten Ausdruck fand diese ritterliche Kultur in den Liedern der Minnesänger (Abb. 129.1) und den großen ritterlichen Dichtungen, besonders des Nibelungen- und Gudrunliedes und des Parzival.

129.1 Minnesänger

129.2 Ritterturnier (aus den Liederbuch der Herren von Manesse)

Ein Ritter pflegt die Geselligkeit auf Turnieren

„Als Heinrich der Erlauchte, Markgraf von Meißen, vor seinen Feinden Ruhe bekommen hatte, ließ er einen Hof ausrufen gen Nordhausen in Thüringen. Daselbst ließ er einen großen Garten gar zierlich machen und ließ darin Zelte aufschlagen; in denen waren gar viele schöne Frauen, Ritter und Knechte. Er ließ auch einen Baum machen, der war nicht klein, mit ganz goldenen und silbernen Blättern. In dem Garten ward in allen Züchten getanzt, und danach hielten die Grafen, Herren und Ritter, die in großer Zahl dahin gekommen waren, ein Turnier. Und wenn zwei zusammenrannten und beide sitzen blieben, welcher von ihnen seinen Speer zerbrach, dem gab man ein silbernes Blatt von dem Baume; welcher aber einen vom Pferde herabstach und selbst dabei im Sattel fest blieb, dem gab man ein goldenes Blatt als Preis seiner Tapferkeit. Diese Freude währte bei acht Tagen."

(Aus: Jahrbücher des Klosters Altencelle)

Uns ist in alten maeren/wunders vil geseit
Von heleden lobebaeren/von grozer arebeit
Von fröiden, hochgeziten/von weinen und von klagen
Von kuener recken striten/Muget ir nu wunder hoeren sagen

(Anfang des Nibelungenliedes, um 1200)

AUFGABEN >>

1 Beschreibe die Erziehung zum Ritter.
2 Spielt die Schwertleite nach.
3 Erkläre an Beispielen, dass an einen Ritter hohe Ansprüche gestellt wurden.
4 Beschreibe und erläutere die Bilder auf den Seiten 128 und 129.
5 Wärst du gerne bei dem Fest des Markgrafen von Meißen dabei gewesen? Begründe deine Meinung.
6 Übersetze den Anfang des Nibelungenliedes.
7 Vergleiche das Leben eines Ritters mit dem eines Bauern und eines Mönches.

Die Städte blühen auf

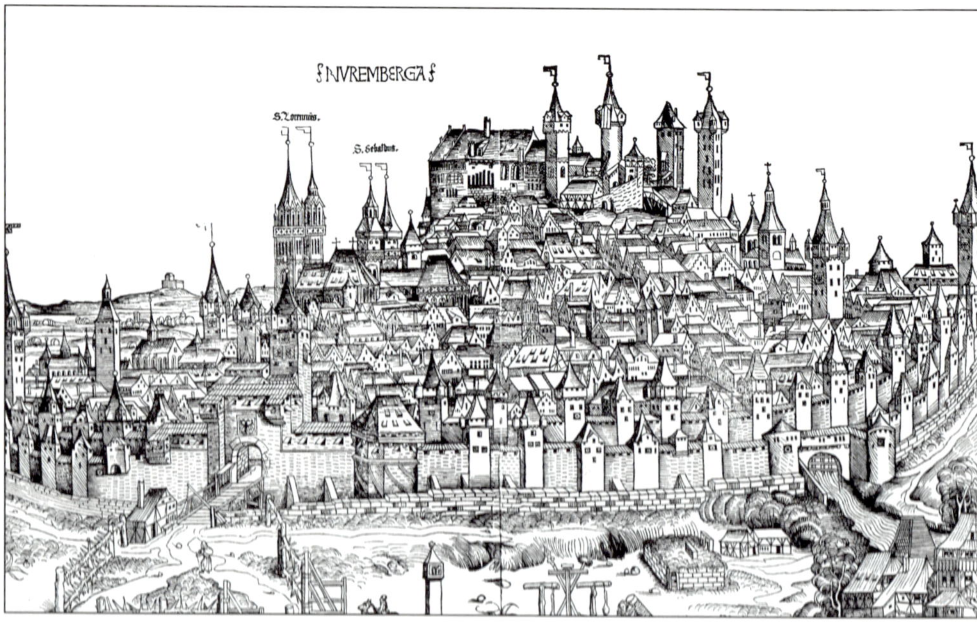

130.1 Ansicht der Stadt Nürnberg (1493)

Um die Reste römischer Kastelle, bei Königspfalzen, im Schutz von Burgen, in der Nähe von Bischofssitzen und Klöstern entstanden im Mittelalter kleine Siedlungen. Zur besseren Versorgung der Bevölkerung ließen dort seit dem 9. Jahrhundert Könige Märkte einrichten. An bestimmten Tagen im Jahr sollten hier Waren aller Art ausgetauscht werden. Diese Märkte bildeten die Keimzelle vieler Städte. Zur Stadt wurde ein Ort dann, wenn ihm das Stadtrecht verliehen wurde. Anfangs hatte nur ein König dieses Vorrecht, später durften auch Herzöge, Grafen, Bischöfe und Äbte das Stadtrecht verleihen.

Um 1320 gab es nahezu 4000 Städte in Deutschland. Die meisten hatten nicht mehr als 1000 Einwohner. Städte mit über 10 000 Einwohnern galten als Großstädte. Auch wenn sich die Städte – abhängig von Lage, Größe und wirtschaftlicher Ausrichtung – voneinander unterschieden, waren ihnen einige Merkmale im Aussehen doch gemeinsam. Welche?

Die Stadt ist befestigt

Die Stadt war mit Wällen, Gräben, starken Mauern und Wachtürmen umgeben. Im Zeughaus lagerten die Bürger Waffen. So konnten sich die Städter aus eigener Kraft gegen Feinde verteidigen. Der Zugang zur Stadt war nur möglich über die Tore. Sie wurden nachts geschlossen. Am Tag überprüften Torwächter jeden Fremden, der hinein wollte. Zogen immer mehr Menschen in die Stadt, musste sie erweitert werden. Dann wurde ein weiterer Mauerring angelegt, der Schutz gab.

Über die Stadt Nürnberg heißt es dazu in einem Bericht eines Schulrektors:

„Nürnberg ist ein sehr geeigneter Handelsplatz. An Befestigungen und Bauwerken, an Behörden und Volksmenge steht sie keiner Stadt nach, denn sie ist mit dreifacher Mauer und einem Graben ganz umschlossen. Außerdem hat sie in ihren Mauern eine Burg, die durch Lage, Stärke und Alter hervorragt. Sie ist so gefestigt, dass sie mit Recht Residenz des Kaisers ist."

(aus: Cochläus, J.: Brevis Germaniae Descirpto 1512. Darmstadt 1969, S. 74)

Handel und Gewerbe prägen das Stadtbild

Als Mittelpunkt für Handel und Gewerbe war die Stadt ein Umschlagplatz für Waren aller Art. Das sah man einer Stadt auch an: Es gab Speicher und Stadel, in denen Salz, Getreide, Wein und Eisen gelagert wurden. Es gab Lagerplätze für Holz und Steine. Es gab Märkte, auf denen Bauern der Umgebung landwirtschaftliche Erzeugnisse wie Vieh, Heu, Korn, Gemüse, Obst, Geflügel, Eier und Milch verkauften. Auf Bänken boten Metzger Fleisch an. In hölzernen Trögen stellten Fischer ihren Fang den Käufern dar. Haus an Haus reihte sich entlang enger, winkeliger Gassen. Die oberen Stockwerke waren bewohnt, im Erdgeschoss befanden sich meist Werkstätten und Läden. In ihnen arbeiteten Handwerker und Händler. Bestimmte Gewerbe, zum Beispiel Gerber (sie bearbeiteten Leder), Färber, Müller oder Schmiede, hatten oft ihre eigenen Gassen am Bach oder Fluss entlang.

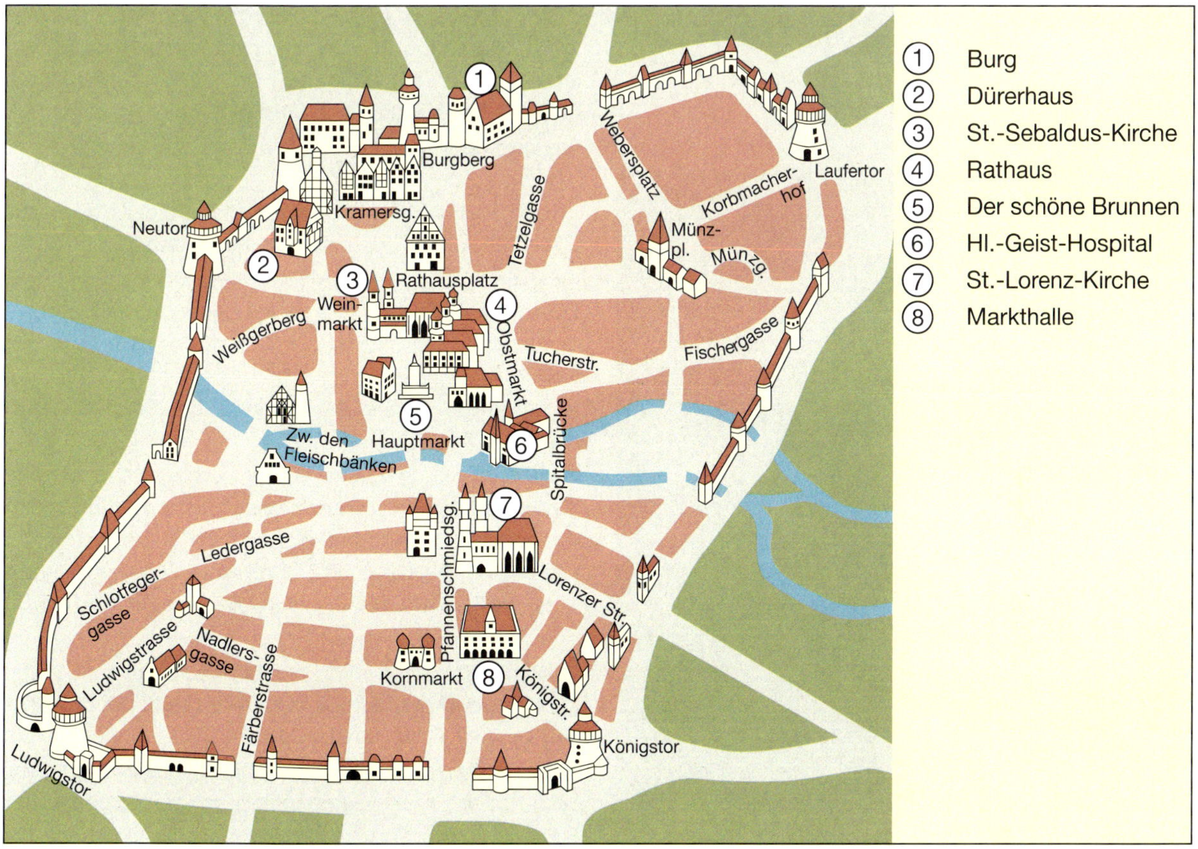

131.1 Der Plan der Altstadt von Nürnberg

Die Stadt hat öffentliche Einrichtungen

Im Zentrum der Stadt stand als wichtigstes öffentliches Gebäude das Rathaus. In seinem großen Sitzungssaal tagte der Stadtrat unter Vorsitz des Bürgermeisters. In der Münzerei wurden die städtischen Münzen geprägt. Der Zöllner arbeitete in der „Waage", wo er die Maße für Salz, Wein, Öl und Getreide eichte und Abgaben kassierte.
Von Hausbrunnen oder öffentlichen Brunnen holten sich die Menschen das Wasser. Auch Badstuben wurden eingerichtet, in denen sich die Leute reinigen konnten. Eine Kanalisation und Müllabfuhr gab es allerdings noch nicht. Die Abwasser und die Abfälle wurden einfach in die meist ungepflasterten Gassen oder Stadtbäche gekippt. Sie stellten deshalb eine ständige Gefahr für die Gesundheit der Menschen dar. Der niedrige Stand des medizinischen Wissens und die hygienischen (= gesundheitlichen) Verhältnisse führten immer wieder zu Seuchen.
Für die Kranken wurde im Spital gesorgt. Menschen mit ansteckenden Krankheiten wurden außerhalb der Stadtmauern in Siechen-, Pest- und Leprosenhäusern untergebracht. Dort lagen in größeren Städten auch die Friedhöfe, die Gerichtsstätten mit dem Galgen und der Schindanger, wo die verendeten Tiere eingegraben wurden.

AUFGABEN >>

1 *Erkläre, wo und wie im Mittelalter Städte entstanden sind.*

2 *Beschreibe das Aussehen der mittelalterlichen Stadt Nürnberg mithilfe von Abb. 130.1.*

3 *Welche Straßennamen im Stadtplan von Nürnberg weisen auf Handel und Gewerbe hin? Erkläre.*

4 *Welche öffentlichen Einrichtungen entdeckst du in der Abb. 131.1?*

5 *Das Leben in der Stadt hatte seine guten und seine schlechten Seiten. Stelle gegenüber.*

6 *Vergleiche das Aussehen einer Stadt mit dem Aussehen eines Dorfes und eines Klosters im Mittelalter. Welche Unterschiede stellst du fest?*

7 *Vergleiche das Aussehen einer mittelalterlichen Stadt mit einer modernen Stadt. Was ist gleich? Was ist unterschiedlich?*

8 *Unternehmt eine Exkursion in eine Stadt, die im Mittelalter gegründet worden ist. Erkundet sie unter dem Aspekt „Zeugnisse aus dem Mittelalter"* *(zur Erkundung > S. 136).*

Die Stadt und ihre Bewohner

132.1 Kaufmann in seinem Büro

132.2 Sarwirker (Kettenhemdmacher)

Lieber in der Stadt leben oder lieber auf dem Land leben? Diese Frage haben sich bereits die Menschen im Mittelalter gestellt. Viele Söhne von hörigen Bauern entschieden sich für ein Leben in der Stadt. Sie verließen heimlich das Dorf oder sie kauften sich von ihrem Grundherrn frei. Warum?

In der Stadt herrschten persönliche Freiheit, rechtliche Gleichheit und Sicherheit. Das bedeutete: In der Stadt mussten sie keinem Grundherrn mehr zinsen und fronen. Dort waren sie nicht mehr als „Hörige" oder „Leibeigene" den Launen eines Herrn ausgeliefert. Dort war nicht ihre Herkunft entscheidend.

All das drückten sie in einer Redewendung aus: „Stadtluft macht frei – Landluft macht eigen". In der Stadt kam es vor allem auf eines an: auf die eigene Tüchtigkeit. Sie ermöglichte Besitz, Reichtum und sozialen Aufstieg. Einfach war das allerdings nicht. Und so gab es in der Stadt trotz der rechtlichen Gleichheit eine enorme soziale Ungleichheit. Je reicher jemand war, desto angesehener war er auch.

Kaufleute

Zu den wohlhabenden Bürgern einer Stadt gehörten die Groß- und Fernhandelskaufleute. Sie handelten mit Waren aus fernen Städten und Ländern: Mit Pfeffer und Salz, mit Seide und Samt, mit Pelzen, Gold und Silber. Fernhandelsgeschäfte dieser Art machten eine hohe Bildung erforderlich. Sie waren mit großem Risiko verbunden, waren aber auch nahezu die einzige Möglichkeit, reich zu werden.

Ihren Reichtum zeigten diese Kaufleute auch: Sie kauften Grundstücke und Häuser. Sie wohnten in großen, geräumigen, zentral gelegenen Häusern, die mit Öfen, Fensterscheiben und holzvertäfelten Wänden ausgestattet waren. Sie trugen Pelze, Samt und Seide. Sie luden Gäste zu Festmählern und Tanz ein. Sie richteten Stiftungen ein, mit denen Armen, Kranken, Witwen und Waisen geholfen werden konnte.

Neben den wenigen Fernhandelskaufleuten gab es eine große Zahl von Kleinkaufleuten. So handelten Krämer mit Haushaltswaren wie Messer, Töpfe und Geschirr, Tändler mit neuen und gut erhaltenen gebrauchten Waren aller Art. Sie konnten von ihrem Gewinn gerade den Lebensunterhalt bestreiten und wurden nur selten reich.

Vom Handel lebten auch die Juden in der Stadt. Aber sie wurden als Gruppe für sich behandelt und waren wenig angesehen. Sie durften kein Handwerk ausüben und keinen Grundbesitz erwerben. Nur Handel und Geldverleih gegen Zinsen, der den Christen verboten war, wurden ihnen erlaubt.

Handwerker

Eine große Bevölkerungsgruppe in einer mittelalterlichen Stadt bildeten die Handwerker. Sie verarbeiteten Rohstoffe wie Metalle, Felle und Leder, Stoffe, Steine, Holz und Nahrungsmittel. Weil sich jeder Handwerker jeweils auf einen kleinen Bereich spezialisierte, entwickelten sich zahlreiche Berufe. So waren in der Stadt Regensburg im Jahr 1436 allein im Bereich Eisenverarbeitung tätig:
21 Schmiede, 8 Drahtschmiede, 1 Nagler, 3 Nadler, 3 Schwertfeger, 3 Klingenschmiede, 8 Messerschmiede, 2 Schleifer, 10 Schlosser, 2 Sarwirker (stellten Kettenhemden her, Abb. 132.2), 4 Plattner (stellten Harnische für Ritterrüstungen her), 2 Sporer (stellten Stiefelsporen für die Ritter her).
Ihre Werkstätten waren auf das ganze Stadtgebiet verteilt und lagen oft dort, wo es entsprechende Kundschaft gab. Einige von ihnen wurden Hauseigentümer und konnten gut leben. Bei anderen reichte der Verdienst gerade dafür aus, die Miete für die Werkstatt und eine Wohnung zu bezahlen und die Familie zu ernähren. Übrigens: Es gab auch Frauen in diesen Berufen.

133.1 Knecht beim Straßenkehren

Diener, Knechte, Mägde

Viele Bewohner einer Stadt, die keinen Beruf erlernen konnten, aber arbeitsfähig waren, verdingten sich als Diener, Knechte und Mägde bei Kaufleuten oder Handwerkern. Sie bekamen für ihre Arbeit Essen, einfache Kleidung und einen Schlafplatz im Hause ihres Herrn. Da sie kein eigenes Einkommen nachweisen konnten, durften sie nicht heiraten. 1436 gehörte zum Beispiel in der Stadt Regensburg ein Fünftel der Erwachsenen zu dieser Bevölkerungsgruppe.

Menschen ohne feste Arbeit

Neben den genannten Bevölkerungsgruppen gab es in einer Stadt noch viele andere Bewohner. Ein ärmliches Dasein fristeten Tagelöhner und Fuhrleute. Sie hatten keinen festen Arbeitgeber und lebten von der Hand in den Mund. Auch Witwen ohne Vermögen, Kranken ohne Angehörige, Arbeitsunfähigen und Bettlern ging es schlecht. Sie waren auf die Almosen der Reichen angewiesen und auf die Hilfe von Mönchen und Nonnen, die in den Klöstern im Stadtgebiet lebten.

133.2 Tagelöhner

AUFGABEN >>

1 *Erkläre, warum viele Söhne von hörigen Bauern sich für ein Leben in der Stadt entschieden.*
2 *Beschreibe die auf den Bildern abgebildeten Personen. Waren sie reich oder arm? Begründe.*
3 *Wie drückte sich der Reichtum bei den Stadtbewohnern im Mittelalter aus? Wie ist das heute?*
4 *Für viele zugezogene Bauernsöhne erfüllte sich der Traum vom Reichtum in der Stadt nicht. Überlege, warum.*

134.1 Ratsversammlung (Patrizier und Handwerker) in Augsburg

Leben in der Stadt

Die Stadt im Mittelalter war – wie die Stadt heute auch – ein Ballungszentrum. Hier arbeiteten und lebten viele verschiedene Menschen auf engem Raum.

Fremde brachten Neuigkeiten aus aller Welt in die Städte mit. Fernhandelskaufleute bereisten weite Teile Europas, gewannen Einblick in andere Lebens-, Wirtschafts- und Rechtsformen. Kleine Schulen entstanden, in denen erlernt werden konnte, was ein Kaufmann braucht: Rechnen, lesen, schreiben.

Beständig musste in der Stadt gebaut, verändert, neu entschieden werden. Diese Dynamik und Mobilität brachte einerseits mit sich, dass sich vor allem bei den Bewohnern größerer Städte Offenheit und Freiheitsbewusstsein stärker entfalten konnten. Andererseits waren gerade dadurch Regelungen notwendig, damit die Freiheit, die Sicherheit und die Ordnung bewahrt werden konnten.

Die Städter stellten sich dieser Herausforderung. Wie?

Bürger übernehmen die Regierung in der Stadt

Ursprünglich war der König, ein Herzog oder ein Bischof der Herr der Stadt. Er allein verlieh das Marktrecht und das Recht zur Befestigung. Er bestimmte, was in der Stadt geschehen sollte. Mit dem Wohlstand wuchs auch das Selbstbewusstsein der Bürger. Vor allem die reichen Kaufleute wollten vom Grundherrn unabhängig sein. Um dieses Ziel zu erreichen, setzten sie verschiedene Mittel ein: Sie kauften dem Grundherrn bestimmte Ämter ab, spielten König, Bischof und Herzog gegeneinander aus, verweigerten dem Grundherrn Steuern und Gefolgschaft oder kämpften gegen ihn sogar mit Gewalt. In vielen Städten wurden reiche Kaufleute schließlich die neuen Herren, die Patrizier. Als gewählte Bürgermeister und Stadträte übernahmen sie die Regierung in den Städten. In einer Ratsordnung von Köln heißt es 1341 dazu:

„Die 15 Herren des engen Rats und die 2 Bürgermeister sollen schwören, der Mehrheit zu gehorchen, Gesetze und Verträge zu lesen und zu halten. Sie sollen drei Tage in der Woche Rat halten … Ehe das Jahr um ist, sollen die 15 Herren andere 15 wählen … Alle Punkte, die der Rat behandelt, sollen in einem Protokollbuch aufgeschrieben werden, auch wie sich die Mehrheit entschieden hat. Wer das, was im Rat behandelt wird, in der Stadt heimlich preisgibt, soll nicht mehr in den Rat kommen."

(aus :Keutgen: Urkunden zur städtischen Verfassungsgeschichte 1899, S. 220)

135.1 Zunftwappen

Berufsgenossenschaften werden gegründet

„Kund und zu wissen sei, es haben Reinzo, Wilderich und Everold und die übrigen Handwerksgenossen in frommer Hoffnung auf ein ewiges Leben im Jahre 1149 eine Bruderschaft der Decklakenweber gebildet".

Mit solchen Worten schlossen sich in vielen Städten Handwerker eines Berufszweiges zusammen und gründeten eine Zunft. So gab es die Zunft der Schreiner, der Schlosser, der Metzger. Jede Zunft gab sich selbst ihre Zunftordnung. In ihr wurde festgelegt, wer in die Zunft eintreten konnte, wie viele Meister und Gesellen in der Stadt das Handwerk ausüben durften, wie die Ausbildung der Lehrlinge geregelt war. Die Zunft überwachte auch den Einkauf der Rohstoffe, die Preise und die Qualität der Erzeugnisse. Jede Zunft hatte ihr Zunftzeichen, ihre Zunftfahne, ihr Zunfthaus, ihre Zunftbräuche und ihre Zunftkleidung.

„Zünftig" zu sein, brachte eine Beschränkung der persönlichen Freiheit mit sich. Andererseits konnten die Handwerker durch ihren Zusammenschluss in vielen Städten mit der Zeit erreichen, dass nicht nur die reichen Kaufleute, sondern auch sie als Bürgermeister und Stadträte die Geschicke der Stadt mitbestimmten.

In Augsburg wurde 1368 dazu festgelegt:

„Aus allen Handwerkern der Stadt sollen sich 18 Zünfte bilden. Jede soll einen Zunftmeister haben, der dem Rat angehört. Handelt es sich um eine große und ehrbare Zunft, so soll noch ein weiteres Zunftmitglied mit in den Rat gehen ... Jedes Jahr soll der Rat alle wissen lassen, wofür die Steuergelder verwendet wurden."

(Aus: Chroniken der deutschen Städte. Bd. 4, S. 135).

Auch die reichen Kaufleute schlossen sich zu Handelsgesellschaften und Gilden zusammen. Die bekannteste Kaufmannsgilde war die „Hanse". Ihr gehörten zeitweilig Kaufleute aus 200 deutschen Städten aus dem Nord- und Ostseeraum an. Dieser Bund wurde so mächtig, dass er sich gegen Könige widersetzen konnte. Die Hanse richtete in vielen Ländern Kontore ein. In diesen Niederlassungen konnten die Kaufleute ihre Waren stapeln, ohne Zoll zu zahlen. Ein weiters Ziel der Hanse war es, die Handelswege vor Seeräubern und Wegelagerern zu schützen.

AUFGABEN >>

1. *Erkläre, wie es dazu kam, dass die Bürger die Regierung in den Städten übernahmen.*
2. *Entnimm der Kölner Ratsordnung, wozu sich die Stadträte verpflichten mussten.*
3. *Beschreibe Abb. 134.1. Woran merkst du, dass es sich nicht um eine Stadtratsitzung heute handelt?*
4. *Auch heute gibt es in den Gemeinden Bürgermeister und einen Gemeinderat. Was ist unterschiedlich, gleich oder ähnlich wie im Mittelalter?*
5. *Erkläre, welche Aufgaben die Zünfte hatten.*
6. *Auf welche Berufe weisen die Zunftwappen (Abb. 135.1) hin?*
7. *Überlege, welche Vor- und Nachteile es hatte, in einer Zunft zu sein.*

TRIO-Arbeitsweise: Eine Exkursion zu einem mittelalterlichen Bauwerk

Die Schülerinnen und Schüler der Klasse 6b ließen sich von Aufgabe 8 auf Seite 131 anregen. Gemeinsam mit ihrer Lehrerin haben sie eine Exkursion (= lat. Forschungsreise, Unterrichtsgang) vorbereitet, durchgeführt und ihre Ergebnisse dokumentiert.

Vorbereitung der Exkursion

1. *Welche Zeugnisse aus dem Mittelalter gibt es bei uns, zu denen wir eine Exkursion machen könnten?*
   - Burg
   - Kirche
   - Kloster
   - Rathaus ...
2. *Für welches Zeugnis entscheiden wir uns?*
3. *Unter welchen Aspekten können wir ein Bauwerk erforschen?*
   - Geschichte
   - Bauteile
   - Stilmerkmale
   - Schmuck
   - Verwendungszweck
   - Sanierung/Renovierung ...
4. *Wie können wir bei der Erforschung vorgehen?*
   a) Erforschung mithilfe von Arbeitsblättern und Hilfsmitteln. Alle lösen die gleichen Aufgaben.
   b) Erforschung mithilfe von Stationenkarten. Es gibt Pflichtstationen und Zusatzstationen für schnelle, helle, besonders interessierte Schüler/innen.
   c) „Profi-Erforschung“: Eine Stationenkarte wird gewählt, der Arbeitsauftrag gelöst und des Ergebnis den Klassenkameraden vor Ort vorgestellt.
   d) „Experten-Erforschung“: Vor der Durchführung machen sich Schüler/innen zu Experten eines Aspekts und führen die Klassenkameraden dann vor Ort.
   Bei allen Vorgehensweisen ist Einzel-, Partner- oder Gruppenarbeit möglich.
5. *Welche Hilfsmittel brauchen wir zur Erforschung und zur Dokumentation unserer Ergebnisse?*
   - Fachliteratur (Bücher, Führer, CD-ROM)
   - Arbeitsblätter oder Stationenkarten, Papier, Stifte, Lineal, feste Unterlage etc.
   - Fotoapparat, Film, Blitz, Stativ
   - Maßband, Meterstab
6. *Was müssen wir an Organisatorischem abklären?*
   - Öffnungszeiten
   - Anmeldung der Klasse
   - Verkehrsmittel
   - Verhaltensregeln

Durchführung der Exkursion

Wir suchen, betrachten, überlegen, schreiben, zeichnen, ergänzen, messen, vergleichen, fotografieren ...

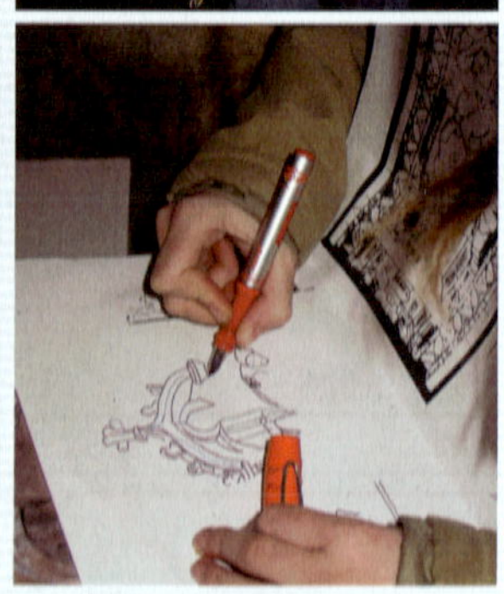

Wir haben uns entschieden, die Bauteile, die Stilmerkmale und den Schmuck des Regensburger Doms zu erforschen. Und zwar mithilfe von Stationenkarten (4. b).

Zwei Stunden im Dom! Da ist es ganz schön kalt. Aber jeder von uns war voll bei der Sache!

Dokumentation der Exkursion

Mit der „Forschungsarbeit" im Dom war für die Schülerinnen und Schüler der Klasse 6b die Exkursion noch nicht beendet. Im Klassenzimmer haben sie über das Gesehene und Erlebte erst einmal miteinander gesprochen, ihre Ergebnisse verglichen und Querverbindungen zwischen den einzelnen Aspekten hergestellt.

In Gruppen aufgeteilt, haben sie dann Schaubilder angefertigt: Zum gotischen Baustil, zum Schmuck im Inneren des Doms und zu den Bauteilen des Doms. Zusammen mit Plakaten, auf denen sie die Vorbereitung und Durchführung ihrer Exkursion darstellten, haben sie schließlich ihren Unterrichtsgang in Form einer Ausstellung im Schulhaus dokumentiert.

Der Dom in Regensburg ein Meisterwerk gotischer Baukunst

Bauteile der Westansicht

Gotischer Baustil (1200 1500)

Turmhelm
Achteckiger Turmaufsatz
Drittes Stockwerk mit Glocken
Zweites Stockwerk mit Fenstern
Erstes Stockwerk mit Hauptportal
Sockel mit Treppe

Kreuzblume
Krabbe
Fiale
Schmuckfries
Wimperg
Dreipass
Spitzbogenfenster

Schmuck im Inneren des Doms

Der Engel Gabrie grüßt

Maria

Die berühmten bunten Glasfenster

Soger der Teufel ist im Dom

Lehre und Ausbreitung des Islam

Das Christentum war die vorherrschende Religion in Europa. Im Mittelalter, im 7. Jahrhundert, entstand noch eine andere Weltreligion, der Islam (arabisch = Hingebung).
Menschen, die an die Religion des Islam glauben, nennt man Muslime. Von Arabien aus wurde der Islam bis nach Südeuropa verbreitet. Dort vor allem kam es zur Begegnung von Christen und Muslimen.

138.1 Glaubensbekenntnis der Muslime in arabischer Schönschrift

138.2 Der Erzengel Gabriel erscheint Mohammed

Mohammed gründet den Islam

Der Beginn des Islam liegt in der alten Handelsstadt Mekka. Diese Wüstenstadt war ein Treffpunkt von Menschen der verschiedenen arabischen Stämme. Hier handelten sie mit Waren und verehrten in zahlreichen Heiligtümern ihre Götter.
In Mekka wurde auch Mohammed geboren, der Stifter des Islam. Zunächst erlernte er den Beruf des Kaufmanns. Auf seinen Handelsreisen begegnete er Juden und Christen.
Um das Jahr 610 hatte er ein besonderes Erlebnis: Im Schlaf erschien ihm ein Engel, hielt ihm ein Buch vors Gesicht und befahl ihm zu lesen. Von da an predigte Mohammed den Menschen, dass es nur einen Gott gibt: Allah. Die Bewohner von Mekka lehnten diesen Glauben allerdings ab und bekämpften Mohammed. Deshalb siedelte er im Jahre 622 nach Medina über. Dort konnte er dann die Menschen von dem neuen Glauben überzeugen. Mohammed wurde Leiter der Gemeinde.
Mit der Zeit erreichte er, dass alle arabischen Stämme die neue Religion ernst nahmen. Mohammed wurde der Führer und konnte mithilfe des Islam aus den zerstrittenen arabischen Stämmen ein einiges Arabien schaffen. Die Stadt Mekka entwickelte sich zum Mittelpunkt des Landes und der neuen Lehre. Fortan begann die Zeitrechnung der Muslime mit dem Jahr 622.

Die Lehre des Islam

„Es gibt keinen Gott außer Gott (Allah) und Mohammed ist der Gesandte Gottes." Wer dieses Glaubensbekenntnis aus voller Überzeugung spricht, der ist ein Muslim, das heißt ein „Gottergebener". Muslim sein bedeutet aber nicht nur, sich zu Allah zu bekennen, sondern auch sein ganzes Leben nach Gott auszurichten. Wie das geschehen soll, steht im Koran.
Der Koran (arabisch = Vortrag) ist das Heilige Buch des Islam, das die Offenbarungen Mohammeds enthält. Dort finden sich auch die folgenden Hauptregeln:

- Ein gläubiger Muslim bekennt sich zu Allah.
- Ein gläubiger Muslim betet fünfmal am Tag (morgens, mittags, am Nachmittag, bei Sonnenuntergang und abends).
- Einen Monat lang – im Ramadan – isst und trinkt er tagsüber nichts.
- Einen Teil seines Geldes gibt der Muslim den Armen und Bedürftigen.
- Wenn möglich macht er einmal in seinem Leben eine Pilgerfahrt nach Mekka.

Diese Hauptregeln gelten natürlich auch für die Musliminnen.

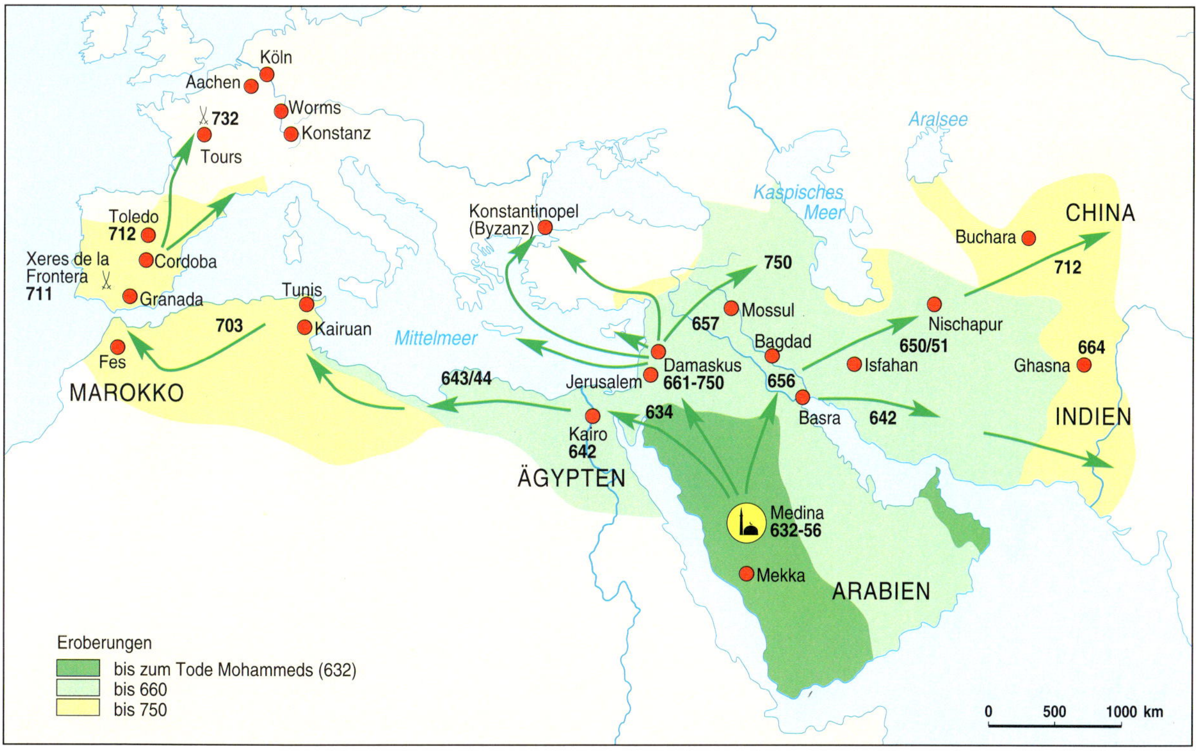

139.1 Ausbreitung des Islam

Im Namen Allahs – die Ausbreitung des Islam

Im Koran steht auch, dass sich alle Muslime für die Sache Allahs und für die Ausbreitung des Islam einsetzen müssen. Dieses Bemühen heißt „Dschihad". Dazu schreibt der Prophet Mohammed:

„Wenn einer stirbt, ohne auf Allahs Weg Dschihad geführt oder wenigstens diesen Wunsch im Herzen getragen zu haben, so stirbt er in einer Art Zwiespalt ... Wer dem Dschihad flieht, der nenne sich nicht Muslim."

(Aus: H. Arikan: Der kurzgefasste Ilmihal. Köln 1998, S. 173)

Nach dem Tode Mohammeds riefen seine Nachfolger, die Kalifen, zum Heiligen Krieg auf. Unter der grünen Fahne des Propheten strömten die Araber zunächst in die Länder am östlichen Mittelmeer und Richtung Osten ins Reich der Perser bis nach Indien und China. Dann wandten sie sich dem Westen zu: Über Nordafrika und die Straße von Gibraltar stießen sie nach Spanien und ins Frankenreich vor.

Dem Frankenherrscher Karl Martell gelang es 732 – hundert Jahre nach dem Tod Mohammeds – mit einem christlichen Heer die weitere Ausbreitung der Araber und des islamischen Glaubens in Europa zu stoppen (Abb. 139.1). Spanien blieb aber noch viele Jahrhunderte unter arabisch-islamischer Herrschaft.

139.2 Islamisches Heer

AUFGABEN >>

1 *Welchen Glauben lehrte Mohammed?*

2 *Nenne die fünf wichtigsten Anweisungen, denen ein gläubiger Muslim folgt. Du kannst auch muslimische Mitschüler befragen (> Religion, Ethik).*

3 *Abb. 138 .1 stellt in arabischer Schrift das Glaubensbekenntnis eines Muslim dar. Wie heißt das?*

4 *Erläutere den Begriff „Dschihad".*

5 *Erkläre, warum die Araber ihre neue Religion weit verbreiten wollten.*

Begegnung von Christentum und Islam

140.1 Islamische Baukunst in Granada

140.2 Das Astrolabium, eine Erfindung der Araber. Damit konnte man durch Einrichten des Zeigers auf die Sonne die geografische Breite und Tageszeit ermitteln. Das Gerät war unentbehrlich für die Hochseeschifffahrt.

Spanien blüht auf im Zeichen arabisch-islamischer Kultur

Spanien war damals die nordwestliche Grenze des großen arabischen Reiches. Al-Andalus nannten die Araber dieses Gebiet. (Der Name der heutigen Region Andalusien erinnert daran.)

Zuerst in Cordoba, später auch in Sevilla und Granada errichteten die Araber prächtige Paläste und Moscheen. Ingenieure schufen Bewässerungsanlagen, wie sie Andalusien bis dahin nicht gekannt hatte. Außerdem führten die Araber verschiedene Nutz- und Zierpflanzen, Bäume, Gemüse und Getreide ein: zum Beispiel die Dattelpalmen, Oliven, Feigen, Orangen, Bananen, Aprikosen. Die köstlichen Früchte des Orients wuchsen gut auf dem fruchtbaren Boden im südlichen Spanien. Außerdem wurden Papyrus und Baumwolle zur Papier- und Kleiderherstellung angebaut.

Die Seidenwebereien Cordobas, in denen 130 000 Menschen beschäftigt waren, lieferten feinste Seidenstoffe. Die Stadt war auch berühmt für das farbige Leder, das dort hergestellt wurde. Aus Toledo kamen die weltberühmten Schwerter und Sarazenerklingen.

Ackerbau, Handwerk und Handel blühten ebenfalls auf und brachten Wohlstand mit sich. Dieser Wohlstand war die Grundlage, auf der auch das geistige Leben zu hoher Blüte kam.

141.1 Arabische Ärzte bei einer Kopfoperation

141.2 Ritter und Muslime beim Schach

Die Europäer lernen von den Arabern

Zu Zeiten, als im christlichen Europa nur ganz wenige Menschen lesen und schreiben konnten, gab es in Andalusien bereits überall kostenlose Schulen. Jeder konnte sie besuchen. Allein in der Stadt Cordoba gab es zum Beispiel 27 Schulen.
Arabische Gelehrte hatten das Gradnetz der Erde berechnet, Sternkarten gezeichnet, einen Kalender erstellt, den Kompass erfunden, neue Arzneien entwickelt, den menschlichen Körper erforscht. So wurden an den Universitäten in Cordoba und Sevilla Astronomie, Mathematik und Medizin gelehrt – alles Fächer, die im christlichen Europa kaum gelehrt wurden. Papst Silvester II. studierte zum Beispiel im islamisch geprägten Spanien Mathematik. Fürsten reisten an, um sich dort operieren zu lassen.
Auch die arabischen Ziffern, das Schachspiel (Abb. 141.2), die Spielkarten oder verschiedene Musikinstrumente verdanken wir den Arabern.

Im Jahre 850 schrieb der Bischof von Cordoba:

„Viele Christen lesen die arabischen Dichtungen und Geschichten oder studieren die Schriften der moslemischen Theologen und Philosophen … um zu lernen, wie man sich besser in Arabisch ausdrücken kann. Alle gebildeten jungen Christen kennen die arabische Sprache und Literatur und sammeln mit großen Kosten eine solche Bibliothek … Es gibt unzählige, die sich aufs eleganteste in Arabisch auszudrücken vermögen und arabische Gedichte schreiben.“

(Aus: Orlandi (Hrsg.): Mohammed und seine Zeit. Wiesbaden 1974)

Muslime und Christen leben tolerant zusammen

Eine Grundlage der kulturellen Blüte war die Toleranz der arabischen Herrscher. Sie ließen den Spaniern ihre geltenden Gesetze. Spanische Grafen und Bischöfe regelten weiterhin das Zusammenleben der Menschen. Die Christen wurden nach ihren Gesetzen von ihren eigenen Richtern gerichtet. Nur wenn es Streitigkeiten zwischen Muslimen und Christen gab, hatte der muslimische Kadi das Urteil zu sprechen. Die Christen mussten eine Kopfsteuer zahlen. Wer zum Islam übertrat, wurde davon befreit. Das hatte zur Folge, dass viele Christen Muslime wurden.
Neben Muslimen und Christen gab es auch viele Juden, die das kulturelle Leben bereicherten. Die Anhänger der drei Religionen respektierten einander. Sie beteten zwar getrennt in den Moscheen, Kirchen und Synagogen, aber ihr tägliches Leben gestalteten sie in Frieden miteinander. Die Gelehrten aus den drei Religionen tauschten ihre Gedanken aus und versuchten, die Welt zu erklären.
Zu einer Begegnung zwischen Islam und Christentum kam es vor allem in Spanien und Sizilien. In anderen Teilen Europas bemühten sich einige Gelehrte darum. Die Masse der christlichen Bevölkerung bekam allerdings nur wenig vom Islam mit.

AUFGABEN >>

1 *Die Europäer lernten durch die Araber viel Neues kennen. Nenne Beispiele.*

2 *Erkläre an Beispielen, wie sich das tolerante Zusammenleben zwischen Muslimen, Christen und Juden zeigte.*

Die Kreuzzüge

142.1 Aufruf zum Kreuzzug durch Papst Urban II.

„Von Jerusalem und Konstantinopel kommt schlimme Nachricht zu uns. Die Seldschuken, ein fremdländisches und gottloses Volk, ist in das Land der Christen eingedrungen und hat es mit dem Schwert, durch Plünderungen und Brandstiftungen verwüstet …“

Diese Nachricht überbrachte Papst Urban II. im Jahre 1095 in einer Rede in Clermont (Frankreich) den versammelten Menschen. Er forderte seine Hörer zur Befreiung des Heiligen Landes auf:

„Bewaffnet euch mit dem Eifer Gottes, liebe Brüder. Wendet die Waffen, mit denen ihr in sträflicher Weise Bruderblut vergießt, gegen die Feinde des christlichen Glaubens …

Und wenn einer dort in wahrer Buße fällt, so darf er fest glauben, dass ihm Vergebung seiner Sünden und die Frucht ewigen Lebens zuteil wird.“

(Aus: Guggenbühl, G./Weiss, O., Quellen zur allgemeinen Geschichte, Bd. 2, Zürich 1946, S. 113)

142.2 Christus als Anführer der Kreuzritter. Buchmalerei aus dem 13. Jahrhundert. Das Bild stammt aus einem Buch über die Kreuzzüge, in dem die christliche Buchmaler die Kreuzzüge aus christlicher Sicht rechtfertigen wollten.
Dies zeigen verschiedene Symbole (Sinnbilder): Die rote Farbe steht für das von Christus geopferte Blut, das Kreuz symbolisiert das Leid Christi als Gekreuzigter, das Schwert ist das Berufszeichen der Ritter und Soldaten, der Heiligenschein steht für Christus, Christus auf dem weißen Pferd bezieht sich auf eine Bibelstelle.
Damals konnten die meisten Mönche und Adelige solche biblischen Symbole deuten.

Kreuzfahrer folgen dem Aufruf des Papstes

Viele der Zuhörer wurden von der Predigt des Papstes mitgerissen. Sie gelobten, ins Heilige Land zu ziehen, um es von der Herrschaft der „Gottlosen“, von den muslimischen Seldschuken zu befreien. Als „Soldaten Christi“ hefteten sie sich Stoffkreuze an die Kleider. In den Städten und Dörfern warben Wanderprediger bei den einfachen Menschen für den Kreuzzug.

„Gott will es!“ – mit diesem Schlachtruf setzten sich im ersten Kreuzzug Menschen aus ganz Europa in Bewegung: Arme Leute beschlugen die Hufe ihrer Ochsen ähnlich wie ihre Pferde, sie spannten sie vor zweirädrige Karren, luden darauf ihre Vorräte und kleine Kinder und zogen beim Kreuzzug mit.

Neben dem Kreuzzug der Armen gab es auch drei besser ausgerüstete Heere aus französischen, niederländischen, normannischen, italienischen und deutschen Rittern. Die Kreuzfahrerheere sammelten sich in bestimmten Gebieten und brachen von dort ins Heilige Land auf.

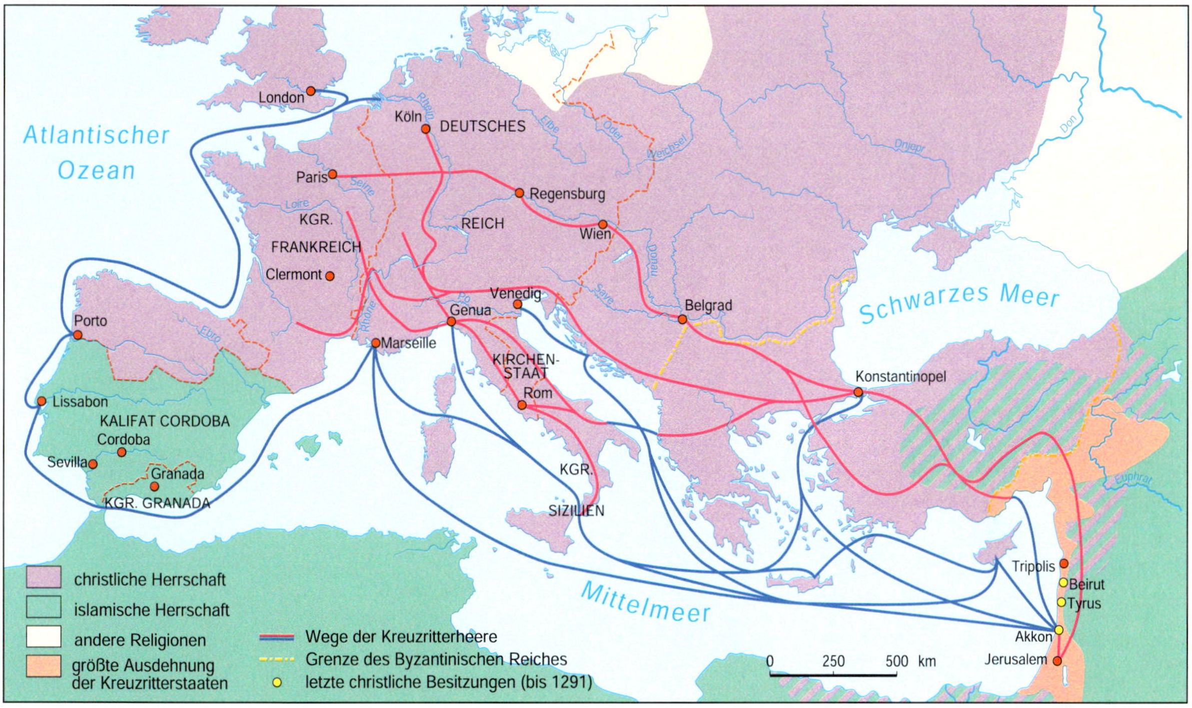

143.1 Die Kreuzzüge

Kampf um das Heilige Land

Durch Wüsten, Steppen und über hohe Gebirge erreichten die Heere auf Landwegen Konstantinopel. Für den weiteren Weg nach Jerusalem brauchten sie statt der erhofften fünf Wochen fast drei Jahre. Über die Strapazen des Marsches berichtet ein Priester:

„Als sie in das Innere des Landes der Sarazenen [= Araber, Mohammedaner] eingedrungen waren, konnten sie von den verhassten Bewohnern dieser Gegend weder Brot bekommen noch Lebensmittel anderer Art; daher auch kam es, dass viele von ihnen … grausam von Hunger gequält wurden … Hunger, Kälte, Regengüsse, alle diese Übel und viele andere mussten wir um der Liebe zu Gott willen ertragen … Ich habe viele unserer Leute … zugrunde gehen sehen."

(Aus: Pernoud, R., Die Kreuzzüge in Augenzeugenberichten, Düsseldorf 1961, S. 66 f.)

Nach fünfwöchiger Belagerung erstürmten die wenigen überlebenden Kreuzfahrer im Jahr 1099 Jerusalem (Abb. 144.1). Sie besetzten in Palästina die Küstenstädte, bauten Burgen und errichteten christliche Kreuzfahrerstaaten.

Im Laufe der folgenden zweihundert Jahre wurden noch mehrere Kreuzzüge unternommen. Das religiöse Anliegen trat dabei allmählich in den Hintergrund. Abenteuerlust, Flucht vor Schulden und Strafen, Hoffnung auf Reichtum wurden wichtige Beweggründe für die Teilnahme.

Das Heilige Land konnte allerdings nur vorübergehend in den Besitz der Christen gebracht werden. Bereits im Jahr 1187 eroberte Sultan Saladin Jerusalem wieder zurück.

AUFGABEN >>

1. *Wozu ruft der Papst die Gläubigen auf? Was verspricht er ihnen?*
2. *Beschreibe Abb. 142.2 und erkläre, was damit ausgesagt werden soll.*
3. *Erkläre warum, viele Kreuzfahrer Jerusalem nicht erreichten.*

a TRIO-Arbeitsweise: Wir betrachten Ereignisse aus verschiedenen Blickwinkeln

Vielleicht hast du auch schon mal folgende Erfahrung gemacht: Zwei Schüler geraten in Streit. Der Lehrer trennt die beiden und will wissen, was los ist. Der eine erzählt über den Streit das eine, der andere erzählt darüber jedoch was ganz anderes. Jeder sieht also das Geschehen aus seiner Sicht und aus einem anderen Blickwinkel ...
Auch über Vergangenes gibt es verschiedene Sichtweisen. Zum einen von den Menschen, die es selbst miterlebt haben oder in der Zeit gelebt haben. Zum anderen von Menschen, die später darüber geschrieben haben. Will man sich der Wahrheit annähern, muss man die Menschen mit ihren verschiedenen Sichtweisen zu Wort kommen lassen. Und dann sind deren Aussagen kritisch zu prüfen. Sind sie stimmig und einleuchtend? Dafür braucht man Wissen, Erfahrung und Vorstellungskraft.
Willst du Ereignisse aus zwei verschiedenen Blickwinkeln betrachten, so kannst du folgendermaßen vorgehen:

144.1 Eroberung Jerusalems durch Kreuzfahrer

1. Schritt: Blickwinkel herausfinden
- Wer spricht? z. B. Beteiligter, Betroffener, Beobachter, Herrscher, Chronist, Journalist, Geschichtsforscher ...
- Wann spricht er? Zeitgenosse des Geschehens, spätere Zeit, Gegenwart, politischer Hintergrund ...
- Worüber spricht er? z. B. über ein einzelnes Ereignis, über einen Aspekt, über ein größeres Thema ...
- Welche Absicht wird deutlich? z. B. erzählen, informieren, appellieren, argumentieren ...

2. Schritt: Blickwinkel vergleichen und kritisch überprüfen
- Welche Aussagen/Sichtweisen stimmen überein? Welche sind unterschiedlich? Warum?
- Wie würde ich aus der Sicht von ?? dieses Ereignis darstellen?
- Wie sehe ich das Ereignis? Warum habe ich diesen Blickwinkel?

AUFGABEN >>

1 *Finde mithilfe des Fragenkatalogs die Blickwinkel in den Texten auf Seite 145 heraus, vergleiche und überprüfe sie.*

2 *Belege an Textstellen, dass es sich um eine islamische bzw. eine christliche Perspektive handelt.*

3 *Verfasst nun selbst Texte über die Kreuzzüge. Findet eure Blickwinkel heraus, vergleicht sie und überprüft sie.*

Text 1: Die Befreiung der Heiligen Stadt

„In allen Straßen und auf allen Plätzen der Stadt waren Berge abgeschlagener Köpfe, Hände und Beine zu sehen. Die Menschen liefen über Leichen und Pferdekadaver. Aber ich habe bis jetzt nur die kleineren Schrecken beschrieben ... Beschriebe ich, was ich tatsächlich gesehen habe, würdest du mir nicht glauben. Was für eine passende Bestrafung! Gerade der Platz, der so lange Zeit die Gotteslästerung ertragen musste, war nun bedeckt vom Blut der Lästerer ...

Gleich nach Einnahme der Stadt war es höchst erbaulich, die Frömmigkeit der Pilger vor dem Heiligen Grab zu sehen. Sie klatschten und frohlockten und sangen dem Herrn ein neues Lied.“

Raimund von Aguilers, * 11. Jh., begleitete den Grafen Raimund von Toulouse auf dem ersten Kreuzzug und verfasste die „Geschichte der Franken, die Jerusalem eroberten“.

(Aus: Die Kreuzzüge. Tafeltexte zur Ausstellung. Hg. v. Bischöflichen Dom- und Diözesanmuseum Mainz, Bad Kreuznach, Verlag Matthias Ess 2004, o.S.)

Text 2: Das Massaker von Jerusalem

„Die Einwohner wurden ans Schwert geliefert, und die Franken blieben eine Woche in der Stadt, während deren sie die Einwohner mordeten ... In der al-Aqsa-Moschee töten die Franken mehr als siebzigtausend Muslime, unter ihnen viele Imame, Religionsgelehrte, Fromme und Asketen, die ihr Land verlassen hatten, um in frommer Zurückgezogenheit an diesem Ort zu leben ... Die Flüchtlinge erreichten Bagdad ... sie waren in Tränen bei der Erzählung, was die Muslime in dieser erhabenen heiligen Stadt erlitten hatten: die Männer getötet, Frauen und Kinder gefangen, alle Habe geplündert.“

Ibn al-Athir, ein arabischer Historiker, war Augenzeuge der Taten Saladins und verfasste „Eine Geschichte der islamischen Welt bis 1231“.

(Aus: Die Kreuzzüge. Tafeltexte zur Ausstellung. Hg. v. Bischöflichen Dom- und Diözesanmuseum Mainz, Bad Kreuznach, Verlag Matthias Ess 2004, o. S.)

Text 3: Die Kreuzzüge

„Was bewog die Kreuzfahrer, mit dem verhängnisvollen Schlachtruf ‚Gott will es' in den Krieg zu ziehen? War es die tiefe Überzeugung, im Dienste der gerechten Sache gegen die vermeintlichen und tatsächlichen Feinde des Christentums anzukämpfen? Oder waren die Kreuzfahrer verblendete Söldner mit einer fragwürdigen ‚Liebe' zum Heiligen Land? ... Die Kreuzzüge sind keine abgeschlossene Historie, keine in sich fertigen Kapitel der Geschichtsbücher. Bis in unsere heutigen Tage wird das Wort ‚Kreuzzug' als politisches Schlagwort ge- und missbraucht, etwa im Spanischen Bürgerkrieg, im Zweiten Weltkrieg und im Golfkrieg unserer Tage.... Gerade in einer Zeit, in der nach dem 11. September 2001 der christlich-islamische Dialog erneut auf die Probe gestellt wird, muss sich zeigen, dass wir bereit sind, aus der Geschichte zu lernen: dass es keine niederdrückende Vormachtstellung, keine Überlegenheitsansprüche geben darf. Jeder religiöse Fanatismus führt ins Unheil. ... So soll die Beschäftigung mit dem Thema ‚Kreuzzug' zu einem Lehrstück der Einübung in eine neue Toleranz werden.“

Karl Kardinal Lehmann, Bischof von Mainz, 2004.

(Aus: Die Kreuzzüge. Hg. v. H-J. Kotzur, Mainz, Verlag von Zabern, 2004, S. 8)

Text 4: Die Kreuzzüge

"Die arabische Welt ist von den Franken fasziniert und fürchtet sie zugleich. Sie hat sie als Barbaren erlebt und besiegt, aber sie beherrschen heute die Welt, und die Araber bringen es nicht fertig, die Kreuzzüge einfach als ein längst abgeschlossenes Kapitel der Geschichte zu betrachten. Man ist oft erstaunt festzustellen, in welchem Maße die Haltung der Araber und der Muslime insgesamt dem Westen gegenüber noch heute von Vorkommnissen beeinflusst wird, die allgemein als vor sieben Jahrhunderten abgeschlossen gelten.

So beziehen sich, an der Schwelle zum dritten Jahrtausend, die politischen und religiösen Führungskräfte der arabischen Welt ständig auf Saladin, auf den Fall Jerusalems und seine Wiedereroberung.... Man kann nicht verhindern, dass sich in einer ständig angegriffenen muslimischen Welt ein Verfolgungskomplex einstellt, der bei manchen Fanatikern die Form einer gefährlichen Besessenheit annimmt. Man denke nur an den Türken Mehmet Ali Agca, der am 13. Mai 1981 auf den Papst geschossen und dazu in einem Brief erklärt hat: ‚Ich habe beschlossen, Johannes Paul II., Obersten Kriegsherrn der Kreuzritter, zu töten.'"

Amin Maalouf, libanesischer Schriftsteller, 2001

(Aus: Maalouf, Amin: Der Heilige Krieg der Barbaren. Die Kreuzzüge aus der Sicht der Araber, München 2001, 3. Aufl., S. 283 f.)

TRIO-Kompakt: Dem Mittelalter auf der Spur

500 n. Chr. 800 1000

Die Geburt der europäischen Nationen

Der Frankenkönig Karl (768–814) vereinigte die germanischen Stämme und vergrößerte sein Reich durch Eroberungskriege. Er schuf ein großes, christlich geprägtes europäisches Reich. Im Jahre 800 wurde er vom Papst zum Kaiser gekrönt.
Unter seinen schwachen Nachfolgern wurde das Reich geteilt. Aus dem westfränkischen Reich entwickelte sich Frankreich, aus dem ostfränkischen Reich Deutschland. Otto der Große (936–973) war der erste Kaiser des „Heiligen Römischen Reiches deutscher Nation".

Kirche und Glaube bestimmen das Leben

Die größte Autorität im mittelalterlichen Europa war die Kirche. Ihr Oberhaupt war der Papst in Rom. Er wurde als Stellvertreter Christi auf Erden angesehen. Die Kirche erwartete, dass alle Menschen der Lehre gehorchten. Vom königlichen Hof bis zum ärmsten Dorf – überall bestimmte der christliche Glaube das Alltagsleben.
Es entstanden zahlreiche Klöster. Sie bildeten religiöse, wirtschaftliche, wissenschaftliche und kulturelle Mittelpunkte.
Religiöser Eifer führte im 11. und 12. Jahrhundert zu Kreuzzügen.

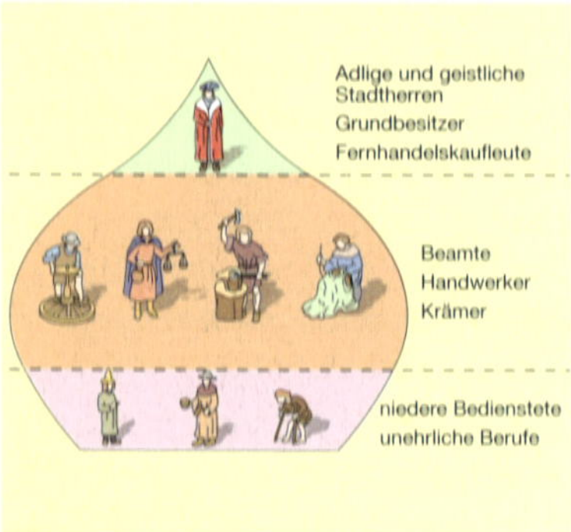

Ständegesellschaft und Grundherrschaft

In der mittelalterlichen Gesellschaft gab es eine strenge Rangordnung nach Ständen. Großes Ansehen hatten der Lehrstand (Geistliche) und der Wehrstand (Adelige), geringes Ansehen hatte der Nährstand (Bauern). Jeder wurde in einen „niederen" oder „höheren" Stand hineingeboren und hatte bestimmte Rechte und Pflichten. Die soziale Ungleichheit der Menschen wurde mit Gottes Willen begründet.
Fast alles Land gehörte Adeligen und Geistlichen. Als Grundherren hatten sie auch Herrschaft über die Bauern, die das Land bestellten.

AUFGABEN >>

1 *Zeichne in dein Heft eine Zeitleiste von 500 bis 1500 n. Chr. (100 Jahre = 5 Kästchen, Querformat). Ordne in die Zeitleiste Personen und Ereignisse aus den Textabschnitten ein.*

2 *Fertigt euch Stichwortzettel zu den sechs Überschriften an. Schlagt dazu auf den Seiten 106–145 nach.*

1500

Begegnung mit dem Islam

Im 7. Jahrhundert entstand in Arabien der Islam. Nach dem Tode des Propheten Mohammed verbreiteten Araber den Glauben an Allah bis nach Südeuropa und übernahmen in Spanien für mehrere Jahrhunderte die Herrschaft. Spanien blühte auf im Zeichen arabisch-islamischer Kultur. Muslime, Christen und Juden begegneten dort einander tolerant und gestalteten ihr tägliches Leben in Frieden miteinander.
Im Streit um das Heilige Land kam es zwischen 1096 und 1300 in den Kreuzzügen zu leidvollen christlich-islamischen Konflikten.

Kunstwerke von zeitloser Schönheit

Um die Mitte des 12. Jahrhunderts breitete sich von Frankreich ein neuer Baustil in Europa aus: die Gotik. Es entstanden zahlreiche himmelstrebende Kathedralen. Bunte Glasfenster, Wandschmuck und -malereien und die Figuren in den Domen zeugen von dem großen Können der mittelalterlichen Künstler.
In den Schreib- und Buchmalereischulen der Klöster schrieben und gestalteten Mönche in mühseliger Handarbeit Bücher. In Minneliedern und Heldenepen wie dem Nibelungenlied findet die Kultur der Ritter ihren Ausdruck.

„Stadtluft macht frei"

Im Mittelalter wurden zahlreiche Städte gegründet. Handel und Gewerbe mit einer stark differenzierten Arbeitsteilung prägten das Bild der Stadt. Mehr und mehr wurde das Geld zur Grundlage aller Geschäfte.
Reiche Kaufleute und reiche Handwerker bildeten einen neuen Stand: Die Bürger. Sie erkämpften im 12. und 13. Jahrhundert von den Grundherren Unabhängigkeit und Selbstständigkeit. Als Bürgermeister und Ratsherren bestimmten sie fortan in vielen Städten die Geschicke.

AUFGABEN >>

3 *Stelle möglichst viele Querverbindungen und Zusammenhänge zwischen den Bildern und Textkästchen her.*
4 *Das Mittelalter hat bis in unsere Gegenwart Spuren hinterlassen. Erkläre.*

6 Stadt und Land

Stadt Amberg mit ihrem Umland

In Taufkirchen

150.1 und 2 Sehenswürdigkeiten in Amberg: Rathaus und Stadtbrille

Amberg – Merkmale einer Stadt

Das ist mein Amberg

Bei den Städten ist es ähnlich wie bei den Menschen. Sie sehen verschieden aus, sie haben alle ihren eigenen Charakter. Die Stadt ist geprägt durch die Lage, das Klima, seine Bewohner und vor allem durch die Zeit.

Das Bild auf den Seiten 148/149 wurde von einem Flugzeug aus fotografiert. Es zeigt ein Erscheinungsbild, das typisch und unverwechselbar ist: Die Stadt Amberg liegt in der Oberpfalz, etwa 50 km östlich von Nürnberg und 60 km nördlich von Regensburg. Durch die kleinräumige Bucht zwischen dem Jura im Westen und dem aus Granit bestehenden Bergland im Osten (Oberpfalzer Wald) fließt die Vils. Vor Millionen Jahren bildeten sich hier Erzlagerstätten.

Die festen Mauern, prächtigen Kirchen und zahlreichen Plätze mit Brunnen zeugen vom einstigen Reichtum der Stadt. „Im Ruhrgebiet des Mittelalters" hatten diesen die Menschen in den Eisengruben und Hammerwerken erwirtschaftet.

In Amberg herrscht ein gemäßigtes, oft raues, aber gesundes Klima.

Heute zählt Amberg, die „heimliche Hauptstadt der Oberpfalz" etwa 47 000 Einwohner. Trotz allen Fortschritts hat sich in dieser alten Stadt noch der Charme früherer Jahre erhalten.

AUFGABEN >>

1 *Woran kannst du die Stadt Amberg erkennen? Betrachte dazu das Luftbild (> S. 148/149). Nenne einige typische Kennzeichen (Wahrzeichen) dieser Stadt.*

2 *Erstellt ein Plakat zu deiner Heimatstadt oder einer nahe gelegenen Stadt: „Das ist unser ...". Plant und gestaltet dazu auch eine Ausstellung.*

150.3–5 Sehenswürdigkeiten in Amberg: Nabburger Tor, Stadtmauer, Eh'häusl

Merkmale einer Stadt

Wenn wir Amberg mit Orten wie Ansbach, Schweinfurt, Landshut, Bamberg, Kempten oder Rosenheim vergleichen, stellen wir Gemeinsamkeiten fest:

- Auch dort wohnen viele Menschen. Sie leben in alten oder neuen Gebäuden, in Einfamilienhäusern oder in Wohnblocks, ziemlich nah in der Stadtmitte oder etwas außerhalb im Grünen in Neubausiedlungen.
- Auch dort arbeiten viele Menschen. Sie sind in Handwerks- oder Industriebetrieben tätig, sind in Büros oder Geschäften angestellt oder verdienen als Lehrer, Arzt oder Rechtsanwalt ihr Geld.
- Auch dort kaufen viele Leute ein. Sie besorgen sich in den zahlreichen Lebensmittelgeschäften, Bäckereien, Metzgereien und Gemüseläden ihren täglichen Bedarf. Baumärkte, Kaufhäuser und Spezialgeschäfte führen alles, was man zum Leben braucht. Diese besonderen Waren, z.B. Brillen, werden auch von Menschen aus dem Umland gekauft.
- Auch dort gibt es viele Einrichtungen, die der Gesundheit und dem Wohlergehen dienen: Allgemeinärzte und Fachärzte, Krankenhäuser und Fitnessstudios.
- Auch dort finden die Menschen zahlreiche Möglichkeiten vor, um sich zu bilden. Außer den verschiedenen Schulen bieten Museen, Theater, Bibliotheken, Volkshochschulen und Ausstellungen ein breites Bildungsprogramm.
- Auch dort können sich die Menschen erholen. Grünanlagen, Parks und Schwimmbäder stehen zur Verfügung, um Frischluft zu tanken. Wer Unterhaltung sucht, kann zum Beispiel zwischen Kinos, Kneipen und Freizeitzentren wählen.
- Auch dort existieren Verkehrseinrichtungen, damit sich die Menschen möglichst rasch und bequem fortbewegen können. Großparkplätze, Parkhäuser, breite Ausfallstraßen, unzählige Hinweis- und Straßenschilder, dichter Autoverkehr, regelmäßig verkehrende Linienbusse prägen das Stadtbild.
- Auch dort gibt es eine Gliederung in verschiedene Viertel. In der dicht bebauten Innenstadt mit den Verwaltungsgebäuden und Geschäften geht es oft recht hektisch zu. Manche Viertel sind reine Wohnviertel. Dort reiht sich ein Haus an das andere. In den Gewerbegebieten dehnen sich Betriebe und Firmen aus.

151.1 Verkehr in der Innenstadt

151.2 Wohnviertel

151.3 Gewerbegebiet

AUFGABEN>>

1 *In welche Viertel ist deine Heimatstadt gegliedert? Kennzeichne diese auf dem Stadtplan.*

2 *Nenne wichtige Merkmale einer Stadt.*

3 *Veranschaulicht einzelne Merkmale an Beispielen aus eurer Heimatstadt.*

München – unsere Landeshauptstadt

152.1 Die bayerische Staatskanzlei

München, politischer Mittelpunkt Bayerns

Viele Jahrhunderte lang war München die Residenz der bayerischen Herzöge, Kurfürsten und Könige. Auch als Bayern 1918 ein Freistaat wurde, blieb München Landeshauptstadt. Hier befindet sich deshalb heute der Sitz der bayerischen Landesregierung. An deren Spitze steht der Ministerpräsident mit seinen Ministern und Staatssekretären. Der Ministerpräsident regiert von der Staatskanzlei (Abb. 152.1) aus.

Die Regierung hat die Aufgabe, die im Landtag beschlossenen Gesetze auszuführen. Der Landtag besteht aus 204 Landtagsabgeordneten, die vom bayerischen Volk gewählt werden. Der Landtag tagt im Maximilianeum (Abb. 152.2).

Auch die Regierung von Oberbayern hat ihren Sitz in München. Sie steht den Landkreisen und kreisfreien Städten Oberbayerns vor.

Außerdem befindet sich hier das Landratsamt, das für den Landkreis München mit seinen 29 Gemeinden zuständig ist.

Der Oberbürgermeister der Millionenstadt mit den zwei Bürgermeistern und dem Stadtrat hält seine Sitzungen im Rathaus am Marienplatz ab.

152.2 Maximilianeum

152.3 Münchner Residenz

153.1 Schloss Nymphenburg

153.3 Deutsches Museum

München, kultureller Mittelpunkt

Viele Prachtbauten in München gehen auf das Herrschergeschlecht der Wittelsbacher zurück. Im Jahre 1240 erhoben sie München zu ihrer Residenzstadt. Sie begannen, die Stadt mit prächtigen Bauten zu schmücken. Zu ihnen zählen unter anderem die Residenz (Abb. 152.3), das königliche Schloss in der Innenstadt, das Schloss Nymphenburg (Abb. 153.1), die Ludwigstraße, die Universität, das Maximilianeum sowie der Englische Garten (Abb. 153.2). König Ludwig I. (1825–48) sammelte wie viele Herrscher kostbare Kunstwerke aus allen Zeitepochen. Er beauftragte berühmte Architekten, Paläste für Kunstsammlungen zu errichten. München besitzt heute über 40 Museen, Galerien und Sammlungen. Die Alte und Neue Pinakothek sowie die Pinakothek der Moderne gehören zu den berühmtesten Gemäldesammlungen der Welt. Das Bayerische Nationalmuseum stellt Kunsthandwerk aus ganz Bayern aus und das Deutsche Museum ist das größte technische Museum der Welt.

Auch zahlreiche Theater wie das Nationaltheater oder das Residenztheater sowie die großen Bibliotheken begründeten den Ruf als Kulturzentrum.

AUFGABEN >>

1 *In München sind vier verschiedene politische Einrichtungen zu finden. Nenne diese mit ihrem Sitz.*

2 *Beschreibe, warum München als Stadt von Kunst und Kultur gilt.*

153.2 Englischer Garten

153.4 Pinakothek der Moderne

a TRIO-Arbeitsweise: Wir arbeiten mit einem Liniennetzplan

Auf geht's nach München

„Super", ruft Martin aus Amberg, „ein Wochenende in München!" Er freut sich mit seinen Eltern auf die Besichtigung der Stadt. Als Erstes wollen sie zum Rathaus am Marienplatz. Doch wie kommen sie dahin?! Die Familie will ihr Auto an der U-Bahn-Station Fröttmaning stehen lassen und öffentliche Verkehrsmittel nutzen. Sie orientieren sich zunächst auf dem Übersichtsplan (Abb. 154.1). Dieser zeigt ihnen auf einen Blick den Verlauf der Münchner U- und S-Bahnlinien. Jede Linie ist in einer anderen Farbe eingezeichnet.

Die Endstationen sind jeweils mit einem rechteckigen Kästchen, in denen die Nummern der Linie stehen, gekennzeichnet. Diese Endstationen und Nummern stehen auch immer auf den Anzeigetafeln der Züge.

AUFGABEN >>

1 *Suche die Stationen Fröttmaning und Marienplatz auf dem Übersichtsplan (Abb. 154.1). Mit welcher Linie müssen die Wagners fahren, um zum Marienplatz zu kommen?*

2 *Suche andere Fahrtziele und fahre mit dem Finger den Verlauf dieser U- und S-Bahnlinien nach.*

3 *Ermittle, welche öffentlichen Verkehrsmittel man am besten auf dem Weg zu folgenden Zielpunkten nutzt: Olympiazentrum, Wildpark in Poing, Theresienwiese (Oktoberfest), Königsplatz, Thalkirchen (Zoo Hellabrunn).*
Halte jeweils fest, wo man in eine andere Linie umsteigen muss.

154.1

„Wie komme ich mit dem Bus vom Marienplatz zum Tierpark?" fragt Martin einen MVV-Mitarbeiter. Dieser erläutert: „Das zeigt dir der große Verkehrslinienplan (Abb. 155.1). In diesem Plan ist neben den S- und U-Bahnlinien auch das Netz der Tram- und Buslinien von München enthalten. Die verschiedenen Arten der öffentlichen Verkehrsmittel unterscheiden sich durch ihre Farben."

AUFGABEN >>

1 *Orientiere dich auf dem großen Verkehrslinienplan (Abb. 155.1) und verfolge den Weg vom Marienplatz zum Tierpark Hellabrunn.*
Ergänze dazu den folgenden Text: Vom Marienplatz nehme ich die U-Bahn-Linie Nummer ? bis zum Sendlinger Tor und steige dann um in die U-Bahn-Linie Nummer ? bis zur Station ?. Dort steige ich um in die Buslinie Nummer ?, die dann bis zum Tierpark (Alemannenstr.) fährt.

2 *Lege auf dem Plan einen eigenen Standort fest (z. B. den Marienplatz). Wie gelangst du von dort aus mit öffentlichen Verkehrsmitteln zu den Zielen Maximilianeum, Auer Dult am Mariahilfplatz, Großmarkthalle, Kustermannpark? Schreibe dein Ergebnis ähnlich wie bei Aufgabe 1 ins Heft.*

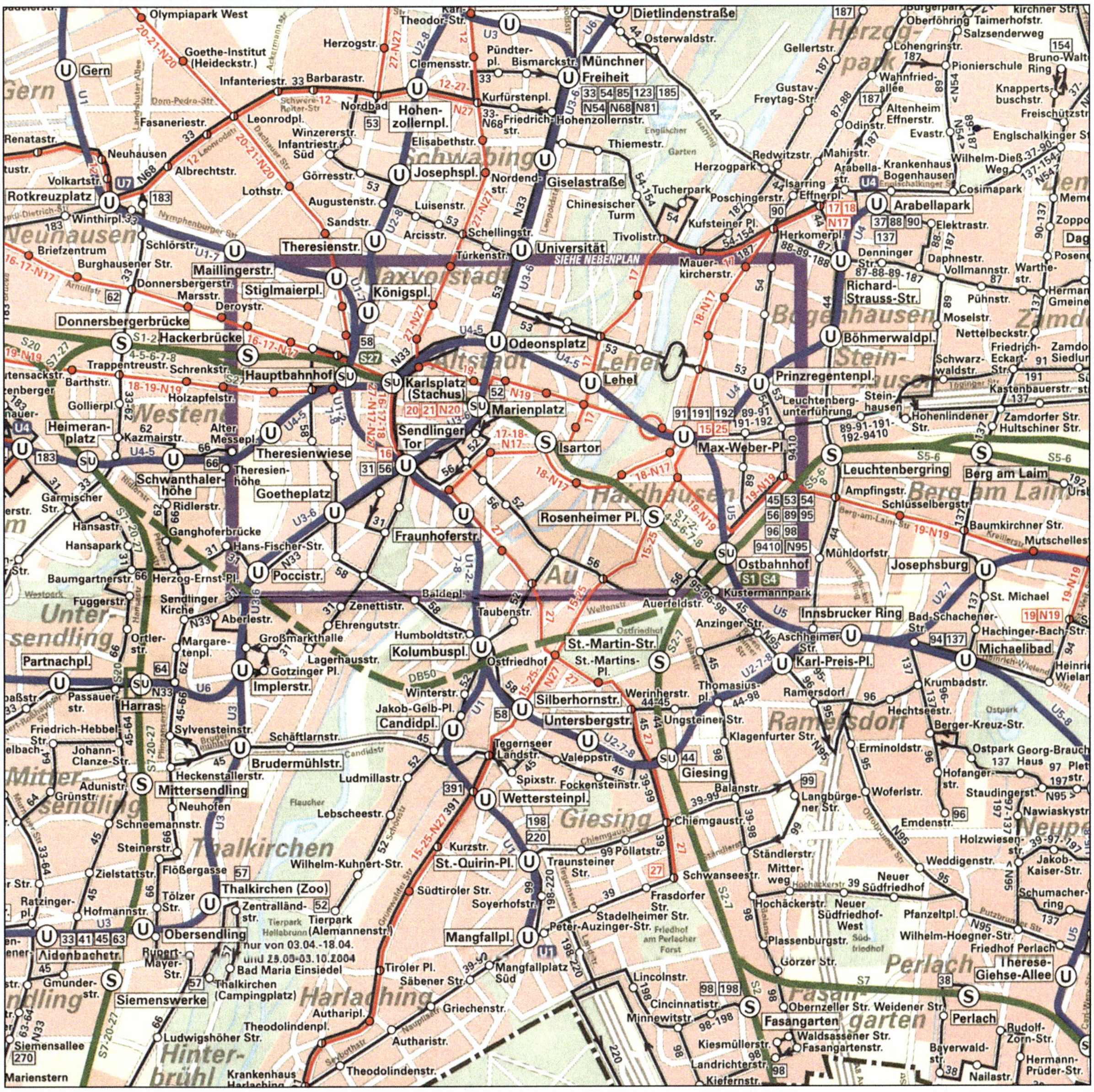

155.1

TRIO-Arbeitsweise: Wir orientieren uns auf einem Stadtplan

1. Schritt: Suchen der Planquadrate

In viele Stadtpläne sind Rechtecke, so genannte Planquadrate, eingezeichnet. Suche in deinem Stadtplan die Planquadrate. Überlege, wie sie angeordnet sind.

Du kommst zu folgendem Ergebnis: Die Planquadrate ziehen sich wie ein Netz als feine senkrechte und waagrechte Linien über den gesamten Stadtplan. Am oberen und unteren Kantenrand entlang laufen Buchstaben (A, B, C ...) mit. Am linken und rechten Rand sind es Ziffern (1, 2, 3 ...). Jedes Planquadrat ist somit durch einen bestimmten Buchstaben und eine bestimmte Ziffer festgelegt.

2. Schritt: Nachschlagen im Straßenverzeichnis

Zu jedem Stadtplan gehört auch ein Straßenverzeichnis. Dort findest du alle Straßennamen. Hinter jedem Straßennamen steht ein Buchstabe und eine Ziffer. Sie benennen das Planquadrat, in dem die Straße liegt. Diese Angaben helfen dir also, Straßen, Gebäude oder Plätze aufzufinden. Schlage nun die gesuchte Straße im Straßenverzeichnis des Stadtplans nach. Die Prinzregentenstraße ist mit dem Buchstaben E–G und der Ziffer 3 besetzt. Die Prinzregentenstraße verläuft also durch die Planquadrate E 3, F 3 und G 3. Merke dir die Angabe: E–G 3.

3. Schritt: Suche der Planquadrate im Stadtplan

Suche zunächst das Planquadrat E 3. Du findest es, wenn du mit dem rechten Zeigefinger vom Buchstaben E weg senkrecht nach unten gleitest. Gleichzeitig fährst du mit dem linken Zeigefinger waagrecht von der Ziffer 3 weg auf dem Stadtplan entlang. Dort wo deine Zeigefinger zusammenstoßen, liegt das gesuchte Planquadrat E 3. Ermittle auch die Planquadrate F 3 und G 3.

Suche nun in den Planquadraten E 3, F 3 und G 3 die Prinzregentenstraße.

Auszug aus dem Inhaltsverzeichnis des Stadtplans:
Odeonsplatz D 3
Ohlmüllerstr. D–E 6–7
Oskar-von-Miller-Ring D 2–3
Paul-Heyse-Str. A 4–5
Preysingstr. F–G 5
Prinzregentenstr. E–G 3
Promenadeplatz C–D 3

156.1

AUFGABEN >>

1 *Suche die angegebenen Straßen im Stadtplan:*
Rumfordstr. D–E 5
Maxburgstr. C 3–4
Auenstr. C 6–7
Bayerstr. A–B 4

2 *In welchen Planquadraten liegen die folgenden Sehenswürdigkeiten Münchens?*
Frauenkirche, Rathaus, Feldherrnhalle, Residenz, Hofgarten, Völkerkunde-Museum, Maximilianeum, Haus der Kunst, Viktualienmarkt, Stadtmuseum, Asamkirche, Deutsches Museum, Gasteig (Kulturzentrum), Englischer Garten, Alte und Neue Pinakothek

156.2 Stadtplan von Mü

Maxvorstadt
Altstadt
Lehel
Isarvorstadt
Au
Haidhausen
Englischer Garten
Ludwig-Maximilian-Universität
Siegestor
Tierärztliche Fakultät
Chinesischer Turm
Monopteros
Hochschule für Philosophie
Technische Universität
Neue Pinakothek
Alte Pinakothek
Pinakothek der Moderne
Mineralogische Staatssammlung
Glyptothek
Propyläen
Hochschule für Musik
Karolinenplatz
Staatsbibliothek
Hauptstaatsarchiv
Japanisches Teehaus
Haus der Kunst
Bayerisches Nationalmuseum
Schack-Galerie
Wirtschaftsministerium
Luitpoldbrücke
Friedensengel
Finanzministerium
Landwirtschaftsministerium
Dt. Theatermuseum
Odeonsplatz
Innenministerium
Hofgarten
Neue Staatskanzlei
Fachhochschule
Wissenschaftsministerium
Feldherrnhalle
Salvatorkirche
Kultusministerium
Residenz
Lenbachplatz
Promenadeplatz
Max-Joseph-Platz
Staatsoper
Karlsplatz
Karlstor
Polizeipräsidium
Frauenkirche (Dom)
Marienhof
Rathaus
Marienplatz
Hofbräuhaus
Jüdisches Museum
Regierung von Oberbayern
Völkerkundemuseum
Max II-Denkmal
Maximiliansbrücke
Maximilianeum (Landtag)
Maximiliansanlagen
Praterinsel
Alpines Museum
Goethe-Institut
St. Joh. Nepomuk-Kirche (Asamkirche)
Spielzeugmuseum
Heiliggeist-Kirche
St. Peter-Kirche
Stadtmuseum
Viktualienmarkt
Valentinmuseum
Isartorplatz
St. Jakobs-Platz
Sendlinger Tor
Sendlinger-Tor-Platz
Stephansplatz
Gärtnerplatz
Herz Jesu Kloster
Staatstheater am Gärtnerplatz
Deutsches Patentamt
Europäisches Patentamt
Ludwigsbrücke
Volksbad
Gasteig Kulturzentrum
Philharmonie
Planetarium
Museumsinsel
Deutsches Museum
Rosenheimer Platz
Modernes Theater
Alter Südlicher Friedhof
Reichenbachbrücke
Mariahilfplatz
Salesianum
Isar
Kleine Isar
Eisbach
Schwabinger Bach
Auer Mühlbach
Westermühlbach
Luisenstraße
Türkenstraße
Schellingstraße
Theresienstraße
Ludwigstraße
Königinstraße
Arcisstraße
Brienner Straße
Karlstraße
Maximiliansplatz
Oskar-von-Miller-Ring
Von-der-Tann-Straße
Prinzregentenstraße
Franz-Josef-Strauß-Ring
Karl-Scharnagl-Ring
Thomas-Wimmer-Ring
Hofgartenstr.
Liebigstraße
Oettingenstraße
Sternstraße
Widenmayerstraße
Emil-Riedel-Straße
Maxburgstr.
Neuhauser Straße
Kaufingerstr.
Maximilianstraße
Sonnenstraße
Sendlinger Straße
Theatinerstraße
Frauenstraße
Rumfordstraße
Zweibrückenstr.
Steinsdorfstraße
Innere Wiener Straße
Preysingstraße
Rosenheimer Straße
Hochstraße
Blumenstraße
Müllerstr.
Fraunhoferstraße
Baaderstraße
Erhardtstraße
Zeppelinstraße
Ohlmüllerstraße
Wittelsbacherstraße
Auenstraße
Frühlingsstraße
Franziskanerstraße
Lindwurmstraße

TRIO-Arbeitsweise: Wir fertigen eine Nutzungskarte an

In den Städten leben Menschen mit unterschiedlichen Bedürfnissen. Sie brauchen Flächen zum Wohnen, zum Arbeiten, zum Erholen, für den Verkehr. Die Flächennutzung in den Stadtvierteln ist deshalb sehr unterschiedlich. Dies wollen Schüler der 6b untersuchen. Sie gehen dabei so vor:

Für eine Nutzungskartierung braucht ihr ein großes Blatt Papier und verschiedene Farbstifte. Geht dabei nach diesen zwei Schritten vor!

158.1 Ivo zeichnet die Nutzung der Gebäude auf

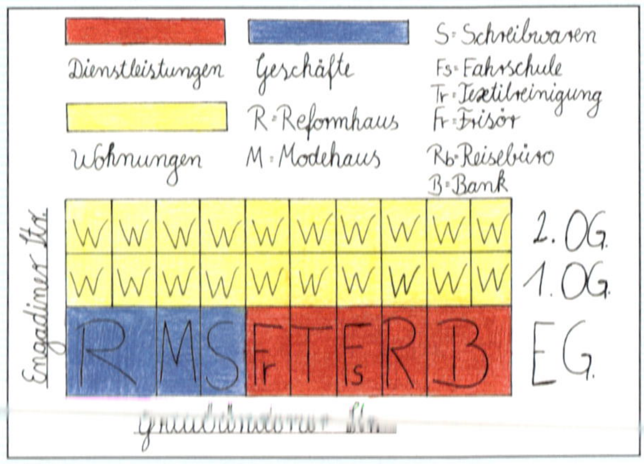

158.2 Von Schülern gezeichnete Nutzungskarte

1. Schritt: Erkundung vor Ort

Je zwei Schüler nehmen sich einen bestimmten Straßenabschnitt vor. Ivo berichtet: „Ich befinde mich jetzt in der Graubündener Straße am südwestlichen Stadtrand von München. Im Häuserblock Nr. 2–8 befindet sich eine Bank, daneben liegt die Textilreinigung und das Reisebüro. Im ersten und zweiten Stock befinden sich Wohnungen. Diese verschiedenen Geschäfte und Wohnungen zeichne ich nun auf mein Blockblatt auf."

2. Schritt: Auswertung im Klassenzimmer

Im Klassenzimmer fertigen die Schüler eine Nutzungskarte an. Sie zeichnen die Gebäude entsprechend ihrer Größe mit der Anzahl der Etagen. Die Nutzung der Häuser kennzeichnen sie mit Symbolen, die sie in einer Legende erklären. Für die Zahnarztpraxis malen sie z. B. ein Kästchen mit einem Zahn, für die Schule eines mit einer Schultasche. Manche Häuser werden sogar mehrfarbig gezeichnet, weil einzelne Stockwerke verschieden genutzt werden. Auch unbebaute Flächen markieren sie.
Dann fügen sie ihr Teilergebnisse so zusammen, dass erkennbar wird, wie das Gebiet im Umkreis ihrer Schule genutzt wird.

AUFGABEN >>

1 *Schaut euch die Nutzungskarte (Abb. 158.2) der Schüler der Klasse 6 b an. Welche Einzelheiten erkennt ihr darauf?*

2 *Warum sind manche Häuserblöcke mehrfarbig?*

3 *a) Fertigt selbst eine Kartierung von Straßenzügen eures Heimatortes an. Wählt dazu Straßen, die im Zentrum, am Stadtrand oder auch im Gewerbegebiet liegen.*
b) Verwendet verschiedene Symbole und unterschiedliche Farben. So wird eure Kartierung übersichtlicher.
c) Vergleicht die einzelnen Kartierungen. Stellt Gemeinsamkeiten und Unterschiede fest.

TRIO-Arbeitsweise: Wir vergleichen eine Nutzungskartierung mit dem Flächennutzungsplan

Abb. 159.1 ist ein Ausschnitt des amtlichen Flächennutzungsplanes von München. Er zeigt das Wohnviertel, das auch auf der selbst angefertigten Nutzungskarte 158.2 zu sehen ist.

Was ist ein Flächennutzungsplan und warum gibt es ihn überhaupt? Auf ihm sind verschiedenfarbig Gebiete zu erkennen. Die Legende gibt dir an, wie diese Flächen genutzt werden dürfen.

So wird in dem Plan das Gebiet östlich der Graubündener Str. als allgemeines Wohngebiet (WA) ausgewiesen. Es ist somit kein Zufall, dass die Schüler nur Wohnungen und verschiedene kleinere Läden auf ihre Karte (Abb. 158.2) eingezeichnet haben.

In der Stadt leben Menschen mit unterschiedlichen Bedürfnissen. So wollen viele ruhig und im Grünen wohnen. Gleichzeitig möchten sie aber auch ihren Arbeitsplatz schnell erreichen. Deshalb werden oft Schnellstraßen gebaut. Ruhiges Wohnen und Belästigungen durch Autolärm stehen sich also gegenüber. Ein Flächennutzungsplan kann hier helfen. Er legt genau fest, wie die Fläche der Stadt genutzt werden darf. So dürfen durch ein Wohnviertel keine Autobahnen führen und es dürfen hier keine großen Gewerbeflächen liegen. Ein ruhiges Wohnen soll so garantiert werden.

Geschäftsstraßen mit regem Publikumsverkehr und Ladezonen für den Güterverkehr werden deshalb ausschließlich in so genannten Kern- und Gewerbegebieten erlaubt.

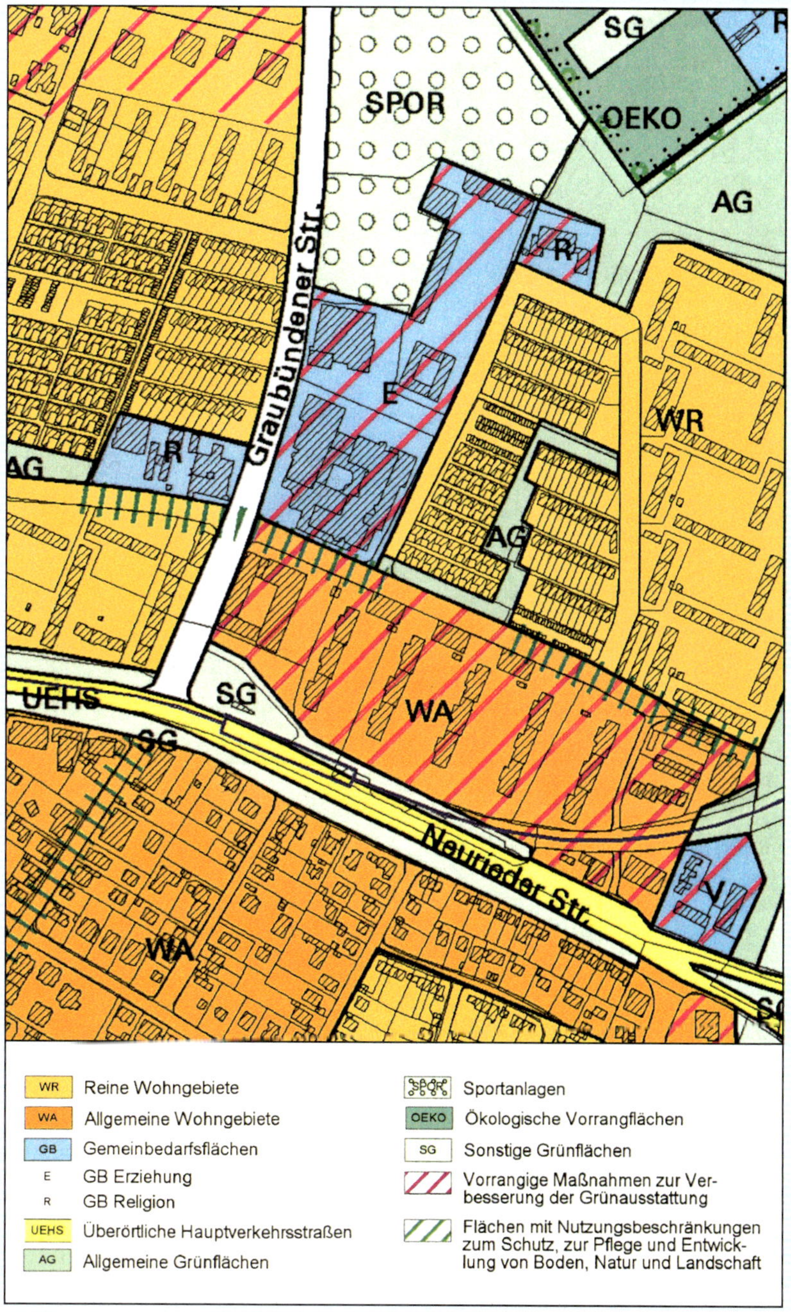

159.1 Amtlicher Flächennutzungsplan

AUFGABEN >>

1 *Betrachtet den amtlichen Flächennutzungsplan. Deutet Einzelheiten mithilfe der Legende.*

2 *Besorgt euch von eurem Heimatort einen amtlichen Flächennutzungsplan. Vergleicht eure Straßenkartierung mit dem amtlichen Plan.*

Taufkirchen – ein Dorf verändert sein Gesicht

160.1 Die Lage von Taufkirchen

Zwei Bewohner Taufkirchens erzählen

Kann ein Dorf sein Gesicht verändern? Schon, denn letztlich prägen die Häuser, Straßen und Plätze das Aussehen eines Dorfes.
Franziska Ferstl stammt aus einer Familie, die bereits seit Generationen in Taufkirchen lebt. Ihr Großvater kaufte vor über 100 Jahren den Bauernhof mit Mühle, den sie noch heute bewohnt. Franziska erinnert sich noch genau an die Zeit vor 1960, als im Dorf nicht viel mehr als 1000 Menschen wohnten.
Herr Kistler (> S. 162) ist dagegen erst in den 60er Jahren zugezogen. Aus den Erzählungen der beiden erfährst du, wann, warum und wie sich das Dorf Taufkirchen, 8 Kilometer südöstlich von München gelegen, so verändert hat.

160.2 Der Mühlstein an Franziska Ferstls Haus erinnert an die ehemalige Mühle

160.3 Franziska Ferstls Anwesen heute: links das Wohnhaus, in der Mitte die ehemalige Mühle, rechts Lager und Büroräume

Franziska Ferstl erzählt vom früheren Leben in ihrem Dorf

Frau Ferstls Haus (Abb. 160.3) ist an dem großen Mühlstein neben dem Hauseingang zu erkennen. Beim Näherkommen hört man das leise Rauschen „ihres" Baches, der direkt am Haus vorbeifließt. Öffnet sie die Haustür, dann läuft einem bestimmt eine ihrer Katzen entgegen. „Tiere habe ich schon immer gern gehabt", erzählt die 70-Jährige. „Früher hatten wir natürlich auch noch Gänse, Hühner und Hunde auf dem Hof. Als 1960 das letzte Pferd abgeholt wurde, waren wir alle sehr traurig.
Unsere Mühle liegt im alten Dorfkern. Lange Zeit bestand dieser nur aus der Kirche, einem kleinen Schulhaus, dem Wirtshaus, dem Kriegerdenkmal und der Schnapsbrennerei. Um den Dorfkern herum lagen die anderen Mühlen sowie das Sägewerk, die Schmiede und etwa 40 Bauernhöfe mit Äckern, Wiesen und Wäldchen. Vom Dorf aus hatten wir bis zur Stadtgrenze Münchens eine kilometerweite, freie Sicht.
Ein Großteil der Dorfbevölkerung lebte damals von der Landwirtschaft. Unsere Großbauern waren aber keineswegs besonders reich. Denn der Boden hier ist steinig und taugt eigentlich nur für den Getreide- und Kartoffelanbau. Ach ja, da fällt mir die Kartoffelbrennerei ein! Sie wurde von den Großbauern gemeinsam betrieben. Kartoffelschnaps war eine sichere Einkommensquelle.
1964 gab es in Taufkirchen noch 32 landwirtschaftliche Betriebe. Die meisten hielten Rinder und Schweine (Tab. 164.5). Die Pferde waren schon damals verschwunden, auch die Postausfahrerin, die das Bahngut mit Pferdefuhrwerken ausfuhr. Verschwunden war auch der Schmied. Schließlich musste er keine Pferde mehr mit Hufeisen beschlagen oder Pflüge reparieren. Die Heuwender und Heurechen wurden auch nicht mehr von Pferden gezogen. Die meisten Bauern schafften sich Traktoren an."

161.1 Der Hof um 1930

161.2 Frau Ferstl um 1955 beim Waschen

Franziska Ferstl erzählt von ihrer Familie

Bevor Frau Ferstl ihre Besucher durch die ehemalige Mühle führt, nimmt man am behaglichen Kachelofen Platz. Bis heute heizt sie mit Holz. Dass ihre Jugendzeit karg war, spürt man auch jetzt noch.

„Als ich in die Schule kam, da trug ich den Schulranzen meiner Mutter. Der Schuster hatte die Nähte noch einmal aufgerichtet. Für einen neuen hätten wir nach München fahren müssen. Das war ziemlich umständlich, weil man zwei Fahrkarten brauchte, eine für den Zug und eine für die Straßenbahn.

Bis 1960 gab es im Dorf ein Schulhaus mit einer Klasse. Alle schulpflichtigen Kinder wurden zusammen in einem Raum von einem Lehrer unterrichtet. Als ich zur Schule ging, waren wir 70 Kinder, neun davon aus meinem Jahrgang. Im Schulhaus waren außerdem die Lehrerwohnung, die Gemeindeverwaltung und das Feuerwehrhaus untergebracht. Wer auf eine höhere Schule wollte, musste sich auf den Weg nach München machen.

Das Dorf war unser Lebensmittelpunkt. Bis zu meinem dreißigsten Lebensjahr bin ich kaum aus dem Dorf herausgekommen. Erst später konnte ich mir Reisen leisten. Mein Großvater hatte den Hof 1888 gekauft. Im Haus war Platz genug für die ganze Familie, die Großeltern, meine Eltern und uns fünf Kinder.

Auf den Feldern bauten wir Getreide und Kartoffeln an und auf den Wiesen weidete das Milchvieh. Die Landwirtschaft brachte aber nicht viel ein. Nur die Mühle warf lange Gewinn ab. Im ganzen Landkreis kauften wir von den Bauern das Getreide auf. In unserer Mühle wurde es gewaschen, getrocknet, gemahlen oder geschrotet (grob gebrochen) und dann gelagert. Auf Abruf brachten wir die Mehlsäcke zu einer Großbäckerei nach Deisenhofen.

Außerdem bezogen bis 1965 zwei große Gänsezüchter von uns ihr Futter. Als diese aufgaben und die Brotfirma damit begann, ihr Getreide selbst zu mahlen, lohnte sich der Betrieb der Mühle nicht mehr. Als letzte der einst fünf Taufkirchner Mühlen mussten wir 1969 schließen.

Bei uns gab es zwar immer ein reges Vereinsleben, doch viel Geld für Vergnügungen blieb nicht. Der Gasthof mit der Kegelbahn und dem Tanzsaal war die einzige Möglichkeit, um am Wochenende auszugehen. Besonders feierlich begingen Vereine wie der Burschen-, Feuerwehr- oder Gesangsverein ihre Jubiläen."

Auch wenn Frau Ferstl eine bescheidene Frau geblieben ist – sie ist heute als wohlhabend zu bezeichnen. Dies ist mit den einschneidenden Veränderungen zwischen 1965 und 1970 zu erklären. Diese krempelten das bis dahin karge und von der Landwirtschaft geprägte Leben der Bewohner völlig um (> S. 162–165).

AUFGABEN >>

1. *Beschreibe, wie das Leben auf dem Mühlen-Bauernhof bis 1965 ausgesehen hat.*
2. *Vergleiche Franziska Ferstls Anwesen um 1930 und heute (Abb. 160.3 und 161.1).*
3. *Welche Gründe führten nach 1965 zu einem grundlegenden Wandel?*

162.1 Herr Kistler

Vom überschaubaren Dorf zur Großgemeinde

„Zwischen 1965 bis 1975 war ich nur noch mit dem Fotoapparat unterwegs", erzählt Herr Kistler, der heutige Heimatpfleger von Taufkirchen, „so rasante Veränderungen vollzogen sich damals im Dorf." Herr Kistler wohnt in einer der Neubausiedlungen. Er genießt seine Wohnung. Vom sechsten Stock aus hat er einen wunderbaren Rundblick ins Hachinger Tal: Abends sieht er die Beleuchtung des Olympiastadions, die Lichter vom Wallberg und der Kampenwand in den Bayerischen Alpen.

„Ende der 60er Jahre platzte die Landeshauptstadt München aus allen Nähten", berichtet Herr Kistler weiter. „Händeringend wurde Baugrund für neue Wohnungen gesucht. Da die Äcker vieler Bauern nur wenig Gewinn abwarfen, waren sie froh, ihr Land als Baugrund verkaufen zu können. Auch die Stadt München als Käufer war zufrieden, denn die Bauplätze hier konnten günstig erworben werden.

Noch andere Gründe sprachen für das Bauvorhaben: Zum einen die Lage des geplanten Wohnviertels im Grünen, zum anderen die gute Zugverbindung in die Landeshauptstadt. Natürlich war auch die Nähe der Alpen ein Anreiz.

Am Ortsrand von Taufkirchen konnte so 1969 der neue Ortsteil „Taufkirchen am Wald" entstehen. Auf 100 ha Fläche, das entspricht der Fläche von 200 Fußballfeldern, wurden über 20 bis zu zwölfstöckige Hochhäuser und Wohnraum für 10 000 Menschen errichtet – natürlich auch mit der entsprechenden Infrastruktur.

Mit der Sommerolympiade 1972 in München wurde Taufkirchen an das S-Bahnnetz angeschlossen. Seitdem steht uns eine öffentliche Verkehrsverbindung im 20-Minuten-Takt zur Verfügung. Darüber hinaus wurde eine weitere Autobahn-Ausfahrt gebaut, die heute das Großdorf mit der A8 Richtung Salzburg verbindet.

In der Folge wurden ein Einkaufszentrum, verschiedene Schulen, ein Feuerwehrgerätehaus, ein Friedhof mit Aussegnungshalle, ein Seniorenzentrum, ein modernes Rathaus sowie ein Sport- und Freizeitzentrum gebaut."

Auch im alten Dorfkern gab es große Veränderungen. Einige der eingesessenen Taufkirchner haben ihren Hof nur umgestaltet wie Franziska (Text 163.1), andere Landwirte haben ihren Hof zu einem Hotel oder Gasthaus völlig umgebaut (Abb. 162.2 und 3). Oder sie haben auf ihrem Grund Reihenhaussiedlungen errichtet und leben heute von den Mieteinnahmen.

Bis 1970 lebten viele der 1600 Taufkirchner von der Landwirtschaft, heute sind dort nur noch wenige der 19 000 Einwohner tätig. Die meisten pendeln täglich nach München, um dort in Banken, Büros oder im Verkauf zu arbeiten.

Inzwischen gibt es in der Siedlung neue Entwicklungen. So verzeichnet das Einkaufszentrum einen großen Kundenrückgang. An der Grenze zwischen Unterhaching und Taufkirchen wurden vor einigen Jahren Großmärkte gebaut, in denen immer mehr Taufkirchner einkaufen. Das Sterben der kleineren Läden im Einkaufszentrum ist deshalb vorprogrammiert.

162.2 und 3 Bauernhof, der zum Hotel umgebaut wurde

Umbau des Mühlen-Bauernhofes

Als 1969 Frau Ferstls Vater die Mühle aufgab, begann er sie umzubauen. Franziska setzte die Umbauarbeiten fort. Dies konnte sie, weil sie mittlerweile allein auf dem Hof wohnte. Ihre Geschwister waren weggezogen.
„Der Hof muss so wie vorher bleiben", sagte sie sich. Und so blieb trotz aller Modernisierung- und Renovierungsmaßnahmen das mehrteilige Gebäude von einer ansprechenden Schlichtheit. Franziska gelang es den ursprünglichen Charakter des Bauernhauses zu bewahren: Sie verzichtete auf fremde Bauelemente, wie allzu große Glasfenster, ein Flachdach oder gar eine Verkleidung der Außenwände mit Eternitplatten. Viel Holz an den Zimmerdecken, der Kachelofen, der Küchenherd, der immer noch mit Holz geschürt wird, das Giebeldach und der naturnahe Garten sind ein Vorbild für eine gelungene Umgestaltung des ehemaligen Hofs.
Der Teil des Hauses in dem einst die Mühle war, wurde komplett ausgeräumt – wie auch der Stadl und das Maschinengebäude. Heute befinden sich dort Büro- und Gewerbefirmen.
Am Ende des Gesprächs schließt Franziska Ferstl etwas wehmütig: „Ja früher, da bist du stehen geblieben, wenn du einen Fremden gesehen hast. Du hast dich gefragt, wer ist denn das? Heute bleibt man stehen, wenn man endlich jemanden trifft, der im Dorf aufgewachsen ist. Oft steht der Umzugswagen vor den Betonblocks der Neubausiedlungen, weil viele nur vorübergehend hier wohnen."

163.1 Franziska Ferstl in ihrem umgebauten Hof. Der Kachelofen wird noch immer mit Holz geheizt.

163.2 und 3 Am Köglweg 1994 und heute

AUFGABEN >>

1. *Beschreibe anhand der Texte und der Bilder, wie sich das Dorf Taufkirchen verändert hat.*
2. *Vergleiche mit dem Leben heute und beachte die Bilder. Wo würdest du lieber wohnen? Im Dorf von 1965 oder von heute? Begründe deine Antwort.*
3. *Welche Gründe führten nach 1965 zu einem Wandel im Dorf?*
4. *Im Text wird von Infrastruktur gesprochen. Informiere dich mithilfe eines Lexikons, was der Begriff bedeutet.*

164.1 Taufkirchen um 1970

1969	Baubeginn der Siedlung T. am Wald
1971	Bau des Autobahnringes um München, T. erhält eine Ausfahrt
1971	Gründung der Volkshochschule
1971	Gründung DJK Taufkirchen
1972	Aufnahme des S-Bahn-Betriebes
1972	Gründung der Arbeiterwohlfahrt
1973	Einweihung des 1. Kindergartens
1974	Einweihung des neuen Rathauses
1982	Eröffnung des Einkaufszentrums
1986	Einweihung der Seniorenwohnanlage
1986	Eröffnung Heimatmuseum
1995	Einweihung des Sport- und Freizeitzentrums
1999	Eröffnung des Hauses Nachbarschaftshilfe
2000	Biomasse-Heizkraftwerk nimmt Betrieb auf
2001	Zweigleisiger S-Bahn-Ausbau

164.2 Zur Entwicklung von Taufkirchen

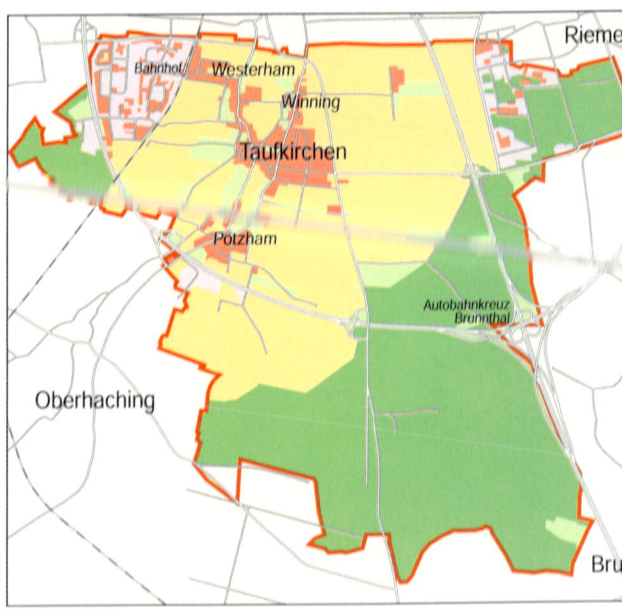

1864	Ein Lehrer unterrichtet im Privathaus 20 Schüler
1892	Beim Bau des Feuerwehrhauses wird ein Schulsaal für drei Klassen errichtet.
1971	Bau von zwei Grundschulen und einer Hauptschule im Ortsteil am Wald
1975	Einweihung der Realschule

164.3 Schule in Taufkirchen

1820	526 Einwohner
1871	580 Einwohner
1900	623 Einwohner
1939	826 Einwohner
1946	1 521 Einwohner
1970	1 596 Einwohner
1972	10 000 Einwohner
1988	16 529 Einwohner
2004	19 351 Einwohner

164.4 Einwohnerentwicklung Taufkir-

1946	50 land- und forstwirtschaftliche Betriebe am Ort
1964	32 landwirtschaftliche Betriebe mit insgesamt 753 Stück Rindvieh, 106 Schweinen sowie 83 Zugmaschinen
1999	19 landwirtschaftliche Betriebe, drei Gärtnereien, drei Kartoffelbrennereien, zwei Reitställe

164.5 Entwicklung der Landwirtschaft

165.1 Taufkirchen heute

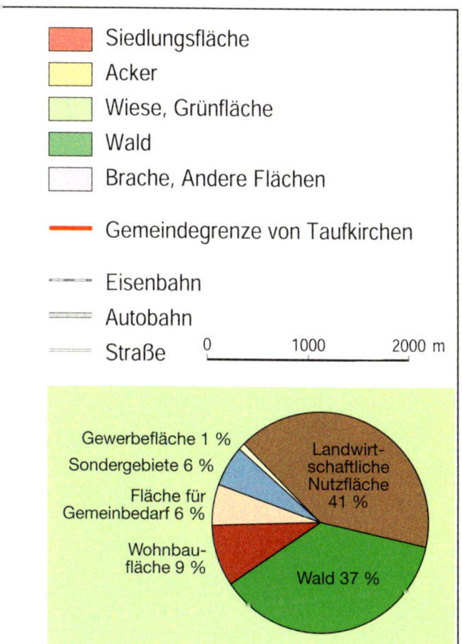

165.2 Flächennutzung in Taufkirchen (Karte)

1970	15– 50	Euro
1975	70–120	Euro
1980	160–230	Euro
1985	230–360	Euro
1990	360–460	Euro
1995	460–640	Euro
2000	540–620	Euro
2002	600–610	Euro

165.3 Baulandpreise in Taufkirchen

AUFGABEN>>

1 *Welche Veränderungen Taufkirchens kannst du anhand der Bilder 164.1 und 165.1 erkennen?*

2 *Tabelle 164.4 zeigt die Einwohnerentwicklung Taufkirchens. Vergleiche den Anstieg der Einwohnerzahl zwischen den einzelnen Zeitabschnitten. Was fällt dir dabei auf? Erkläre die Besonderheiten mithilfe des Textes S. 162.*

3 *Beschreibe die Entwicklung in der Landwirtschaft mithilfe der Tabelle 164.5. Erkläre, wie es zu den Veränderungen kam.*

4 *Mit dem Baubeginn der Siedlung Taufkirchen am Wald hat sich auch die Ausstattung der Gemeinde verbessert (Tabelle 164.2). Nenne Beispiele für neue soziale und kulturelle Einrichtungen.*

5 *Auch die Infrastruktur in den Bereichen „Verkehr", „Erholung" und „Sich versorgen" hat sich verändert. Begründe, indem du Beispiele für das erweiterte Angebot aufzählst.*

6 *Im Bereich „sich bilden" hat die Gemeinde Taufkirchen ebenfalls viel unternommen, um den erhöhten Anforderungen gerecht zu werden. Begründe mithilfe der Tabelle 164.3.*

7 *Beschreibe die Flächennutzung in Taufkirchen mithilfe der Karte 165.2 und Kreisdiagramm.*

8 *Vergleiche die Entwicklung der Grundstückspreise zwischen 1970 und 2002 (Abb. 165.3). Überlege Gründe für diese Entwicklung.*

Die Stadt versorgt das Umland

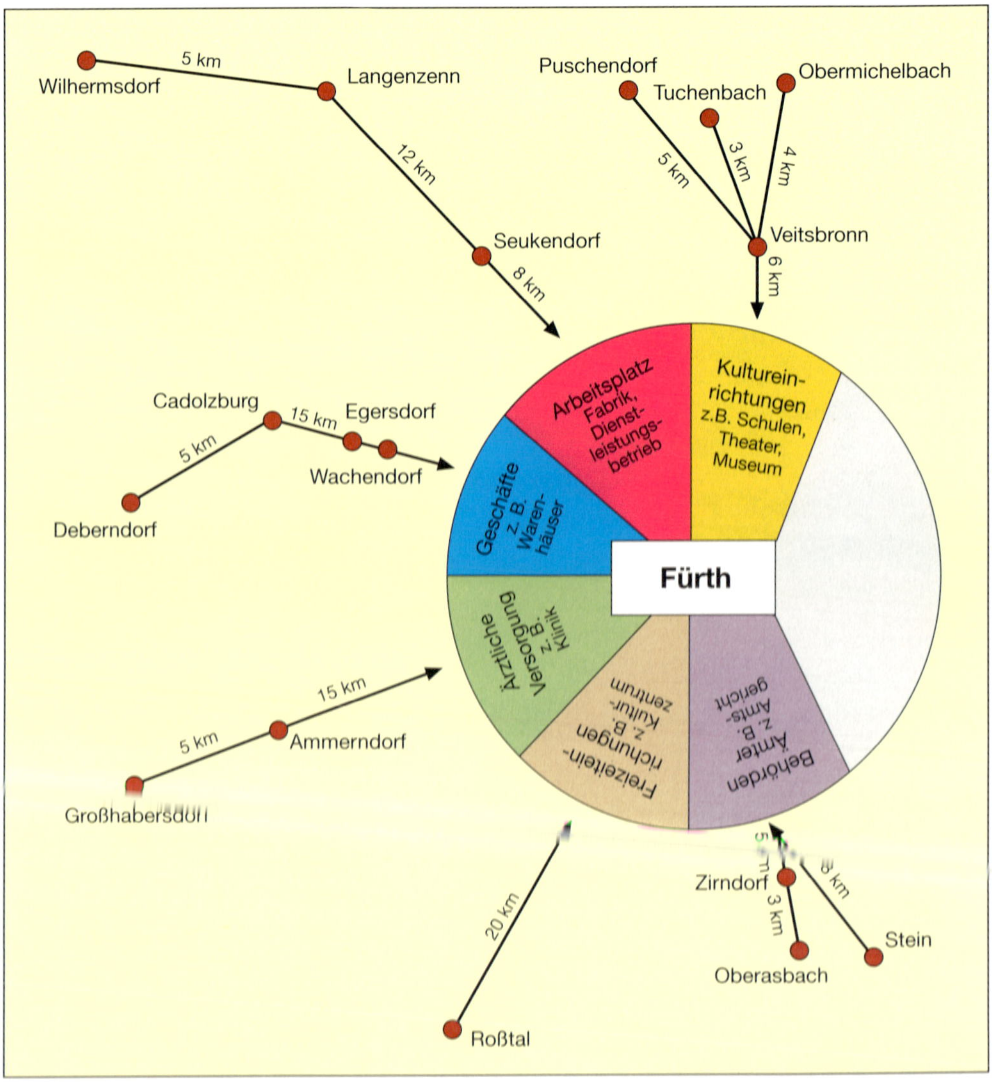

166.1

166.2 Einkaufsstraße in Fürth

„Immer das Gleiche“, stöhnt Herr Huber aus Cadolzburg. „Morgens quälen sich die Autos im Schritttempo in die Stadt Fürth hinein, nach Arbeitsschluss staut sich der Verkehr stadtauswärts. Oft brauche ich für die 15 Kilometer länger als eine halbe Stunde.“

Warum Landbewohner in die Stadt müssen

Die Schüler der Hauptschule Cadolzburg haben Bewohner ihres Heimatortes interviewt, aus welchen Gründen sie nach Fürth in die Stadt fahren.

Frau Funke (52 Jahre, Hausfrau): „Mein Vater liegt zurzeit nach einer schweren Operation im Klinikum Fürth. Deshalb besuche ich ihn dort. Anschließend nutze ich gleich noch das größere und günstigere Angebot der verschiedenen Bekleidungskaufhäuser, um mir einen schönen und günstigen Wintermantel zu kaufen.“
Eva (12 Jahre, Schülerin): „Jeden Wochentag fahre ich mit der Bahn und dem Bus in das Schliemann-Gymnasium nach Fürth. Heute bleibe ich nach der Schule noch in der Stadt und besorge mir endlich ein neues Handy.“
Herr Huber (45 Jahre, Elektroinstallateur): „Meine Firma hat leider im letzten Monat den Betrieb stillgelegt. Nun bin ich arbeitslos. Beim Arbeitsamt in Fürth erkundige ich mich deshalb nach einem neuen Job.“
Franz (26 Jahre, Bäcker): „Heute Nachmittag habe ich frei. Manchmal lasse ich mehrere Besorgungen zusammenkommen, die ich nur in der Stadt erledigen kann. Heute steht auf meinem Plan: Besuch beim Zahnarzt und Kauf einer neuen Brille; im Reisebüro Informationsmaterial für den Sommerurlaub besorgen; Kinobesuch.“
Peter (16 Jahre, Schüler): „Ich spiele in der ersten Jugendmannschaft von Greuther Fürth Fußball. Viermal in der Woche haben wir Training. Zum Glück kann ich zweimal in der Woche gleich nach der Berufsschule zum Training.“
Ehepaar Meine (65 und 62 Jahre, Rentner): „Früher bin ich täglich zur Arbeit nach Fürth gefahren. Jetzt komme ich nur aus besonderen Gründen in die Stadt. Heute muss ich zum Beispiel als Zeuge zum Amtsgericht. Wir haben beschlossen, dies gleich mit einem Gang zum Finanzamt und mit einem Besuch im Stadttheater zu verbinden. Zurzeit läuft ja auch noch eine interessante Ausstellung im Rundfunk-Museum. Ein Besuch wird uns dann aber doch zu viel.“
Susanne (16 Jahre): „Ich möchte mir endlich mein Geburtstagsgeschenk, einen richtigen Fotoapparat kaufen. Dazu nutze ich die größere Auswahl in den Fachgeschäften der Stadt. Anschließend besuche ich mit meinem Freund Martin den Tanzkurs.“

167.1 Ärztehaus

AUFGABEN >>

1. *Notiere Gründe, warum Bewohner von Cadolzburg nach Fürth fahren. Ergänze mithilfe von Abb.166.1 weitere Gründe.*
2. *Wann fahren die Umlandbewohner regelmäßig, wann fahren sie nur ab und zu in die Stadt?*
3. *Erläutere, warum die Umlandbewohner in die Stadt fahren müssen. Was meint Herr Meine mit der Aussage: „Ich fahre nur aus besonderen Gründen in die Stadt?“ Nenne Beispiele bei denen er nicht unbedingt in die Stadt fahren muss.*
4. *Stellt anhand der Abb. 166.1 fest, aus welchen Orten des Umlandes die Bewohner in die Stadt kommen. Wie groß sind die Entfernungen, wie groß ist der Radius des Umlandes von Fürth?*
5. *Wie versorgt die zentrale Stadt deiner Heimatregion das Umland? Beschreibe das Umland deiner Heimatregion.*
6. *Wenn du dir das Umland von Fürth genau betrachtest, sollte dir etwas auffallen! Erkläre diese Auffälligkeit. Eine Karte von Mittelfranken oder Nordbayern hilft dir dabei.*

Das Umland versorgt die Stadt

Warum Stadtbewohner aufs Land fahren

Max wundert sich, dass am Wochenende plötzlich so viele Autos aus der Stadt Fürth auf den Parkplätzen der Cadolzburger Gaststätten stehen. Offensichtlich drängt es zahlreiche Fürther am Wochenende zur Erholung aufs Land. Sie nutzen das weitverzweigte Netz von Wander- und Radwegen rund um den Dillenberg. Viele Städter genießen dort vom Aussichtsturm den herrlichen Überblick über die schöne Landschaft und auf den Ortskern mit der imposanten Burg. Da die frische Luft hungrig macht, besuchen viele Städter die Wirtshäuser in und um Cadolzburg.

168.1 Freizeit auf dem Land

168.2 Bauernmarkt in der Stadt

Auch sonst bietet das Umland einiges für die Freizeitgestaltung der Städter: Die einen zieht das Naturfreibad Großhabersdorf oder der Sportflugplatz bei Cadolzburg an. Andere Stadtbewohner gehen ihrem Hobby auf den Reiterhöfen nach, zum Beispiel in Gonnersdorf oder in Wittinghof. Langenzenn zieht jeden Sommer zahlreiche Besucher zu ihren Kreuzgangfestspielen im Freien an. Außerdem werden bis in den Herbst gerne die Kirchweihfeste mit den Festumzügen besucht.

Im Winter kommen viele Stadtbewohner zu den beschaulichen Weihnachtsmärkten. Häufig werden in den alten Kirchen Konzerte angeboten, zum Beispiel in der Cadolzburger Markgrafenkirche oder in der kleinen Kirche von Zautendorf. Sehr beliebt sind auch die Langlaufloipe im idyllischen Kirchfembachtal sowie die vielen zugefrorenen Weiher, die zum Eislaufen und zum Eisstockschießen einladen.

Die Umlandbewohner versorgen die Städter

Aber nicht nur zur Erholung braucht der Städter das Umland. Er wird auch mit lebenswichtigen Nahrungsmitteln versorgt. So stammt ein großer Teil des Trinkwassers der Stadt Fürth aus dem Umland. Viele Grundnahrungsmittel wie Kartoffeln, Gemüse, Obst, frische Eier und Geflügel werden von den Landwirten in die Stadt geliefert oder auf dem Wochenmarkt im Stadtzentrum direkt angeboten. Immer mehr Städter fahren sogar selbst auf das Land, um direkt auf dem Bauernhof möglichst frische und ökologische Nahrungsmittel einzukaufen.

AUFGABEN >>

1. *Notiere mithilfe der Texte Gründe, warum Stadtbewohner auf das Land fahren.*
2. *Ordne diese Gründe in zwei Gruppen (vgl. Abb. 168.1 und 2). Finde zu diesen Gruppen übergeordnete Überschriften.*
3. *Erläutere mit Beispielen aus deiner Heimatregion die Gründe, weshalb die Städter das Umland brauchen.*
4. *Vergleiche die Gründe der Städter mit denen der Landbewohner (Aufgabe 3, S. 167). Begründe die Gemeinsamkeiten und Unterschiede.*
5. *Verbindet Abb. 166.1 und Abb. 169.1 zu einem Schaubild (z. B. als Klassenzimmeraushang). Fügt in dieses Schaubild konkrete Beispiele aus eurem Heimatraum ein.*
6. *Erläutert mit diesem Schaubild die Aussage: „Stadt und Umland sind miteinander verflochten und aufeinander angewiesen."*

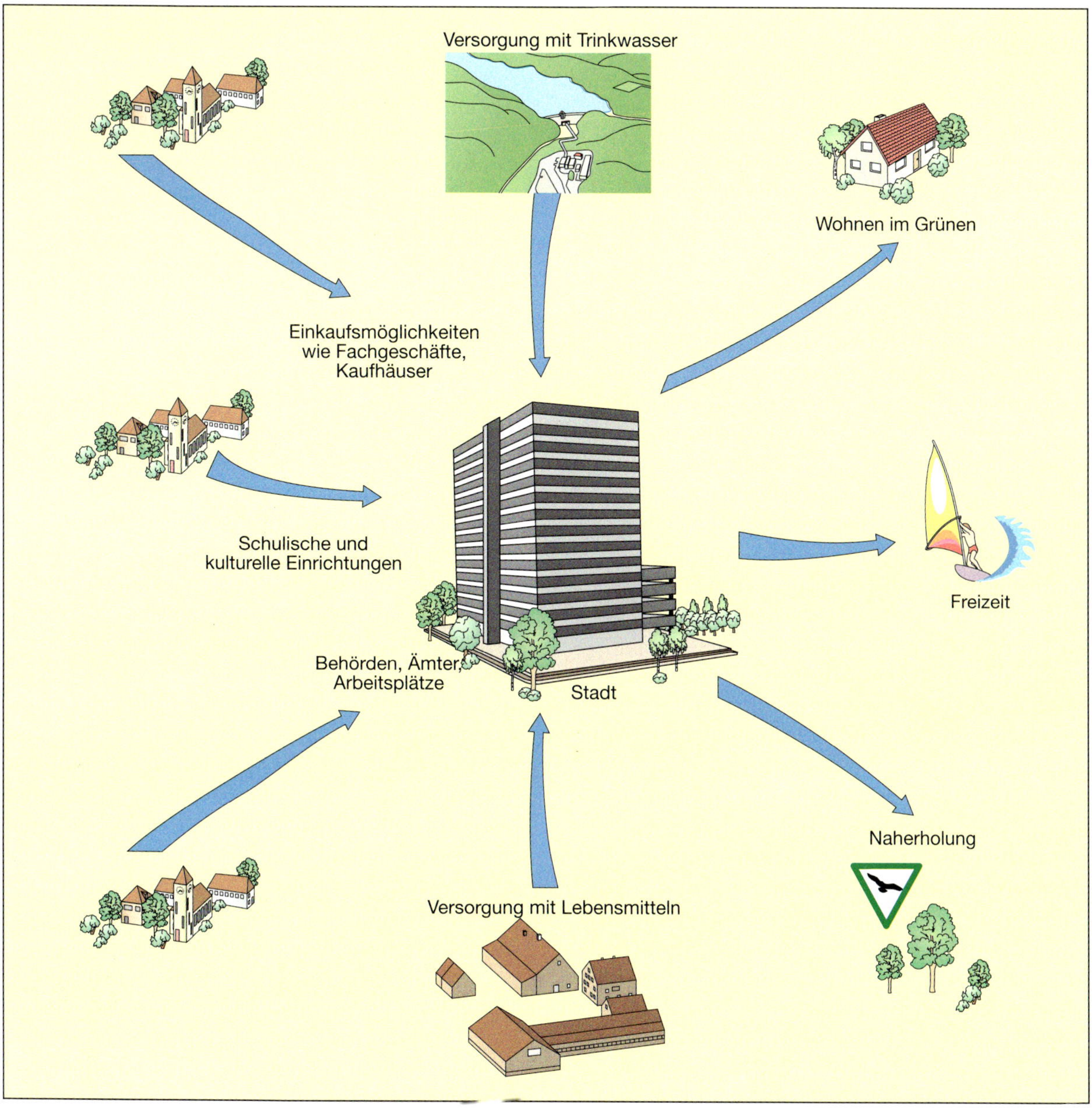

169.1

Wo lebt es sich besser – auf dem Land oder in der Stadt?

Manfred aus Fürth lernt an einem Wochenende Max kennen. Er schwärmt von Cadolzburg, der herrlichen Landschaft und den Freizeitmöglichkeiten. Manfred hält dagegen. Er meint, dass Fürth besser ausgestattet ist und mehr zu bieten hat! Beinahe wären sie dabei in einen Streit geraten.

AUFGABEN >>

1 *Notiert mithilfe der Texte von Seite 168 und Abb. 169.1 Argumente, die Max dafür vorbringen kann, dass es sich besser auf dem Land lebt. Ergänzt euer Ergebnis durch Beispiele aus dem Umland eures Heimatraumes.*

2 *Notiert mithilfe der Texte von Seite 167 und Abb.166.1 Argumente die Manfred dafür vorbringen kann, dass es sich besser in der Stadt lebt. Ergänzt auch dieses Ergebnis mit Beispielen der zentralen Stadt eurer Heimatregion.*

3 *Diskutiert und begründet anhand dieser Argumente, wo es sich eurer Meinung nach besser leben lässt – in der Stadt oder auf dem Land?*

Z TRIO-Zusatzinfo: Wird die Region Nürnberg-Fürth zu einem Möbelzentrum?

170.1 Das neue Möbelzentrum in Fürth

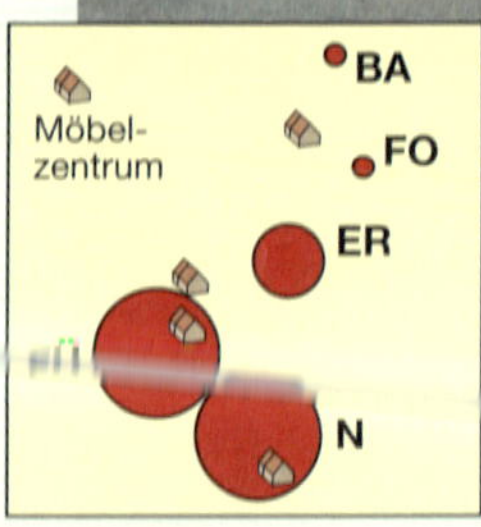

170.2 Lage der Möbelzentren

Obwohl es nur 30 km nördlich bereits ein riesiges Möbelzentrum gibt, sollen in Nürnberg ein und in Fürth zwei weitere Möbelzentren entstehen. Ein 50 Mio. € teures Möbelhaus mit 78 000 m² Verkaufsfläche ist am Nordrand von Fürth bei Steinach geplant. In drei Kilometer Entfernung soll bei Poppenreuth das andere Einrichtungshaus mit 21 000 m² Verkaufsfläche entstehen.

Diese Möbelzentren sollen Besucher aus dem Ballungszentrum Nürnberg-Fürth-Erlangen, aber auch aus der gesamten Region Nordbayern anziehen. Wie sich der Bau dieser Möbelzentren auf die Landschaft und das Leben der Menschen auswirkt, wird sehr unterschiedlich bewertet. Die Befürworter erhoffen sich viele Vorteile, die Gegner sehen hingegen viele Nachteile.

Befürworter und Gegner des neuen Möbelzentrums (Ausschnitte aus Zeitungsartikeln)

Oberbürgermeister von Fürth: „Die Möbelhäuser bringen Millionen von Menschen nach Fürth, die sonst nicht kommen würden. Schafft man es, nur ein Prozent davon auch in die Innenstadt zu lotsen, belebt dies wieder unsere City und hilft auch den dortigen Geschäftsleuten. Das stärkt insgesamt die wirtschaftliche Lage unserer Stadt."

Stadtheimatpflegerin von Fürth: „Ich fürchte nachteilige Auswirkungen auf den Verkehr, auf die Landwirtschaft und auf den Einzelhandel. Bisher wurde auch viel zu wenig Rücksicht auf das historische Ortsbild von Poppenreuth genommen. Diese riesigen Gebäude sollten viel weiter weg vom Ort gebaut werden."

Kreisvorsitzender des Bund-Naturschutz: „Ich bin enttäuscht, dass bisher keine Tiefgaragen eingeplant werden, um grundsätzlich Flächen zu sparen und möglichst wenig versiegelte Parkflächen zu schaffen."

Baukunstrat von Fürth: „Ich könnte mir eine wesentlich geschicktere Platzierung der Gebäude und eine schönere und nicht so gewaltige Gestaltung der Gebäude vorstellen."

Stadtrat von Fürth: „Angesichts der leeren Kassen unserer Stadt benötigen wir dringend Einnahmen aus der Grund- und Gewerbesteuer dieser Einrichtungshäuser. Dann können wir eher wichtige Aufgaben, z. B. den Bau von Kindergärten, Spielplätzen und die Sanierung und Ausbau von Schulen bezahlen."

Bürger aus Fürth: „Ich finde es gut, wenn durch die Einkaufshäuser ein größeres Angebot direkt vor meiner Haustür entsteht. Ich habe mehr Vergleichsmöglichkeiten und kann dann das Beste und Günstigste einkaufen."

Mitglied vom Arbeitskreis Dorfgestaltung: „Mir macht es Angst, was da an Verkehr auf uns zukommt. Viele Besucher werden unmittelbar an unserem Ortsteil vorbeifahren. Die Lärmbelästigung und Luftverschmutzung werden zunehmen."

AUFGABEN >>

1 *Stellt mithilfe der Abb. 170.2 und einer Karte von Nordbayern fest, wo der Ballungsraum Nürnberg-Fürth-Erlangen mit diesen Möbelzentren liegt. Sucht weitere Regionen und größere Städte aus denen die Besucher der Möbelzentren kommen könnten. Ermittelt dann, welche Entfernungen dabei zurückgelegt werden.*

2 *Notiert die Argumente in Stichpunkten und ordnet diese dann nach Befürwortern und Gegnern der Möbelzentren.*

3 *Sammelt und ergänzt eure Aufstellung durch weitere Pro- und Kontra-Argumente.*

Einzelhändler aus der Innenstadt von Fürth: „Diese neue Konkurrenz am Stadtrand macht uns kaputt. Da können wir nicht mehr mithalten. Wer kommt da noch zu uns? Viele Geschäfte im Stadtzentrum haben schon aufgegeben."

Besucher aus dem Umland: „Ich finde es prima, dass diese Einkaufszentren gebaut werden. Einfache Anfahrt, stressfreies und kostenloses Parken. Bequemer geht es gar nicht. Alles unter einem Dach, kurze Wege und ein riesiges Angebot."

Elternbeiratsvorsitzender des Kindergarten: „Man stelle sich das nur vor. Unsere Kinder werden in einem Abstand von 12 Metern ein 13 Meter hohes Parkhaus vor Augen haben! Täglich ist mit bis zu 4000 Fahrzeugen zu rechnen. Dieser Lärm und die Abgase gefährden unsere Kleinsten."

Wirtschaftsreferent von Fürth: „Mir macht unsere kränkelnde Innenstadt schon Sorgen. Diese Einrichtungshäuser bieten immer mehr zusätzliche Waren an, wie Haushaltswaren, Lampen und Textilien. Zusätzlich siedeln sich häufig noch weitere Fachgeschäfte in einem Fachmarktzentrum an. Warum soll die Kunden dann noch in die Stadt fahren und dort einkaufen?"

Bürger aus der Fürther Innenstadt: „Ich wohne jetzt seit 20 Jahren in der City. Es ist traurig zu sehen wie unsere Innenstadt immer mehr ausstirbt. Ein Fachgeschäft nach dem anderen schließt. Meist kommen dann ständig wechselnde Billigmärkte. Besucher aus dem Umland bleiben zunehmend aus."

Stadtrat von Fürth: „Die Kritik, dass durch diese Einrichtungshäuser die Natur am Stadtrand von Fürth weiter zerstört wird, kann ich nicht teilen. Schon jetzt ist dieses Gebiet durch Autobahnen, Strommasten und verstreute kleinere Industrieansiedlungen zersiedelt."

Geschäftsführer des einen Möbelzentrums: „Durch unser Einrichtungshaus werden 350 neue Arbeitsplätze geschaffen. 100 weitere kommen noch durch den Bau- und Gartenmarkt dazu."

Zugeständnisse der „Einrichtungriesen"

1. Zugeständnis
Die geplante Verkaufsfläche wird von 78 000 auf 57 000 m^2 verkleinert. Der überflüssige Baugrund wird der Stadt Fürth günstig zum Kauf angeboten. Zudem wird auf den Bau des Fachmarktzentrums verzichtet.

2. Zugeständnis
Der geplante Werbeturm des Einrichtungshauses soll von 38 Meter Höhe auf 29 Meter verringert werden.

3. Zugeständnis
Die Fassade des Einrichtungshauses soll durch Glaselemente aufgelockert und begrünt werden.

4. Zugeständnis
Das geplante Parkhaus wird verkleinert, wodurch sich der Abstand zum Kindergarten von 12 auf 25 m erhöht.

5. Zugeständnis
Vom geplanten Einrichtungshaus bei Steinach wird ein unmittelbarer Anschluss zur Autobahn geschaffen. Dies entlastet Steinach vom Verkehr.

6. Zugeständnis
Die Steuereinnahmen durch das Einrichtungszentrum will die Stadt Fürth zur Aufwertung ihrer Innenstadt einsetzen.

7. Zugeständnis
Das Einrichtungshaus bietet Werbeflächen für die Fürther City an. Zudem soll direkt in die Innenstadt ein Bustransfer angeboten werden.

8. Zugeständnis
Das Gelände des Einrichtungshauses wird mit 500 Bäumen bepflanzt.

9. Zugeständnis
Das Einrichtungshaus gibt von ihrem Grundstück 1600 m^2 für einen Jugendtreff an die Stadt ab.

10. Zugeständnis
Der Ortskern von Poppenreuth wird durch eine neue Straßenführung vom Verkehr entlastet.

?

4 *Vergleicht die Argumente beider Seiten und diskutiert, welche für euch besonders wichtig sind. Entscheidet euch für eine Lösung und begründet diese. Berücksichtigt auch die Kompromissvorschläge.*

5 *Nehmt zu folgender Aussage eines Fürther Stadtrates Stellung: „Es fällt schwer, es allen recht zu machen. Jede Seite hat berechtigte Argumente. Ob sich am Ende dennoch eine Lösung finden lässt, die Gegner und Befürworter zufrieden stellt?"*

6 *Ist in eurer Heimatregion ebenfalls ein Einkaufszentrum entstanden oder geplant? Falls ja, befragt Befürworter und Gegner hierzu. Ordnet auch diese Argumente und bildet euch eine eigene Meinung dazu.*

W TRIO-Kompakt: Kennzeichen städtischer und ländlicher Siedlungen

172.1 und 2

AUFGABE>>

Auf den beiden Abbildungen (Abb. 172.1 und 2) sind noch einmal Kennzeichen des Lebens auf dem Lande und in der Stadt zuammengefasst.
Erläutere diese stichpunktartig aufgezählten Merkmale mithilfe geeigneter Bilder auf den Seiten 150–171.

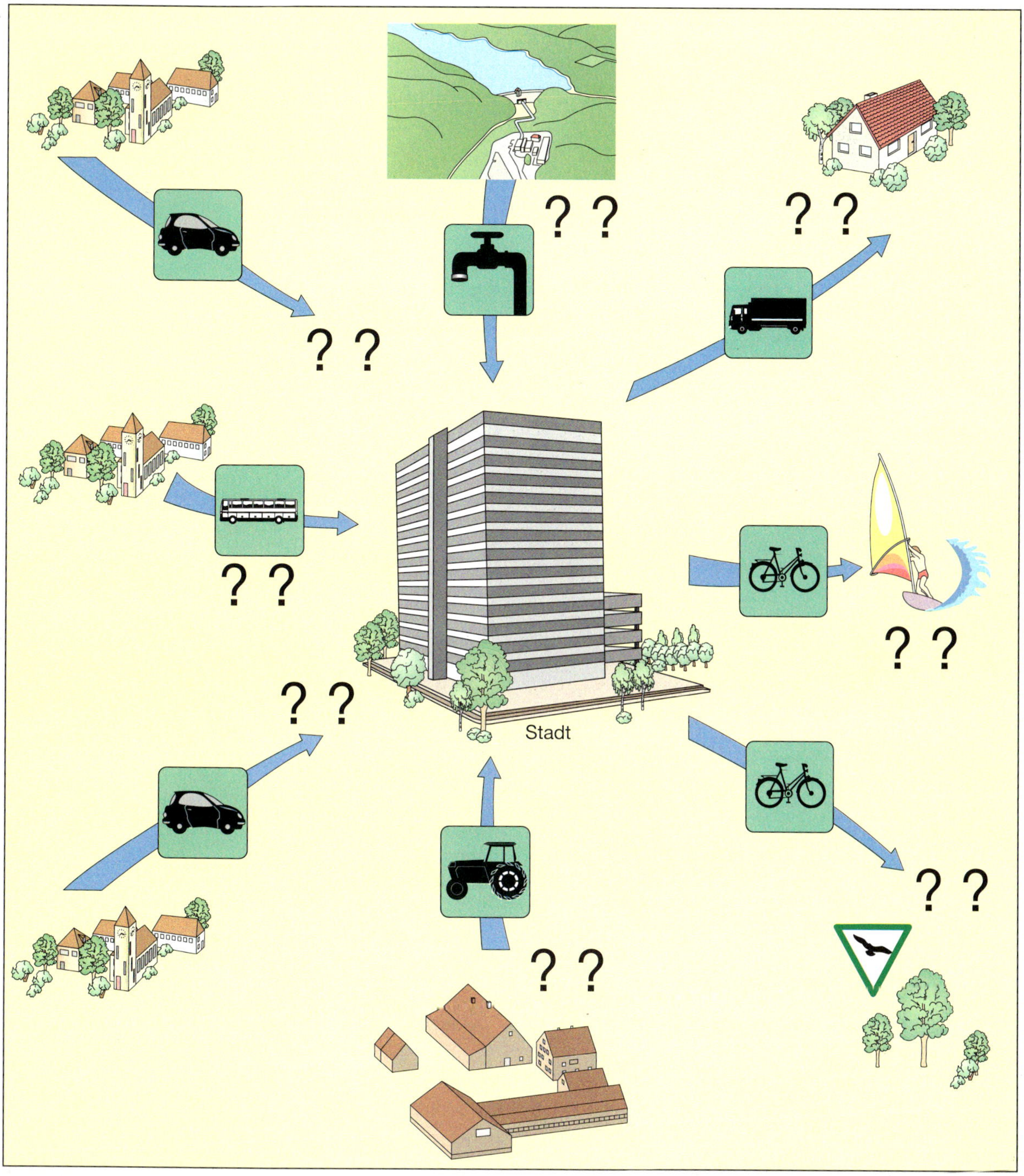

173.1

AUFGABEN>>

1 *Zeichne das Schaubild ohne Bilder ab. Ergänze anstelle der Bilder die folgenden Begriffe: Versorgung mit Trinkwasser – Naherholung – Versorgung mit Lebensmitteln – Einkaufsmöglichkeiten wie Fachgeschäfte, Kaufhäuser – Wohnen im Grünen – Behörden, Ämter, Arbeitsplätze – Freizeit*

2 *Erkläre mithilfe des fertigen Schaubildes an Beispielen die vielfältigen Beziehungen zwischen der Stadt und dem Umland.*

3 *Sammelt Argumente, die für das Leben in der Stadt oder auf dem Land sprechen.*

Antike 26
Augustus 27 f.
Ballungsraum 72
Burg 126
Christentum 46, 112, 123
Dorf 120 f., 162
Dreifelderwirtschaft 122
Exkursion 136
Faustskizze 57
Flächennutzung 165
Flächennutzungsplan 159
Freizeitaktivitäten 90
Freizeitkarte 100
Fremdenverkehr 78
Germanen 45, 48
Gesellschaft 9
gewalttätiges Verhalten 10, 18, 19
Gewaltintervention 21
Gewaltprävention 21
gotischer Baustil 137
Grenzmarken 111
Gunstraum 65
Handel 34, 38, 130
Handwerk 133
Hightech [illegible]
Industrie 72 f.
Infrastruktur 162
Interview 99
Islam 138
Kaiser 27, 112
Karl der Große 109 f.
Kartenauswertung 30, 70
Karten zeichnen 58
Kastell 33
Kelten 38 f.
Kloster 116, 123 f.
Kreuzzug 142
Limes 42
Kompromissbereitschaft 15
Konflikt 11 f.
Konfliktbewältigung 14
Landeshauptstadt 152
Landwirtschaft 64 f.
Lehensordnung 119
Meinungsverschiedenheit 10
Metallverarbeitung 41
Minderheitenschutz 14
Mittelgebirge 63
Münzen 36
Naturraum 62
Naturschutz 80
Nutzungskartierung 158
Papst 116
Regierungsbezirk 56
Rivalität 10
Ritter 126 f.
Romanisierung 35
Schichtstufe 62
Solidarität 14
Söldnerheer 32
Sonderkultur 68
Stadt 130 f., 150 f.
Stadt-Umland-Verflechtung 166 f.
Stadtplan 156
Stammesherzogtum 115
Ständegesellschaft 118
Streitschlichtung 16
Strukturwandel 78 f., 160 f.
Textauswertung 144
Toleranz 15, 141
Tourismus 78
Umfrage 91
Verkehrslinienplan 155
Wappen 56
Wasserscheide 60
Weinbau 66
Zeitleiste 30
Zunft 135

akg-images, Berlin: 113.1, 124.1, 129.1;
Archäologisches Museum Kelheim: 40.1;
Archiv für Kunst und Geschichte, Berlin: 34.2, 46.1, 47.3, 107.1, 107.2, 108.1, 109.1, 112.2, 113.2, 117.2, 118.1, 121.2, 128.1, 129.2, 130.1, 140.2, 142.1, 147.3;
Aus: Anno 1, Westermann Verlag: 51.7;
Autenrieth, Cadolzburg: 38.2;
Bauer, Möhrendorf: 58.1, 59.1, 66.2, 66.4, 67.1, 67.4, 68.1, 68.2;
Bavaria Bildagentur, Gauting: 49.1 (Janicek), 168.1;
Bayerische Staatsbibliothek, München: 112.1;
Bayerische Staatsgemäldesammlungen, München: 153.4;
Betz, Prevorst: 81.2;
Bibliothèque National, Paris: 144.1;
Bibliothèque Dijon: 125.3;
Bildagentur Huber, Garmisch-Partenkirchen: 55.3;
Bildarchiv Preußischer Kulturbesitz, Berlin: 28.1, 29.1, 32.1, 46.2, 47.2, 50.2, 51.4, 112.3, 121.3, 127.1, 132.1, 133.2, 134.1, 141.2;
Bilderdienst Nürnberger Nachrichten: 103.1;
Bricks, Erfurt: 63.4;
British Library, London: 142.2;
Brosch, Iphofen: 63.1;
Bundesbaugesellschaft, Berlin: 52.3;
Bundesdenkmalamt Wien: 117.1;
Callwey Verlag, München: 40.3;
CCC (Runge): 20.2;
Corbis (Heaton), Düsseldorf: 24/25.1;
Deutsche Bahn AG: 55.1;
Dombauhütte Regensburg (Aus: Der Dom zu Regensburg, Band 8): 137.1;
DWI (Dieth), Mainz: 55.2;
Eckinger, Deggendorf: 64.2;
Econ Verlag, Düsseldorf: 39.1, 41.3;
Ernszt, Kaufbeuren: 106.1;
Fabian, Hannover: 9.1, 9.3, 9.5, 9.6, 14.1c, 18.2, 22.1, 22.2, 86.1, 86/87, 88.1, 88.2, 92.1, 92.2, 92.3, 104.2a, 104.2b;
FANS Neunkirchen: 103.2;
Flughafen München GmbH: 54.7;
Fochler, Braunschweig: 94.1;
Fuchs, K., Erlangen: 72.2;
Fürst Thurn und Taxis Zentralarchiv, Regensburg: 123.1;
Geotop Bildarchiv, München: 80.1;
Griese, Laatzen: 156.1a;
Grosser, Wilhermsdorf: 166.2, 167.1, 170.1;
Güttler, Berlin: 30.1, 31.1–4, 34.1, 38.1, 42.1, 48.1, 50.4, 56.1, 60.1, 62.1, 65.4, 69.1, 70.1, 84.1, 85.1, 110.1, 114.1, 114.2, 115.1, 125.1, 139.1, 143.1, 146.1, 160.1, 165.2;
Heidolph, Kottgeisering: 12.1, 13.4, 15.2, 21.2, 25.2, 30.2, 33.1, 37.1, 50.1, 51.2, 53.4, 53.6, 57.1–3, 57.4, 61.1, 66.3, 67.5, 72.3, 78.3, 88.4–5, 90.1, 91.1, 91.2, 91.3, 94.3, 99.1, 102.1, 104.1, 104.5, 108.2, 111.2, 116.2, 118.2, 119.1, 121.1, 131.1, 146.3, 165.3, 166.1, 169.1, 170.2, 173.1;
Hoenig, München: 152.1, 152.3;
Horvath, Hannover: 9.2;
I.M.A., Bonn: 65.2, 69.2, 69.3;
Junge, Hannover: 94.2, 140.1, 147.1;
Kuchler, Regensburg: 136.1–8, 137.2–5;
Kurverwaltung Oberstdorf: 78.1;
laif (Celentano), Köln: 54.6;
Landesbildstelle Baden, Karlsruhe: 124.2;
Landesfeuerwehrverband Bayern: 98.1;
Landratsamt Erlangen-Höchstadt: 96.3, 104.4;
Libera, München: 9.4, 76.1, 76.2, 149.2, 158.1, 160.2, 160.3, 161.1, 161.2, 162.1, 162.2-3, 163.1, 163.2–3, 164.1, 165.1, 172.2;
Ligtwalk Bernd Ritschel, Kochel: 80.3;
Luftbild Bertram, München: 54.3, 64.1;
Marcks, Heidelberg: 95.1;
Mauritius, Mittenwald: 51.5, 63.3, 93.1;
Max-Planck-Institute für Biochemie und Neurobiologie, Martinsried: 75.1, 76.3, 76.4, 76.5;
Meinel, Hannover: 14.1b, 87.5, 88.3;
Mitschke, München: 54.9, 61.3, 63.2, 74.1, 74.2, 80.2, 152.2, 153.1, 153.2, 153.3;
Müller, B., Bartensleben: 7, 10.1–4, 15.1, 20.1, 35.1, 40.2, 41.1, 41.2, 43.1-2, 44.2, 45.1, 50.3, 51.9, 58.2, 71.1, 71.2, 71.3, 104.3, 158.0;
Müller, K.U., Berlin : 11.1;
Münchner Verkehrs- und Tarifverbund GmbH: 154.1, 155.1;
Museen der Stadt Regensburg: 36.1;
Museum Obermünster, Regensburg: 116.1;
Nationalmuseum Nürnberg: 120.1;
Niedersächsische Landesstelle für Suchtgefahren, Hannover: 96.2;
Passau Tourismus e.V., Passau: 54.9, 61.4;
picture-alliance/dpa, Frankfurt: 79.2, 96.1;
Planungsamt Stuttgart: 151.1;
Playmobil, Zirndorf: 72.1;
Pressefoto Charly Höpfl, Immenstadt: 79.1;
Raach, Merzhausen: 168.2;
radio tele nord, Brunsbek: 81.1;
Rieke, Hannover: 65.1;
Römisch-Germanisches Museum Köln: 51.6;
Ruckenbrod / Sutor, Karlsruhe: 53.1;
Scala, Florenz: 27.1, 51.3, 52.1;
Schmidtke, Melsdorf: 52.2, 87.4;
Schreyer-Löbl, Bad Tölz: 54.2;
Schroedel Kartographie: 53.2, 53.3, 53.5, 77.1, 83.1, 156.2;
Schroedel-Archiv: 33.2, 33.3, 44.1, 51.1, 54.1, 54.4, 56.2,

62.1a, 89.4, 98.2, 109.2, 111.1, 123.2, 135.1, 138.1, 139.2, 141.1, 146.2, 158.2;
Senft, Altenschneeberg: 18.1, 36.2;
Siemens, Erlangen: 73.1, 73.1b, 73.1c;
Staatliche Münzsammlung München: 37.2;
Stadt München: 159.1;
Stadt Nürnberg: 100/101;
Stadt Regensburg: 43.3, 43.4, 54.8, 61.2, 147.2;
Stadtarchiv Nürnberg: 133.1;
Stadtbibliothek Nürnberg: 132.2;
Städtisches Verkehrs- und Kulturamt, Burghausen: 126.1;
Stadtverwaltung Amberg: 148/149.1, 150.1, 150.2, 150.3, 150.4, 150.5, 151.2, 151.3, 172.1;
Superbild (Binder), München: 26.1, 51.8;
SV-Bilderdienst, München: 93.3, 125.2;
Topkapi Saray Museum Istanbul: 138.2;
Unger, Amberg: 14.1a;
Universitätsbibliothek Heidelberg: 119.2–3, 122.1;
Verkehrsverein Augsburg: 54.5;
Wagner, Amberg: 8.1, 13.1, 13.3, 17.1, 23.1;
Wagner, Osterhofen: 65.3;
Wahlandt-Burgert, Maxdorf: 66.1;
Weinhold, Neunkirchen: 86.3, 89.3, 105.1;
Wolf, Steinheim: 9.7, 16.1, 90.1b, 90.2b, 90.3b, 90.4b, 97.1